"十三五"国家重点出版物出版规划项目

卓越工程能力培养与工程教育专业认证系列规划教材

（电气工程及其自动化、自动化专业）

光伏发电技术

主　编　黄悦华　马　辉

副主编　刘登超　程　杉

参　编　程江洲　李孟凡

机械工业出版社

本书从光伏发电技术的原理、电力电子技术、微电网等方面论述了光伏发电技术的相关理论与技术，书中包含基础理论分析、仿真技术讲解以及经典工程案例介绍，内容丰富。

本书共分为9章，主要内容包括光伏发电技术概论、光伏发电基础及工作原理、光伏发电系统的运行方式、光伏发电系统中的电力电子技术、光伏发电系统的最大功率点跟踪控制技术、光伏发电技术与微电网、光伏发电系统设计原理与方法、光伏发电系统建模与仿真，以及光伏发电系统典型工程应用案例。

本书可作为电气工程及其自动化、智能电网信息工程、自动化等专业的本科生教材，也可供电力电子技术、自动控制等技术应用领域的研究生和工程技术人员阅读与参考，还可作为从事新能源发电、电力工程及运行维护的专业技术和管理人员获得所需专业知识的读本。

图书在版编目（CIP）数据

光伏发电技术/黄悦华，马辉主编 . —北京：机械工业出版社，2020. 11
（2025. 2 重印）

"十三五"国家重点出版物出版规划项目　卓越工程能力培养与工程教育专业认证系列规划教材 . 电气工程及其自动化、自动化专业

ISBN 978-7-111-66789-6

Ⅰ . ①光… Ⅱ . ①黄… ②马… Ⅲ . ①太阳能光伏发电-高等学校-教材
Ⅳ . ①TM615

中国版本图书馆 CIP 数据核字（2020）第 198756 号

机械工业出版社（北京市百万庄大街22号　邮政编码100037）
策划编辑：王雅新　责任编辑：王雅新　陈文龙
责任校对：刘雅娜　封面设计：严娅萍
责任印制：单爱军
北京虎彩文化传播有限公司印刷
2025 年 2 月第 1 版第 6 次印刷
184mm×260mm · 13.5 印张 · 334 千字
标准书号：ISBN 978-7-111-66789-6
定价：38.00 元

电话服务　　　　　　　网络服务
客服电话：010-88361066　机 工 官 网：www.cmpbook.com
　　　　　010-88379833　机 工 官 博：weibo.com/cmp1952
　　　　　010-68326294　金 书 网：www.golden-book.com
封底无防伪标均为盗版　机工教育服务网：www.cmpedu.com

序

工程教育在我国高等教育中占有重要地位，高素质工程科技人才是支撑产业转型升级、实施国家重大发展战略的重要保障。当前，世界范围内新一轮科技革命和产业变革加速进行，以新技术、新业态、新产业、新模式为特点的新经济蓬勃发展，迫切需要培养、造就一大批多样化、创新型卓越工程科技人才。目前，我国高等工程教育规模世界第一。我国工科本科在校生约占我国本科在校生总数的1/3。近年来我国每年工科本科毕业生占世界总数的1/3以上。如何保证和提高高等工程教育质量，如何适应国家战略需求和企业需要，一直受到教育界、工程界和社会各方面的关注。多年以来，我国一直致力于提高高等教育的质量，组织实施了多项重大工程，包括卓越工程师教育培养计划（以下简称卓越计划）、工程教育专业认证和新工科建设等。

卓越计划的主要任务是探索建立高校与行业企业联合培养人才的新机制，创新工程教育人才培养模式，建设高水平工程教育教师队伍，扩大工程教育的对外开放。计划实施以来，各相关部门建立了协同育人机制。卓越计划要求试点专业要大力改革课程体系和教学形式，依据卓越计划培养标准，遵循工程的集成与创新特征，以强化工程实践能力、工程设计能力与工程创新能力为核心，重构课程体系和教学内容；加强跨专业、跨学科的复合型人才培养；着力推动基于问题的学习、基于项目的学习、基于案例的学习等多种研究性学习方法，加强学生创新能力训练，"真刀真枪"做毕业设计。卓越计划实施以来，培养了一批获得行业认可、具备很好的国际视野和创新能力、适应经济社会发展需要的各类型高质量人才，教育培养模式改革创新取得突破，教师队伍建设初见成效，为卓越计划的后续实施和最终目标达成奠定了坚实基础。各高校以卓越计划为突破口，逐渐形成各具特色的人才培养模式。

2016年6月2日，我国正式成为工程教育"华盛顿协议"第18个成员，标志着我国工程教育真正融入世界工程教育，人才培养质量开始与其他成员达到了实质等效，同时，也为以后我国参加国际工程师认证奠定了基础，为我国工程师走向世界创造了条件。专业认证把以学生为中心、以产出为导向和持续改进作为三大基本理念，与传统的内容驱动、重视投入的教育形成了鲜明对比，是一种教育范式的革新。通过专业认证，把先进的教育理念引入我国工程教育，有力地推动了我国工程教育专业教学改革，逐步引导我国高等工程教育实现从以教师为中心向以学生为中心转变、从以课程为导向向以产出为导向转变、从质量监控向持续改进转变。

在实施卓越计划和开展工程教育专业认证的过程中，许多高校的电气工程及其自动化、自动化专业结合自身的办学特色，引入先进的教育理念，在专业建设、人才培养模式、教学内容、教学方法、课程建设等方面积极开展教学改革，取得了较好的效果，建设了一大批优质课程。为了将这些优秀的教学改革经验和教学内容推广给广大高校，中国工程教育专业认证协会电子信息与电气工程类专业认证分委员会、教育部高等学校电气类专业教学指导委员会、教育部高等学校自动化类专业教学指导委员会、中国机械工业教育协会自动化学科教学委员会、中国机械工业教育协会电气工程及其自动化学科教学委员会联合组织规划了"卓越工程能力培养与工程教育专业认证系列规划教材（电气工程及其自动化、自动化专业）"。本套教材通过国家新闻出版广电总局的评审，入选了"十三五"国家重点图书。本套教材密切联系行业和市场需求，以学生工程能力培养为主线，以教育培养优秀工程师为目标，突出学生工程理念、工程思维和工程能力的培养。本套教材在广泛吸纳相关学校在"卓越工程师教育培养计划"实施和工程教育专业认证过程中的经验和成果的基础上，针对目前同类教材存在的内容滞后、与工程脱节等问题，紧密结合工程应用和行业企业需求，突出实际工程案例，强化学生工程能力的教育培养，积极进行教材内容、结构、体系和展现形式的改革。

经过全体教材编审委员会委员和编者的努力，本套教材陆续跟读者见面了。由于时间紧迫，各校相关专业教学改革推进的程度不同，本套教材还存在许多问题，希望各位老师对本套教材多提宝贵意见，以使教材内容不断完善提高。也希望通过本套教材在高校的推广使用，促进我国高等工程教育教学质量的提高，为实现高等教育的内涵式发展积极贡献一份力量。

卓越工程能力培养与工程教育专业认证系列规划教材
（电气工程及其自动化、自动化专业）
编审委员会

前　言

光伏发电技术是集半导体材料、电力电子技术、现代控制技术、蓄电池技术及电力工程技术于一体的综合性技术，是当今新能源发电领域的一个研究热点。太阳能资源是最丰富的可再生能源之一，它分布广泛、可再生、不污染环境，是国际上公认的理想替代能源。光伏发电技术是太阳能直接应用的一种形式，作为一种环境友好并能有效提高生活标准的新型发电方式，在全球范围内逐步得到应用。

我国有丰富的太阳能资源以及潜在的巨大市场，经过 20 多年的艰苦努力，已经为光伏发电更快发展和更大规模应用奠定了良好基础，但要实现完全商业化的目的，还要消除制约发展的一些障碍。光伏发电将在我国未来的电力供应中扮演重要的角色，预计到 2050 年将达到 100GW。根据电力科学院的预测，到 2050 年我国可再生能源发电将占到全国总电力装机的 25%，其中光伏发电将占 5%。

作为适用于高等教育课程体系课时不断大幅度压缩的光伏发电技术教材，本书内容安排合理科学，全书共分为 9 章。第 1 章光伏发电技术概论，为方便电气类学生和广大相关专业工程技术人员快速科学地了解光伏发电技术，本章对光伏发电技术从四方面进行归纳总结，主要内容包括光伏发电技术简介、光伏发电技术的发展现状、光伏发电技术的发展趋势、光伏发电的关键技术等。第 2 章光伏发电基础及工作原理，重点讲解光伏发电原理及光伏电池的伏安特性曲线，并简单介绍新型光伏电池的类型。第 3 章光伏发电系统的运行方式，主要讲解三种运行方式：光伏发电独立运行方式、光伏发电并网运行方式和光伏发电系统与分布式微电网。第 4 章光伏发电系统中的电力电子技术，重点介绍直流变换器拓扑结构及控制策略、光伏逆变器电路拓扑结构、逆变器的脉宽载波调制技术和逆变器的控制策略。第 5 章光伏发电系统的最大功率点跟踪控制技术，主要讲解光伏发电系统最大功率点跟踪控制技术的原理，对恒定电压跟踪、扰动观察法、三点比较法、电导增量法进行详细介绍，在此基础上对传统 MPPT 技术进行改进，讲解粒子群等智能控制方法。第 6 章光伏发电技术与微电网，主要内容为光伏发电技术与直流微电网的相关控制技术、光伏发电技术与交流微电网的相关控制技术以及光伏发电技术与交直流混合微电网相关控制技术。第 7 章光伏发电系统设计原理与方法，讲解光伏发电系统设计参数分析方法、光伏发电系统容量设计与计算、负荷失电率设计方法。第 8 章光伏发电系统建模与仿真，首先简单介绍仿真软件，然后对光伏组件 DC/DC 变换器、光伏逆变器和光伏系统进行建模仿真分析。第 9 章光伏发电系统典型工程应用案例，主要对分布式屋顶光伏发电系统和大型集中式并网光伏电站进行案例分析。

为便于本科生进行学习，在前两章介绍光伏发电技术概论和光伏发电基础及工作原理后，可以根据学生对电力电子技术课程的学习情况在课堂中进行取舍。对于修过电力电子技术课程的电气工程及其自动化、智能电网信息工程、自动化等专业的学生，建议 32 学时；对于未修过电力电子技术课程的能源动力、机械电子等其他专业的学生，可适当放宽至 48 学时。

本书由马辉负责统稿。黄悦华编写第 1、2、6 章，马辉编写第 3、5 章，程江洲编写第 4

章，程杉编写第 7 章，马辉和李孟凡合作编写第 8 章，刘登超编写第 9 章。资料收集和制图工作由研究生郭思涵、史振利、李瑶、王艺洁、何艳、陈奕睿、杨堃、谌桥和陈梓铭完成。在此对他们的付出表示衷心感谢，同时也对书中所附参考文献的作者致以衷心感谢。

　　由于时间仓促加之编者水平有限，书中难免存在疏漏、错误，殷切期望广大读者批评指正。

编　者

目　录

序

前言

第1章　光伏发电技术概论 …………… 1
1.1　光伏发电技术简介 …………… 1
1.1.1　光伏发电系统的原理及基本结构 … 1
1.1.2　光伏发电系统的分类 …………… 3
1.2　光伏发电技术的发展现状 …………… 7
1.2.1　全球光伏发电产业的现状 ……… 8
1.2.2　我国光伏发电产业的现状 ……… 9
1.2.3　我国光伏发电现状分析 ……… 11
1.3　光伏发电技术的发展趋势 ……… 15
1.4　光伏发电的关键技术 ……… 16

第2章　光伏发电基础及工作原理 …… 18
2.1　光伏效应 ……… 18
2.1.1　光伏效应的实质 ……… 18
2.1.2　光伏电池的伏安特性曲线 ……… 19
2.1.3　电阻效应及相关性效应 ……… 22
2.2　光伏电池的主要技术参数及其分类 … 23
2.2.1　光伏电池的主要技术参数 ……… 23
2.2.2　光伏电池的结构及分类 ……… 25
2.2.3　新型光伏电池简介 ……… 26
2.3　光伏发电原理及互联效应 ……… 31
2.3.1　光伏发电系统的构成与分类 ……… 31
2.3.2　光伏发电互联效应 ……… 32
2.3.3　光伏局部阴影特性 ……… 35

第3章　光伏发电系统的运行方式 ……… 37
3.1　光伏发电独立运行方式 ……… 37
3.1.1　小型光伏发电系统 ……… 37
3.1.2　大型光伏发电系统 ……… 39
3.1.3　混合供电系统 ……… 41
3.2　光伏发电并网运行方式 ……… 43
3.2.1　集中式大型联网光伏系统 ……… 43
3.2.2　分散性小型联网光伏系统 ……… 45
3.3　光伏发电系统与分布式微电网 ……… 47

第4章　光伏发电系统中的电力电子
技术 ……… 50
4.1　直流变换器拓扑结构及控制策略 ……… 50
4.1.1　单向DC/DC变换电路 ……… 50

4.1.2　双向DC/DC变换电路 ……… 51
4.1.3　隔离型DC/DC变换电路 ……… 53
4.1.4　DC/DC变换电路的控制技术 ……… 57
4.2　光伏逆变器拓扑结构 ……… 59
4.2.1　逆变器的基本结构 ……… 59
4.2.2　多电平逆变器拓扑结构 ……… 63
4.2.3　多重化逆变器拓扑结构 ……… 68
4.3　逆变器的脉宽载波调制技术 ……… 69
4.3.1　SPWM技术 ……… 69
4.3.2　SVPWM技术 ……… 72
4.3.3　谐波注入PWM技术 ……… 80
4.3.4　多电平及多重化拓扑电路的PWM
技术 ……… 82

第5章　光伏发电系统的最大功率点
跟踪技术 ……… 86
5.1　光伏发电系统最大功率点跟踪控制
技术的原理 ……… 86
5.2　恒定电压跟踪 ……… 87
5.3　最大功率点跟踪控制方法 ……… 88
5.3.1　扰动观察法 ……… 88
5.3.2　三点比较法 ……… 90
5.3.3　电导增量法 ……… 92
5.3.4　二次插值法 ……… 94
5.3.5　自适应模糊控制法 ……… 95
5.4　阴影条件下的最大功率点跟踪控制
方法 ……… 96
5.4.1　传统方法改进的MPPT技术 ……… 96
5.4.2　基于硬件电路实现的MPPT
技术 ……… 98
5.4.3　智能控制方法 ……… 98
5.5　算例仿真分析 ……… 100
5.5.1　光伏发电系统建模 ……… 100
5.5.2　MPPT的实现 ……… 102

第6章　光伏发电技术与微电网 ……… 105
6.1　光伏发电技术与直流微电网 ……… 105
6.1.1　直流微电网的背景 ……… 105

6.1.2　直流微电网的特点 ……… 105

6.1.3　直流微电网的发展与现状 ……… 105

6.1.4　光伏直流微电网的网络结构 …… 106

6.1.5　直流微电网的电压水平 …… 109

6.1.6　直流微电网的关键设备 …… 109

6.1.7　直流微电网的控制与运行 …… 110

6.1.8　直流微电网的故障行为与保护
方式 ……… 112

6.1.9　直流微电网的应用展望 …… 113

6.1.10　光伏发电技术与直流微电网
的应用 ……… 113

6.2　光伏发电技术与交流微电网 …… 114

6.2.1　交流微电网的特点 …… 114

6.2.2　交流微电网的发展与现状 …… 114

6.2.3　交流微电网的结构 …… 114

6.2.4　微电网的控制技术 …… 116

6.2.5　交流微电网的总结与展望 …… 119

6.2.6　光伏发电技术与交流微电网
的应用 ……… 119

6.3　光伏发电技术与交直流混合微电网 … 121

6.3.1　交直流混合微电网的概念 …… 121

6.3.2　交直流混合微电网的背景 …… 121

6.3.3　交直流混合微电网的研究现状 … 122

6.3.4　交直流混合微电网的拓扑结构 … 122

6.3.5　交直流混合微电网的电源管理
系统 ……… 123

6.3.6　交直流混合微电网分布式电源
容量配置 ……… 124

6.3.7　新能源接入交直流混合微电网
的性能评估 ……… 125

6.3.8　交直流混合微电网存在的问题
与展望 ……… 127

6.3.9　光伏发电技术与交直流混合
微电网的应用 ……… 127

**第7章　光伏发电系统设计原理与
方法** ……… 130

7.1　光伏发电系统设计参数分析方法 …… 130

7.1.1　参数分析法的基本公式 …… 130

7.1.2　设计参数的定义 …… 133

7.2　光伏发电系统容量设计与计算 …… 134

7.2.1　设计基本思路 …… 134

7.2.2　光伏组件及阵列的设计方法 …… 135

7.2.3　蓄电池组的设计方法 …… 138

7.2.4　蓄电池容量的简易设计方法 …… 141

7.3　LOLP 设计方法 ……… 146

7.3.1　LOLP 设计方法的思路和特点 …… 146

7.3.2　LOLP 设计方法的基本公式 …… 146

7.3.3　LOLP 设计方法的计算流程 …… 147

第8章　光伏发电系统建模与仿真 …… 148

8.1　仿真软件 ……… 148

8.2　建模与仿真分析 ……… 149

8.2.1　系统建模 ……… 149

8.2.2　仿真及分析 ……… 149

8.3　DC/DC 变换器仿真 ……… 151

8.3.1　DC/DC Boost 变换器仿真 …… 151

8.3.2　DC/DC Buck 变换器仿真 …… 153

8.3.3　双向 DC/DC 变换器仿真 …… 154

8.3.4　MPPT 模型仿真 ……… 157

8.4　光伏逆变器仿真 ……… 158

8.4.1　双极性 SPWM ……… 158

8.4.2　单极性 SPWM ……… 160

8.4.3　PI 控制下的单相逆变器并网
仿真 ……… 162

8.4.4　单台逆变器的仿真设计 …… 166

8.4.5　仿真控制模型的设计 …… 167

8.4.6　单台逆变器仿真结果分析 …… 170

8.5　光伏发电系统仿真 ……… 172

**第9章　光伏发电系统典型工程应用
案例** ……… 177

9.1　分布式屋顶光伏发电系统——三峡大学
校园 50kW 光伏发电系统 ……… 177

9.1.1　微电网实验平台系统配置 …… 177

9.1.2　系统容量配置说明 …… 178

9.1.3　微电网系统的功能 …… 179

9.1.4　微电网实验室平台的主要组成
部分 ……… 180

9.1.5　负载简介 ……… 180

9.1.6　储能系统 ……… 181

9.1.7　设备组成及工作原理 …… 183

9.1.8　微电网专用智能配电系统和中央
控制器 ……… 184

9.1.9　能量管理与调度软件 …… 185

9.1.10　直流微电网 + PCS 系统主要控制
策略 ……… 187

9.2　大型集中式并网光伏电站——湖北

漳河 10MW 光伏电站 ·················· 189

9.2.1 光伏组件的组成 ·················· 190

9.2.2 逆变器的型号 ·················· 194

9.2.3 光伏阵列设计 ·················· 196

9.2.4 光伏阵列接线方案设计 ·········· 199

9.2.5 积雪以及组件表面清洁处理 ······· 200

9.2.6 光伏电站发电量的估算 ·········· 200

9.2.7 效益分析 ·················· 202

参考文献 ·························· 203

第1章

光伏发电技术概论

1.1 光伏发电技术简介

太阳能（Solar Energy）是指由太阳内部氢原子发生氢氦聚变时所释放出的巨大核能。太阳能作为一种理想的可再生能源，具有独特的优势和巨大的开发利用潜力，因此充分利用太阳能，有利于保持人与自然的和谐以及能源与环境的协调发展。人类对太阳能的早期利用主要是光和热，而光伏发电技术的出现为太阳能利用开辟了广阔的领域。

20 世纪 90 年代以来，光伏发电发展迅速，已广泛用于航天、通信、交通，以及偏远地区居民生活等领域。光伏发电根据光生伏特效应，利用太阳电池将太阳光能直接转化成电能：在光照条件下，太阳电池组件（又称光伏组件）产生一定的电动势，通过组件的串并联形成太阳电池方阵，使得方阵电压达到系统输入电压的要求。通过充放电控制器对蓄电池进行充电，将光能转换成的电能存储起来，以便夜晚和阴雨天使用；或者通过逆变器将直流电转换成交流电后与电网相连，向电网供电。光伏发电系统的应用十分广泛，其基本形式可分为两大类：独立发电系统与并网发电系统；从理论上来讲，光伏发电技术可应用于任何需要电源的场合，例如太空、通信、交通、空间应用等场所。

1.1.1 光伏发电系统的原理及基本结构

1. 光伏发电系统的原理

所谓光伏发电，是指物体在吸收光能后，其内部能传导电流的载流子分布状态和浓度发生变化，由此产生出电流和电动势的效应。太阳电池基于半导体的光伏效应，将太阳辐射直接转换为电能。气体、液体和固体中都能产生这种效应，但在半导体中效率最高，原理如图 1-1 所示。

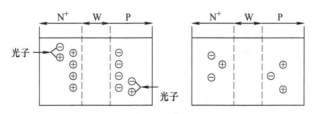

图 1-1　太阳电池发电原理

图 1-1 中，正电荷代表硅原子，负电荷表示围绕在硅原子周边的 4 个电子。当硅晶体中渗入其他三价或五价杂质原子（如硼、磷等）时，其与相邻硅原子结合就会在杂质周围形成空穴或多余电子，从而成为 P 型或 N 型半导体硅材料。当半导体材料中渗入硼时，因为

硼原子周围只有 3 个电子，所以硅原子就会产生多余的空穴，这些空穴因为没有电子而变得很不稳定，容易吸收临近电子产生中和作用，并形成与电子移动方向相反的电流，称这种硅为 P 型半导体，如图 1-2 所示。同样，在渗入磷原子时，因为磷原子周围只有 5 个电子，所以就会有一个多余的电子变得非常活跃，该电子的移动形成电流。由于电子是负载流子，所以称这种硅为 N 型半导体，如图 1-3 所示。当把 P 型半导体和 N 型半导体结合在一起时就形成了 PN 结，其受光照射后在接触面会形成电势差，这个电势差形成太阳电池的电压。由太阳电池晶片组成单体光伏电池，具有光–电转换特性，直接将太阳能转换为电能，从而构成光伏发电的基本单元。光伏发电系统将光伏电池所获得的电能，经过一次甚至多次电力电子系统的变换以及能量储存，最终向电力负载提供电能。

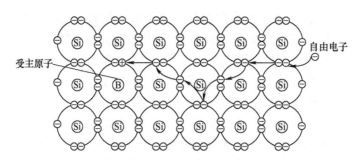

图 1-2　P 型半导体

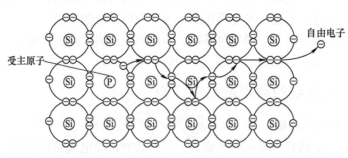

图 1-3　N 型半导体

2. 光伏发电系统的基本构成

光伏发电系统主要由以下几部分构成：太阳电池板（又称光伏组件）、充放电控制器、逆变器、测试仪表和计算机监控等电力电子设备、蓄电池或其他蓄能和辅助发电设备。虽然光伏发电系统的规模和应用形式各异，但其组成结构与工作原理基本类似，直流负载的光伏发电系统包括太阳电池板、控制器、蓄电池三个部件，如图 1-4 所示。

（1）太阳电池板（光伏组件）

日常所说的"光伏电池"，指的就是光伏组件，其作用是将太阳的光能转换为电能，其输出直流电存入蓄电池中，是整个系统的核心部分。

（2）控制器

由专用处理器 CPU、电子元器件、显示器、开关功率管等组成，对蓄电池的充放电条件加以规定和控制，并按照负载的电源需求控制太阳电池组件和蓄电池的电能输出，是整个系统的核心控制部分。

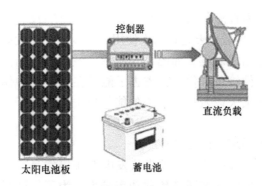

图1-4　直流负载的光伏发电系统

（3）蓄电池

其作用是在有光照时将太阳电池板所发出的电能储存起来，到需要的时候再释放出来。国内广泛使用的蓄电池主要是铅酸免维护蓄电池和胶体蓄电池，这两类蓄电池因其固有的"免维护"特性及对环境较少污染的特点，很适合用于性能可靠的太阳能电源系统中，特别是无人值守的工作站。

1.1.2　光伏发电系统的分类

一般讲，光伏发电系统分为独立系统、并网系统和混合系统。如果根据光伏发电系统的应用形式、应用规模和负载类型对光伏发电系统进行较为细致的划分，可将光伏发电系统分为以下七种类型：小型太阳能供电系统、简单直流系统、大型太阳能供电系统、交流/直流混合供电系统、并网发电系统、混合供电系统和并网混合供电系统。

（1）小型太阳能供电系统（Small DC）

如图1-5所示，该系统的特点是系统中只有直流负载而且负载功率较小，整个系统结构简单、操作简便。如在我国西北边远地区就大面积推广使用了这种类型的光伏发电系统，负载为直流节能灯、家用电器等，用来解决未通电地区家庭的基本照明问题。

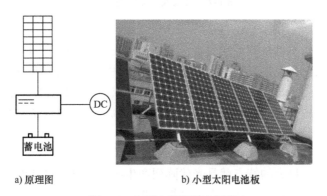

a) 原理图　　　　　　　　　　b) 小型太阳电池板

图1-5　小型太阳能供电系统

（2）简单直流系统（Simple DC）

该系统的特点是系统为直流负载而且对负载的使用时间没有特别的要求（可随时断电），负载主要是在白天使用，所以系统中没有使用蓄电池，也不需要使用控制器，如图 1-6 所示。该系统结构简单，直接使用太阳电池组件给负载供电，省去了能量在蓄电池中储存和释放过程中所造成的损失以及控制器中的能量损失，提高了太阳能的利用效率。

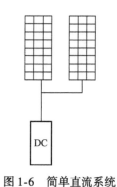

图 1-6　简单直流系统

（3）大型太阳能供电系统（Large DC）

与上述两种光伏发电系统相比，这种光伏发电系统仍然是直流电源系统，但是这种光伏发电系统通常负载功率较大，为了保证系统可以可靠地给负载提供稳定的电力供应，其相应的系统规模也较大，需要配备较大的光伏阵列（PV）以及较大的蓄电池组，其常见的应用形式有通信、遥测、监测设备电源，农村的集中供电，航标灯塔、路灯等，如图 1-7 所示。我国在西部一些未通电地区建设的部分乡村光伏电站采用的就是这种形式，中国移动公司和中国联通公司在偏僻无电网地区建设的通信基站也采用这种光伏发电系统供电。

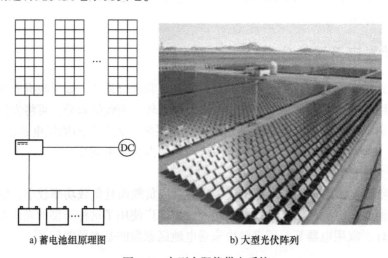

a) 蓄电池组原理图　　　　　　　　b) 大型光伏阵列

图 1-7　大型太阳能供电系统

（4）交流/直流供电系统（AC/DC）

与上述的三种光伏发电系统不同的是，这种光伏发电系统能够同时为直流和交流负载提供电力，在系统结构上比上述三种系统多了逆变器（用于将直流电转换为交流电），以满足交流负载的需求，如图 1-8 所示。通常这种系统的负载耗电量也比较大，因此系统的规模也较大。该系统一般应用在一些同时具有交流负载和直流负载的通信基站和其他一些含有交直流负载的光伏电站中。

（5）并网发电系统（Utility Grid Connect）

这种光伏发电系统最大的特点就是光伏阵列产生的直流电经过并网逆变器转换成符合市电电网要求的交流电之后可直接接入市电网络，并网发电系统中的光伏阵列所产生的电力除了供给交流负载外，多余的电力反馈给电网，如图 1-9 所示。在阴雨天或夜晚，光伏阵列不能产生电能或者产生的电能不能满足负载需求时，就由电网供电。因为直接将电能输入电

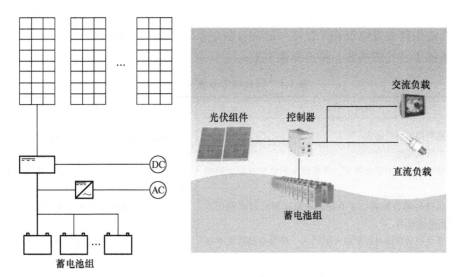

图1-8 交流/直流供电系统

网，免除配置蓄电池，省掉了蓄电池储能和释放的过程，可以充分利用光伏阵列所发的电力，从而减小了能量的损耗，并降低了系统成本。但是系统中需要专用的并网逆变器，以保证输出的电力满足电网对电压、频率等指标的要求。因为逆变器效率的问题，系统还是会有部分能量损失。这种系统通常能够并行使用市电和光伏阵列，将两者都作为本地交流负载的电源，降低了整个系统的负载缺电率，而且并网发电系统可以对公用电网起到调峰作用。但是，并网发电系统作为一种分散式发电系统，对传统集中供电系统的电网会产生一些不良的影响，如谐波污染、孤岛效应等。

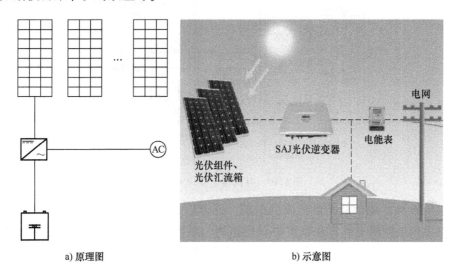

a) 原理图   b) 示意图

图1-9 并网发电系统

（6）混合供电系统（Hybrid）

这种光伏发电系统中除了使用光伏阵列之外，还使用了发电机（一般为柴油发电机）作为备用电源。使用混合供电系统的目的就是综合利用各种发电技术的优点，避免各自的缺点。比如，上述的几种独立光伏发电系统的优点是维护少，缺点是能量的输出依赖天气，不稳定。综合使用柴油发电机和光伏阵列的混合供电系统和单一能源的独立系统相比，可以提供一种不依赖于天气的能源，特点见表1-1。

表 1-1　混合供电系统的特点

优　　点	缺　　点
1. 能更好地利用可再生能源 2. 较高的系统实用性 3. 和单用柴油发电机的系统相比，具有较少的维护和较少的燃料使用 4. 系统可以进行综合控制以使柴油发电机在额定功率附近工作，从而提高燃油效率 5. 系统的发电机可以即时提供较大的功率，使得负载匹配有更佳的灵活性	1. 系统控制比较复杂，现多使用微处理芯片进行系统管理 2. 初期工程规模较大，设计、安装、施工工程都比独立工程要大 3. 发电机的使用需要很多维护工作，因此比独立系统烦琐 4. 发电机的使用不可避免地会产生噪声和污染

（7）并网混合供电系统（Hybrid）

随着太阳能光电子产业的发展，出现了可以综合利用光伏阵列、市电和备用发电机的并网混合供电系统，如图1-10所示。这种系统通常是控制器和逆变器集成一体化，使用计算机芯片全面控制整个系统的运行，综合利用各种能源使之达到最佳的工作状态，还可以使用蓄电池进一步提高系统的负载供电保障率，例如 AES 的 SMD 逆变器系统。

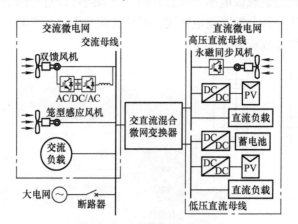

图 1-10　并网混合供电系统

该系统可以为本地负载提供优质的电源，并可以作为一个在线的 UPS（不间断电源）工作，还可以向电网供电或者从电网中获得电力。系统通常将市电和光伏组件电源并行工作，对于本地负载而言，如果光伏组件产生的电能足够负载使用，系统将直接使用光伏组件产生的电能；如果光伏组件产生的电能超过即时负载的需求，系统将多余的电能返回到电网；如果光伏组件产生的电能不够用，则自动启用市电电网供电。而且，当本地负载的功率消耗小于 SMD 逆变器额定电网容量的 60% 时，电网就会自动给蓄电池充电，保证蓄电池长期处于浮充状态。如果电网产生故障，即电网停电或电网的品质不合格，系统就会自动断开市电，转成独立工作模式，由蓄电池和逆变器供负载所需的交流电能；一旦电网恢复正常，即电压和频率都恢复到正常状态，系统就会断开蓄电池，改为并网模式工作，由电网供电。有的并网混合供电系统中还将系统监控、控制和数据采集功能集成在控制芯片中，这种系统的核心器件是控制器和逆变器。并网混合供电系统的特点见表1-2。

表1-2　并网混合供电系统的特点

优　点	缺　点
1. 太阳能在地球上分布广泛，只要有光照的地方就可以使用光伏发电系统，故该系统不受地域、海拔等因素的限制	1. 能量密度低。尽管太阳投向地球的能量总和极其巨大，但由于地球表面积也很大，而且地球表面大部分被海洋覆盖，真正能够到达陆地表面的太阳能只有到达地球范围太阳辐射能量的10%左右，致使陆地单位面积上能够直接获得的太阳能量较小
2. 可就近供电，无须长距离输送，避免了长距离输电线路所造成的电能损失	
3. 光伏发电的能量直接从光能转换为电能，不存在机械磨损，故光伏发电具有很高的理论发电效率	2. 占地面积大。由于太阳能能量密度低，就使得光伏发电系统的占地面积很大，每10kW光伏发电功率占地约100m²，平均发电功率为100W/m²
4. 光伏发电本身不使用燃料，不排放包括温室气体和其他废气在内的任何物质，不污染空气，不产生噪声，对环境友好	
5. 光伏发电过程不需要冷却水，不需要单独占地，可节省宝贵的土地资源	
6. 光伏发电系统无机械传动部件，操作、维护简单，运行稳定可靠	3. 受气候环境因素影响大。光伏发电的能源直接来源于太阳辐射，而地球表面的太阳辐射受气候的影响很大，长期的雨雪天、阴天、雾天甚至云层的变化，都会严重影响系统的发电状态
7. 光伏组件结构简单，体积小、重量轻，便于运输和安装	
8. 光伏电池是一种大有前途的新型电源，具有永久性、清洁性和灵活性三大优点	

1.2　光伏发电技术的发展现状

　　能源在当今社会的可持续发展中发挥着至关重要的作用，节约使用化石燃料、不断开发利用可再生能源，是世界各国实现能源转型面临的重大问题。新能源种类丰富，考虑到能源储备、开发成本、工程应用和技术难度等诸多因素，太阳能凭借其取之不尽、用之不竭的稳定性，无污染、无噪声的清洁性，无成本、无运输的便捷经济性，得到了国际社会的认可，被认为是真正安全、廉价、清洁、高效、和平且无法被垄断的可再生能源，成为可持续发展战略中当之无愧的理想新型绿色能源。在当今能源结构中，太阳能将在可再生能源领域占有重要地位，各国政府都意识到太阳能产业发展的重要性，不断投入大量资金对太阳能进行开发和利用，不遗余力地支持太阳能产业的推广和应用。

　　在开发利用太阳能的众多形式之中，光伏发电作为主要的利用形式，发展前景最为广阔，也是一个研究热点。近些年，在各国政府的支持下，光伏组件材料成本大幅降低，光伏发电技术水平不断提高，使光伏发电从独立式逐步走向大规模并网，并且广泛应用于多个领域。

1.2.1 全球光伏发电产业的现状

2013 年，在欧洲传统光伏市场补贴不断削减、全球经济环境仍然脆弱以及贸易争端依旧影响整个产业的大背景下，光伏市场发展重心逐渐向新兴市场倾斜，中美日光伏市场加快崛起。2019 年全球光伏新增装机容量达 11.5GW，较 2018 年增长 12%，光伏累计装机容量达 627GW。

1. 德国光伏发电产业

德国是世界上第一批，也是最积极支持光伏发电产业的倡导者之一。1990 年，德国率先推出"1000 太阳能屋顶计划"，紧接着逐渐再扩大发展，在 1993 年，扩展为"2000 屋顶计划"，1998 年又出示了"10 万光伏屋顶计划"的任务书，同时开始致力于开发与建筑相结合的专用光伏模块。德国颁布的《可再生能源法》于 2000 年 4 月 1 日正式生效（在 2004 年和 2008 年又对该法案进行了修改），决定在全国范围内实行上网电价法。德国光伏发电产业发展情况如图 1-11 所示。根据德国联邦网络管理局（German Federal Network Agency）2019 年数据，2019 年 10 月份德国新增光伏装机容量 377.6MW，这是自 2019 年 2 月以来的最高单月装机量增幅，高出 9 月新增装机量 90MW。

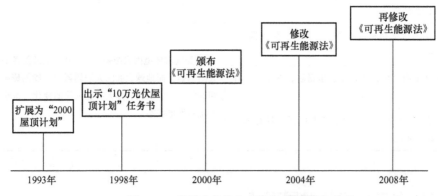

图 1-11 德国光伏发电产业发展情况

2. 美国光伏发电产业

美国在光伏发电产业发展过程中担任领军的角色，在 1973 年颁布了"阳光发电计划"，决定在未来两年使光伏发电成为全国电力供应的一部分。1996 年，在美国能源部的批准下，启动了一个称为"光伏建筑物计划"的时代项目，该项目投入 20 亿美元，广泛用于研发新型光伏发电集成模块。1997 年，美国在全球最先开始"百万太阳能屋顶计划"，这是美国在即将进入 21 世纪所提出的长期规划。2010 年，美国又批准了"千万太阳能屋顶计划"，从 2013 年开始，每年都会对该计划投入 5 亿美元，预计在 2021 年能补助 40GW 的新增装机容量，届时美国将有望变成全球最大的光伏市场。美国光伏发电产业发展情况如图 1-12 所示。

3. 日本光伏发电产业

日本是一个资源匮乏的国家，所以积极扶持光伏产业的发展。早在 1974 年，日本政府就颁布了"阳光计划"，成为亚洲第一个开发利用太阳能的国家。1993 年，日本又颁布了

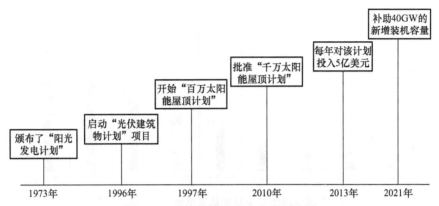

图 1-12　美国光伏发电产业发展情况

"新阳光计划"，目的是促进和保护光伏产业的发展。在政府大力支持、企业主动跟进、全民积极参与的情况下，日本的光伏产业取得了辉煌成就。2004 年，日本成为世界上光伏装机容量最大的国家。目前，根据彭博新能源财经（BNEF）的数据，2016～2018 年日本新增光伏装机容量分别降至 8GW、7.5GW、6.5GW。2019 年日本新增光伏装机容量在 7.5GW 左右，预计 2020 年日本国内新增光伏装机容量在 8GW 左右，且主要装机量将来自于 10kW 以上的项目。情况如图 1-13 所示。

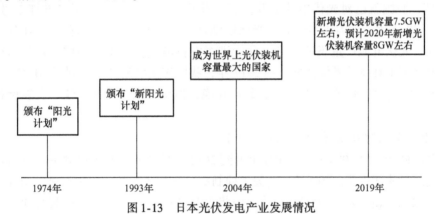

图 1-13　日本光伏发电产业发展情况

4. 西班牙光伏发电产业

西班牙具有地理优势，拥有非常丰富的太阳能资源，政府颁布了相关政策，并大力投资于太阳能技术研究和开发，以加快国内光伏发电系统的产业化。西班牙与德国的年度累计光伏发电总量几乎占欧盟的 84%。2008 年，西班牙年度累计光伏装机容量已达到 2.3GW，超越了德国，预计 2020 年光伏发电装机容量可达 8.7GW。

除以上几个国家之外，英国、韩国、印度等国家也纷纷颁布了大量政策以保护和支持光伏发电产业的发展。特别是进入 21 世纪以来，各国政府加强了光伏发电产业的支持力度，使全球光伏发电产业呈现出蒸蒸日上的姿态。2008～2016 年全球光伏发电系统年度累计装机容量如图 1-14 所示。

1.2.2　我国光伏发电产业的现状

我国长期以煤、石油等化石燃料为主的能源结构，支撑了改革开放以来经济的飞速发

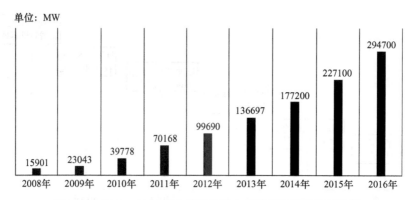

单位：MW

图1-14　2008～2016年全球光伏发电系统年度累计装机容量

展，同时也因此成为二氧化碳排放大国。为履行节能减排目标，减少对环境的破坏，我国需要在保持经济持续、稳定、健康发展的基础上，不断降低对化石燃料的依赖，开发和利用清洁能源，促进经济发展与转型。太阳能是可以循环使用的绿色新能源，以太阳能综合开发利用为主的光伏产业发展潜力巨大，有望成为解决这一问题的突破口。对比先进国家，我国光伏发电产业呈"两头在外"的局面，具体是指92%的原材料进口而来，而92%的光伏产品却流向国外市场。其产业的发展速度也较慢，相应的光伏材料发展也无法与时俱进。早在20世纪中期，我国就已对光伏电池展开探究，并且把其成功运用在了东方红二号卫星上。20世纪70～80年代，因为成本较高，光伏电池使用范围相对局限，直至90年代后，伴随成本的降低，光伏电池产量飞速提升，开始进军农村电气化与工业领域，开辟出更多的市场，我国也确定了具体的光伏计划。到2017年，我国光伏电池产量达到了400MW，光伏组件产量有600MW。我国光伏产业虽发展起步较晚，但十年来发展速度快，发展历程大致可以划分为三个阶段。

1. 逆势爆发式增长期（2009～2011年）

我国多晶硅产量由2009年的2.04t上升到2011年的8.4t，且多晶硅进口量占比下降明显，多晶硅产量快速扩张。2009年，《关于抑制部分行业产能过剩和重复建设引导产业健康发展的若干意见》（国发〔2009〕38号）中将多晶硅行业归入了产能过剩行业。然而在产能过剩之时，政府还选择了逆周期救市的政策，使得企业并没有清晰地认识到当前的市场下行趋势，光伏产业在产能已经严重过剩的市场结构下，产能扩张并没有走向遵循市场发展规律的减速方向，反而逆行加速。

2. 剧烈调整期（2016～2019年）

2016年末，意大利、德国等欧洲国家由于遭受金融危机和债务危机的双重打击，相继削减光伏产业的补贴力度，使得光伏市场增速放缓，国际光伏产品市场需求急剧减少，导致我国光伏产品价格大幅下滑，2015年以来，在政策推动下，我国多晶硅产业历经产能过剩、淘汰兼并，行业集中度不断提高。部分先进企业的生产成本已达全球领先水平，产品质量多数达太阳能级一级品水平。2018年，全国多晶硅产能超过万吨的企业有10家，产能利用率保持在较高水平，产量超过25万t。2019年多晶硅产量达到34.2万t。预计2020年我国多晶硅产量达45万t。

另一方面，由于我国政府对光伏产业的扶持政策更多的是直接经济补贴或税收减免，

2016 年开始,光伏产业频遭美、欧、加、澳等发达国家(地区)为了抢夺新兴替代资源而发起的反倾销和反补贴"双反"调查,我国光伏产业失去原有的成本竞争优势,大量依赖出口的中国光伏企业被淘汰出局,我国光伏企业数量由 2016 年的 262 家下降到了 2017 年的 112 家,150 家企业选择了退出。而 2018 年在产的 43 家多晶硅企业,仅有 1/5 的企业开产,35 家企业已经停产,无锡尚德因不堪重负也在 2019 年宣布企业需要破产重组。我国光伏制造业再次经历挫折,出现多晶硅大量滞留的现象,光伏企业普遍亏损,见表 1-3。

表 1-3 2017~2019 年中国多晶硅进口情况

项　　目	2017 年	2018 年	2019 年
国内多晶硅需求量/t	45000	85000	13000
国内多晶硅产量/t	18300	43500	79000
实际进口量/t	22727	47510	64613

3. 逐渐回暖期(2013 年至今)

2013 年开始,政府转变政策思路,采取多管齐下的方式完善我国光伏产业政策。2013 年 7 月 4 日,国务院下发《关于促进光伏产业健康发展的若干意见》,同年 8 月,国家能源局联合中国国家开发银行股份有限公司下发了对分布式光伏发电提供联合金融支持的文件。2013 年 9 月,工业和信息化部下发的《光伏制造行业规范条件》对光伏企业的生产规模、产品类型和质量、光伏项目的能耗做了严格规定,以限制光伏产业低端产品产能的盲目扩张。2015 年 6 月,国家能源局等部门下发《关于促进先进光伏技术产品应用和产业升级的意见》,启动"领跑者"计划,以加快促进光伏发电技术的进步和技术成果的市场应用转化。随着行业大批企业被淘汰以及政策效应的显现,2016 年光伏行业逐渐回暖,企业盈利能力好转。2016 年以来,我国光伏产业成本逐渐下降,见表 1-4,2016~2019 年间多晶硅和组件的成本下降幅度都高达 50%。

表 1-4 2016~2019 年我国多晶硅和光伏组件成本

项目	2016 年	2017 年	2018 年	2019 年
多晶硅/(美元/kg)	18	15	10	9
光伏组件/(美元/W)	0.6	0.45	0.35	0.3

1.2.3　我国光伏发电现状分析

1. 分布式光伏发电将得到进一步发展

从 2014 年年初国家能源局印发的《国家能源局关于下达 2014 年光伏发电年度新增建设规模的通知》(国能新能〔2014〕33 号)来看,分布式光伏发电建设规模占 800 万 kW,超过建设规模总额的一半,可见国家全力支持发展分布式光伏发电,分布式光伏发电是未来光伏发电的发展重心。

2017 年,我国光伏发电新增装机容量为 53.06GW,创历史新高。2018 年,受光伏 531 新政影响,各地光伏发电新增项目有所下滑,全年新增装机容量为 44.26GW,同比下降 16.6%。2019 年,全国新增光伏发电装机 30.11GW,同比下降 31.6%,其中集中式光伏新增装机 17.91GW，同比下降 22.9%；分布式光伏新增装机 12.20GW，同比下降 41.8%。

根据国家能源局发布 2019 年全社会用电量等数据显示，2019 年，全社会用电量 72255 亿 kW·h，同比增长 4.5%。分产业看，第一产业用电量 780 亿 kW·h，同比增长 4.5%；第二产业用电量 49362 亿 kW·h，同比增长 3.1%；第三产业用电量 11863 亿 kW·h，同比增长 9.5%；城乡居民生活用电量 10250 亿 kW·h，同比增长 5.7%。从我国光伏发电装机容量结构来看，随着近年来国家政策向分布式光伏发电的倾斜，我国光伏发电市场结构发生明显变化，尤其是 2016 年以来，随着分布式发电的快速发展，累计装机容量份额持续提升，到 2020 年，我国分布式光伏发电累计装机容量市场占比已提升至 30.7%，首次超过 30%。

2. 分布式示范区建设将取得初步成果

《太阳能发展"十三五"规划》（以下简称《规划》）明确，要继续开展分布式光伏发电应用示范区建设，到 2020 年建成 100 个分布式光伏应用示范区，园区内 80% 的新建建筑屋顶、50% 的已有建筑屋顶安装光伏发电。《规划》指出，要在中东部土地资源匮乏地区，优先采用村级电站（含户用系统）的光伏扶贫模式，单个户用系统 5kW 左右，单个村级电站一般不超过 300kW。村级扶贫电站优先纳入光伏发电建设规模，优先享受国家可再生能源电价附加补贴。做好农村电网改造升级与分布式光伏扶贫工程的衔接，确保光伏扶贫项目所发电量就近接入、全部消纳。同时《规划》指出，要结合电力体制改革开展分布式光伏发电市场化交易，鼓励光伏发电项目靠近电力负荷建设，接入中低压配电网实现电力就近消纳。各类配电网企业应为分布式光伏发电接入电网运行提供服务，优先消纳分布式光伏发电量，建设分布式发电并网运行技术支撑系统并组织分布式电力交易。推行分布式光伏发电项目走向电力用户市场化售电模式，向电网企业缴纳的输配电价按照促进分布式光伏就近消纳的原则合理确定。在国内分布式光伏发电发展受到阻碍时，积极加快分布式示范区建设是发展分布式发电行之有效的手段。我国东部地区不适宜建光伏电站，所以在东部电力负荷高的产业园区建立分布式光伏示范区，在解决工业园区用电量较大问题的同时，又减少了污染，为节能减排做出了贡献。2020 年 8 月 5 日，据国家发改委网站消息，国家发展改革委、国家能源局联合印发了《关于公布 2020 年风电、光伏发电平价上网项目的通知》（以下简称《通知》）。初步测算，拟公布的 2020 年风电、光伏发电平价上网项目将拉动投资总额约 2200 亿元，并新增大量就业岗位，对于稳投资、稳增长、稳就业具有现实意义。

3. 全面推进光伏扶贫工作

2019 年 12 月，国务院扶贫办会同国家能源局在京召开全国光伏扶贫工作视频会，总结光伏扶贫工作取得的成绩，分析当前存在的问题，研究部署做好光伏扶贫项目建设和管理工作。地方政府通过"光伏扶贫"，帮助贫困户开发屋顶光伏。光伏扶贫是一项全新而有挑战的工作，关系着千万贫困人口的切身利益，各地务必从思想上高度重视，在工作上抓实抓细。要进一步强化责任担当，按时保质完成建设任务，进一步规范光伏扶贫收益分配，加强电站信息监测管理，扎实推进村级光伏扶贫电站运维管理，确保光伏扶贫项目可持续发挥效益。"光伏扶贫"不仅可满足贫困家庭自用，还可通过向电网售电获得收益，增加贫困家庭的直接收入。同时，农村地区占我国的大多数，开发农村贫困地区的分布式光伏产业，是对光伏电站和城市分布式光伏发电的有力补充。"光伏扶贫"开辟了一条新的扶贫管道，也打破了国内长久以来"输血式"的扶贫模式，由单一的资金扶贫转向"造血式"的扶贫模式，对国家扶贫管道的探索具有开拓意义。

4. 分布式光伏发展提速，但与发达国家差距依然较大

多年以来，国家为减轻欧美对我国光伏双反政策对企业的影响，出台了一系列政策进行国内光伏电站建设。虽然这些政策有效解决了光伏组件产能过剩的问题，但是却导致我国光伏电站超常发展，而分布式光伏发展缓慢，比例严重失调。同时，与发达国家相比，我国分布式光伏比重严重偏低，德国分布式光伏所占比例约为80%，美国和日本约为50%。我国截至2019年底，光伏发电累计装机容量9442万kW，其中分布式累计装机容量1672万kW，占比为30%。日本及欧美发达国家，大型电站和家庭分布式光伏比重维持在1∶1的健康发展状态，而中国的大型光伏电站占比高达80%。由于大型电站大多建造在西北部偏远地区，根本不能真正有效解决居民用电，并且由于电网建设滞后，造成了弃光现象频发，资源浪费严重。

5. 未来分布式光伏快速发展可期，政策是最大推动力

目前，国家相关能源规划均对分布式光伏提出了超常发展目标。《电力发展"十三五"规划》提出，到"2020年，太阳能发电装机达到1.1亿kW以上，分布式光伏6000万kW以上"。从分布式光伏装机规模而言，2016年新增装机4.24GW，同比增长200%，累计装机10.32GW，距2020年规划目标还有50GW空间，未来4年每年平均至少12GW的新增装机，具有巨大的发展空间。为保障目标的实现，国家出台了一系列政策予以扶持，最为典型的是价格政策扶持。2016年底，国家发改委发出《关于调整光伏发电陆上风电标杆上网电价的通知》，提出将分资源区降低光伏电站、陆上风电标杆上网电价，而分布式光伏发电补贴标准和海上风电标杆电价不作调整。2017年1月1日之后，一类至三类资源区新建光伏电站的标杆上网电价分别调整为每千瓦时0.65元、0.75元、0.85元，比2016年电价每千瓦时下调0.15元、0.13元、0.13元。国家发改委同时明确，今后光伏标杆电价根据成本变化情况每年调整一次。相对于地面集中电站的补贴下调，分布式光伏项目依然坚挺，保持每千瓦时0.42元电价，利润相对丰厚，成为促进分布式光伏快速发展的最大利好因素。

6. 国内分布式光伏市场空间巨大

从发达国家（地区）经验看，光伏行业有其自身发展特点，其走势一般是从集中到分布式发展，这是由光伏特点决定的。目前，我国光伏市场存在上网电价下调、弃光限电、可再生能源补贴缺口2017年预计将突破600亿元等问题，并且这些问题随着地面电站发展继续伴随左右，短期内这些问题也难以解决。同时，地面电站主要靠领跑者计划拉动，本身装机容量已比较有限。而分布式光伏适合安装在工业园区、经济开发区、大型工矿企业以及商场学校医院等公共建筑屋顶，其优点在于靠近用户侧，成本低。另外，屋顶造光伏可以起到隔热作用，既可以省电，又可以产电，一举两得。据推算，我国分布式光伏市场未来具有发6万亿kW·h电的承载能力。在一系列因素催生下，未来更多的新增装机容量要靠分布式光伏去实现。此外，电改在配售电侧的推进，尤其是电力市场化交易的逐步建立，也将推升分布式光伏项目的建设需求，预计国家能源局力推多年的分布式光伏将从2017年起真正开始快速增长。

长期以来，西部新能源电站规模快速增长与我国跨区输电能力不足是一个显著的矛盾。

对于光伏电站，国家能源局提早明确发展重点，限制西部电站额度，引导行业走向分布式。同时，分布式光伏发电贴近用电负荷，并且符合智能配电、用电的发展方向，未来将成为国内光伏发展的重要方向。"十三五"有一个非常重要的思路，就是可再生能源的发展更注重利用就近消纳、就近利用，分布式光伏完全符合此项原则，是未来发展的方向。相比于大型电站，分布式光伏解决了大型电站的长距离传送问题和并网压力。目前，随着国家电改政策的颁布以及能源互联网的发展，我国有越来越多的公司从电力消费侧涉及商业模式，能够让电力供给侧互联网化，有望实现能源需求侧管理和能源互联网的真正落地。随着技术的发展、能源互联网的落地，分布式光伏存在的弱点比如业务模式不清、电费收缴难度大等都将得到解决。

7. 分布式光伏收益率高，投资价值凸显

目前，国家大力鼓励分布式光伏应用形式，对分布式光伏项目实行的是"基础电价 + 补贴"的价格政策。其中，国家级补贴 0.42 元/(kW·h)；很多有实力的地区在国家补贴的基础上又出台了地方补贴。以上海 5kW（每天 5kW）光伏发电系统为例，年产 6000kW·h 电，30% 自用，0.977 元第三阶梯电价，其收益包括三部分：一是国家和地方全额补贴，国家补贴 0.42 元/(kW·h)，上海市补贴 0.4 元/(kW·h)，每年收益 4920 元；二是节省下来的自用电费，5kW 光伏发电系统每年可以节省 1758 元；三是反送国家电网的销售电量，5kW 光伏发电系统每年可以卖电 1830 元。全部计算下来，全年收益约 8500 元，而 5kW 光伏发电系统投入约 5 万元，静态投资回报率高达 17%。

未来几年，随着国家和地方解决分布式光伏困局政策的密集出台，以及税费优惠措施的逐步落实，分布式光伏项目收益有望进一步提高。市场体量日臻成熟的分布式光伏更引发了各路企业、资本竞相涌入。仅在 2017 年一季度，"抢屋顶"大战便进行得如火如荼。

8. 家庭分布式光伏有可能迎来爆发式增长

作为离老百姓生活最近的家庭分布式光伏，因其具有见效快、投资小、并网简单、补贴及时等优点，是目前最具发展潜力的领域。

首先是见效快。家庭光伏电站是申请流程最快、安装最快、并网最快、获得补贴最快的应用形式。通常家庭光伏电站仅需 10 个工作日即可获得接入申请意见，整个安装过程通常不超过 3 天，并网验收一般不超过 7 天，补贴发放一般不超过 3 个月一个周期。因此，整个流程最快 15 天即可完成。其次是投资小。我国一般城市别墅家庭用电量较大，然而我国的别墅多为欧式屋顶，屋顶朝向较多，因此安装容量多数在 5~8kW 之间，个别大别墅或者架高屋面，可以安装 10kW 以上；而 5~8kW 的光伏发电系统投入，也仅仅只有 6~10 万元。一般的农村别墅虽然屋顶较大，但是补贴方式为自发自用、余电上网，一般用电量也不会太多，因此农村屋顶安装容量一般为 3~5kW。这样，投入在 3~5 万元，农村就可以享有光伏发电系统。再次是并网简单。并网流程只要出具产权证明，确保有电网安装的计量电能表，即可免费申请分布式光伏发电接入。同时，电力公司免费提供两块电能表，免费接入设计。安装也不需要特殊的接入设备，并网开关、符合国家要求的光伏组件和逆变器即可。最后是补贴及时。目前分布式家庭电站获得补贴是所有新能源项目中最快的，大型电站动则延迟发放补贴，最长超过 24 个月，这严重影响了太阳能投资的热情和市场，也让投资企业的金融

风险大大增加。而家庭项目，一般 3 个月执行一次，最长不会超过 6 个月。这让所有太阳能屋顶的用户看得到收益，相信太阳能这种新能源的投资回报是比较理想的。

1.3 光伏发电技术的发展趋势

随着社会的发展，我国太阳能资源开发已经进入到规模实用的重要阶段，现在我国太阳能光热产业及其规模都是世界第一。2015 年，我国太阳能光热发电技术已经开始和火电厂进行合作发电，电站规模也有了明显扩大，并且大型太阳能光热发电也给海水淡化提供了一定的支持，还建立了分布式的发电系统，其也能够很好地解决我国偏远地区存在的发电问题。现在我国太阳能发电容量已有 15WM，给光伏发电更好地进行奠定了良好的基础。

1. 光伏电站应用与产业融合的趋势

随着光伏电站的大规模扩建，优质电站建设的土地资源出现稀缺，电站综合收益需要提高，光伏电站出现与第一产业融合的趋势。例如，人造太阳多层高密度无土种植工厂采用新型节能光源促进植物光合作用，采用多层叠加的立体植物提高土地的利用效率。再如光伏农业科技大棚，棚顶安装光伏电池或集热器，柔性透光，适合某些农作物和经济作物生长，也能实现工业化和土地的高效产出。光伏与尾矿治理、废弃的采矿塌陷区循环经济建设或生态综合治理相结合，使得废弃土地得以实现生态环境的修复。光伏与传统水处理市政设施相结合，通过光伏水务模式，能够有效降低水处理成本和单位水处理的碳排放。

2. 能源互联及多能互补的微电网趋势

未来的能源互联网是指在现有电网基础上，通过先进的电力电子技术和信息技术，实现能量和信息双向流动的电力互联共享网络。能源互联网具有由太阳能等可再生能源作为主要能量供应来源、分布式能量收集和存储等特性，可将分布式发电装置、储能装置和负载组成的微型能源网络互联起来。随着光伏发电等波动性电源比例的提高，要求电源侧具备更大的调节能力，分布式储能将得到普及，主动式配电网也将应运而生。太阳能发电和其他可再生能源、储能互补发电，并与负载一起形成既可并网、又可孤网运行的微型电网，将是太阳能发电的一种新应用形式，其既适用于边远农牧区、海岛供电，也适合联网运行作为电网可控发电单元。

3. 分布式能源趋势

与风电等其他清洁能源相比，光伏发电与工商业用电峰值基本匹配，因此光伏电源相比其他可再生能源更适用于分布式应用。发展分布式光伏发电系统的优势在于其经济、环保，能够提高供电安全可靠性以及解决边远地区用电等。分布式光伏发电的装机容量一般较小，初始投资和后期运维成本低，建设周期短，能够实现就近供电，对大电网、远距离供电形成有益的互补和替代，未来发展到一定比例时能够有力促进微电网的建设发展。随着电力配售点领域的改革，如直购电、区域售电牌照的发放，分布式能源电站也将迎来空前的发展机遇。

光伏行业走势一定是从集中到分布式发展，这是由光伏特点决定的。结合目前我国光伏产业的现状，未来光伏电站投资将向中东部转移，加之政策明显倾向于分布式光伏，分布式光伏投资价值凸显。

1.4 光伏发电的关键技术

光伏发电并网就是光伏组件产生的直流电经过并网逆变器转换成符合市电电网要求的交流电之后直接接入公共电网，可以分为带蓄电池并网发电系统和不带蓄电池并网发电系统。带有蓄电池的并网发电系统具有可调度性，可以根据需要并入或退出电网，还具有备用电源的功能，当电网因故停电时可紧急供电，其常常安装在居民建筑中。不带蓄电池的并网发电系统不具备可调度性和备用电源的功能，一般安装在较大型的系统中。

集中式大型并网光伏电站一般都是国家级电站，主要特点是将所发电能直接输送到电网，由电网统一调配向用户供电。但这种电站投资大、建设周期长、占地面积大，发展前景有限。而分散式小型并网光伏发电，特别是光伏建筑一体化光伏发电，由于投资小、建设快、占地面积小、政策支持力度大等优点，成为光伏发电并网的主流。光伏发电并网系统主要包括光伏阵列，并网逆变器，并辅以相应的中央集控系统。在微电网中运行，通过中低压配电网接入互联特/超高压大电网，是光伏发电系统并网的重要特点。而光伏发电系统并网的必要条件是，逆变器输出正弦波电流的频率和相位与电网电压的频率和相位相同。可见，光伏并网发电技术关键在于并网逆变器，逆变器性能的改进对于提高系统的效率、可靠性和寿命、降低成本至关重要。

光伏发电输出电流为直流，要接入交流系统，光伏电能必须经过逆变器将直流变为交流。如果在光伏电源最大功率时进行转换，就可以实现光电效率转化最大化，因此必须对光伏电源的最大功率点进行监测、跟踪。但有时会出现光伏电源接入公共电网的开关处于断开状态，这时光伏发电系统就变为孤立运行，从而威胁到光伏发电系统正常运行，严重时可能会造成光伏发电系统的瓦解。因此，我们必须采用一定的技术使光伏发电系统的"孤岛"状态能够被及时监测，并进行相应的处理，消除"孤岛"状态运行对光伏发电系统、公共电网以及相应设备和工作人员的影响。由此可以得出，光伏发电系统最重要的技术包括电力电子技术、最大功率点跟踪（MPPT）技术、光伏发电系统并网技术等。随着电力电子技术、微电子技术和现代控制理论的进步，逆变技术正向着频率更高、功率更大、效率更高、体积更小的方向发展。目前逆变器的研究集中于针对"孤岛效应"的被动和主动防护检测方法、MPPT控制、电网电流控制及电压放大等课题。

光伏阵列输出特性是光伏发电系统研究中的最基本问题，作为一种不稳定的电源，其输出特性受外界环境（如太阳辐射强度、温度及负载等）的影响。对于大型光伏阵列，电能输出具有非线性特征，与外界温度、光照条件和用电负载有关，光伏电池很难一直工作在最大功率点处。因此，为了使光伏发电效率最高，需要采用MPPT技术，该技术可以预测和跟踪最大功率点，使光伏发电系统在最大功率点工作。此技术具体是指按照光伏电池所创造的最大功率来协调输出，把最大功率除以所有时间转变成效率。最基础的算法包括电导微增法与爬山法，大多数算法都是基于此衍生而来的，其中前者对检测精度有着较高的要求，后者则较低。由于光伏电池受到光照强度以及环境等外界因素的影响，其输出功率是变化的，光照越强，光伏电池发出的电就越多，带MPPT的逆变器就是为了充分利用光伏电池，使之运行在最大功率点。也就是说，在太阳辐射不变的情况下，有MPPT后的输出功率会比无

MPPT 的要高，这就是 MPPT 的作用。据测算，配置 MPPT 的系统的发电量比没有安装 MPPT 的系统高出 50%。所以，想要光伏发电系统发更多的电，不要只关注光伏组件的多少，光伏组件所发的电最后能够有多少被有效输出，关键在于光伏逆变器。MPPT 控制器能够实时侦测光伏组件的发电电压，并追踪最高电压电流值（UI），使系统以最大功率输出并对蓄电池充电，其应用于光伏发电系统中，协调光伏组件、蓄电池、负载的工作，是光伏发电系统的大脑。目前业内已经认识到了逆变器多 MPPT 通道的重要性，多 MPPT 的组串式逆变器已经被广泛应用。

光伏并网逆变器在光伏并网发电系统中起着非常重要的作用。光伏并网逆变器把光伏阵列输出的直流电转换成交流电并入公共电网的过程中，既要确保系统实现单位功率因数运行，又要保证并网电流谐波含量满足国家标准的规定。光伏并网逆变器按输出方式不同，可分为电压源型和电流源型两种。电压源型并网方式是通过对逆变器侧输出电压进行控制，从而达到控制并网电流的目的。该方式控制策略难度较高，并网电流动态响应速度慢，容易受到外界因素的影响，导致并网电流波形质量下降。所以，若通过电压源型方式进行并网，可能会使逆变器输出电流波形品质不高，容易受到干扰而发生畸变，从而达不到光伏并网的技术要求。若通过电流源型方式进行并网，则只需要控制输出电流跟踪电网电压，便可完成输出并网电流与电网电压同频、同相的控制要求，其有三点好处：一是控制策略相对简单，只需控制逆变器输出的电流矢量；二是并网电流的波形不易失真，波形质量完全由电流控制器来决定；三是动态响应速度快，能快速准确地追踪电网电压。因此，在实际应用中，通常使用电流源型方式进行并网。

第2章
光伏发电基础及工作原理

2.1 光伏效应

光伏效应（Photovoltaic Effect）是光生伏特效应的简称，是指一定波长的光照射非均匀半导体（特别是 PN 结），在内建电场作用下，半导体内部产生的光电压现象。

2.1.1 光伏效应的实质

一般而言，光伏效应过程中电子吸收太阳光光子能量激发电子-空穴对，且这些非平衡载流子有足够长的寿命，在分离前不会复合消失；产生的非平衡载流子在内建电场作用下完成电子-空穴对分离，电子集中在一侧，空穴集中在另一侧，在 PN 结两侧产生异性电荷积累，从而产生光生电动势；在 PN 结两侧通过端电极供给负载电能，即获得功率输出。同时，这也是光伏效应电子器件工作的三个必要步骤，这三要素也是决定光伏电池转换效率高低的重要因素。

PN 结空间电荷区域电子和空穴的漂移运动形成的电流称为漂移电流（光电流）。光电流不仅出现在空间电荷区域，在准电中性区域也会出现，光子在准电中性区域被吸收产生的光电流通常称为扩散电流。扩散电流的大小由少数载流子决定，多数载流子不参与扩散电流的形成。半导体扩散电流的形成过程包括：P 型半导体准电中性区域电子，在空间电荷区域附近向 N 型区域扩散来降低其浓度，相反，N 型半导体准电中性区域空穴，在空间电荷区域附近向 P 型区域扩散，形成扩散电流。因此，光伏效应中光电流主要来源于空间电荷区域电子和空穴的漂移电流和准电中性区域中少数载流子产生的扩散电流，而扩散电流又分为 P 型和 N 型区域的扩散电流。光电效应是光伏效应的前提，原理电路如图 2-1a 所示；光伏电池伏安特性曲线如图 2-1b 所示。光伏效应过程即光电效应作用于半导体材料上产生电势差的过程，如图 2-2 所示。

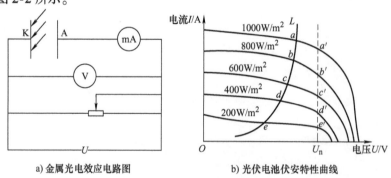

a) 金属光电效应电路图   b) 光伏电池伏安特性曲线

图 2-1 金属光电效应原理图

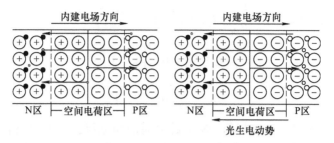

图 2-2　光伏效应示意图

2.1.2　光伏电池的伏安特性曲线

1. 光伏电池的电特性

光伏电池的等效电路如图 2-3a 所示。其中 I_{ph} 为光生电流，其值正比于光伏电池的面积和入射光的辐照度。1cm² 光伏电池的 I_{ph} 值平均为 16～30mA，环境温度升高，I_{ph} 值会略有上升，一般，温度每升高 1℃，I_{ph} 值上升 78μA。在无光照条件下，光伏电池的基本特性类似于普通二极管。I_D 为暗电流，即在无光照的条件下，由外电压作用下 PN 结内流过的单向电流，其大小反映的是当前环境温度下光伏电池 PN 结自身所能产生的总扩散电流的变化情况。I_L 为光伏电池输出的负载电流。U_{OC} 为光伏电池的开路电压，是指在 100mW/cm² 光源的照射下，负载开路时光伏电池的输出电压值。U_{OC} 与入射光辐照度的对数成正比，与环境温度成反比，温度每升高 1℃，U_{OC} 下降 2～3mV，但其与电池的面积无关。单晶硅光伏电池的开路电压一般为 500mV，最高可达 690mV。R_L 为负载电阻。R_S 为串联电阻，由光伏电池的体电阻、表面电阻、电极导体电阻、电极与硅表面接触电阻和金属导体电阻等组成。R_{sh} 为旁路电阻，主要由电池表面污浊和半导体晶体缺陷引起的漏电流所对应的 PN 结泄漏电阻和电池边缘的泄漏电阻等组成。

R_S 和 R_{sh} 均为光伏电池本身的固有电阻，相当于电源的内阻。对于理想的光伏电池，R_S 很小，而 R_{sh} 很大，在计算时可忽略不计，因而光伏电池理想条件下的等效电路如图 2-3b 所示。此外，光伏电池等效电路中还包含 PN 结的结电容和其他分布电容，但光伏电池应用于直流系统中，通常没有高频分量，因而这些电容也忽略不计。

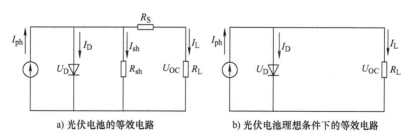

a) 光伏电池的等效电路　　　　　　b) 光伏电池理想条件下的等效电路

图 2-3　光伏电池等效电路

由上述定义，可列出光伏电池等效电路中各变量的关系：

$$I_D = I_0 \left(\exp \frac{qU_D}{AkT} - 1 \right) \tag{2-1}$$

$$I_L = I_{ph} - I_D - \frac{U_D}{R_{sh}} = I_{ph} - I_0 \left[\exp \frac{q(U_{OC} + I_L R_S)}{AkT} - 1 \right] - \frac{U_D}{R_{sh}} \tag{2-2}$$

$$I_{SC} = I_0 \left(\exp \frac{qU_{OC}}{AkT} - 1 \right) \tag{2-3}$$

$$U_{OC} = \frac{AkT}{q} \ln \left(\frac{I_{SC}}{I_0} + 1 \right) \tag{2-4}$$

式中，I_0 为光伏电池内部等效二极管 PN 结的反向饱和电流，与电池材料自身的性能有关，反映了光伏电池对光生电子载流子最大的负荷能力，是一个常数，不受光照强度的影响；I_{SC} 为短路电流，即将光伏电池置于标准光源的照射下，在输出短路时流过光伏电池两端的电流；U_D 为等效二极管的端电压；q 为电子电荷；k 为玻耳兹曼常量；T 为热力学温度；A 为 PN 结的曲线常数。

在弱光条件下，$I_{ph} \ll I_0$，由式(2-4) 得

$$U_{OC} = \frac{AkT}{q} \frac{I_{ph}}{I_0} \tag{2-5}$$

而在强光条件下，$I_{ph} \gg I_0$，同理可得

$$U_{OC} = \frac{AkT}{q} \ln \frac{I_{ph}}{I_0} \tag{2-6}$$

由此可见，在弱光条件下，开路电压随光照强度呈近似线性变化；而在强光条件下，开路电压则随光照强度呈对数关系变化。光伏电池的开路电压一般在 $0.5 \sim 0.58V$ 之间。理想条件下（$R_S \to 0$ 和 $R_{sh} \to \infty$）等效电路的电流方程为

$$I_L = I_{ph} - I_D - \frac{U_D}{R_{sh}} = I_{ph} - I_D \tag{2-7}$$

2. 光伏电池的伏安特性

根据式(2-2) 和式(2-3) 可以绘出光伏电池电压-电流的关系曲线，又称伏安（$U-I$）特性，如图 2-4 所示。图中，曲线 1 为暗特性条件下的伏安特性，即无光照时光伏电池的伏安特性；曲线 2 为明特性条件下的伏安特性。U_{OC}、I_{SC}、I_m、U_m、P_m 分别为光伏电池的开路电压、短路电流、最大功率输出时的电流、最大功率输出时的电压和最大输出功率。

3. 光伏阵列的输出特性

由于单个光伏电池容量很小，输出电压很低，

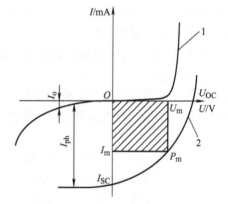

图 2-4　光伏电池的伏安特性

输出峰值功率仅有 1W 左右，不能满足用电设备的需要，而且单个光伏电池片不便于安装使用，所以一般不单独使用。在实际应用时，通常要将几片、几十片甚至成百上千片单体光伏电池根据负载的需要，经过串并联而构成组合体，然后将该组合体通过一定的工艺流程封装在透明的薄板盒子内，并引出正负极线以供外部连接使用。封装前的组合体称为光伏电池模块组件，而封装后的薄板盒子称为光伏电池组合板，简称光伏电池板（或称光伏组件）。工程上使用的光伏组件是光伏电池使用的基本单元，其输出电压一般为十几至几十伏。将若干

个光伏组件根据负载容量的要求，再进行串并联组成较大功率的供电装置，称之为光伏阵列（PV），如图 2-5 所示。

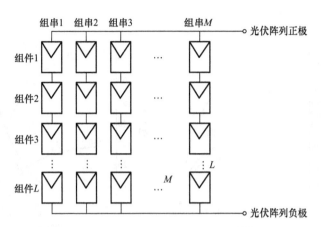

图 2-5　由光伏组件串并联构成的光伏阵列

在构成光伏阵列时，根据负载的用电量、电压、功率及光照等情况，在选择光伏组件的基础上确定光伏电池的总容量和光伏组件的串并联的数量。当光伏组件串联使用时，一般使用相同型号的单体光伏组件，总的输出电压为各个单体光伏组件电压之和，而输出电流为单体光伏组件的输出电流。同理，当光伏组件并联使用时，一般也要使用相同型号的单体光伏组件，总的输出电流为各个单体光伏组件输出电流之和，而输出电压则为单体光伏组件的输出电压。

当光伏组件串联使用时，要确定光伏阵列的输出电压，主要考虑负载电压的要求，同时也要考虑蓄电池的浮充电压、温度及控制电路等影响。一般光伏电池的输出电压随温度的升高呈负特性，即输出电压随温度的升高而降低，因而在计算光伏组件串联级数时，要留有一定的裕量。为提高光伏电池的利用率，最佳选择是使其工作于光伏阵列总伏安特性曲线的最大功率点位置，光伏组件串联后的伏安特性曲线如图 2-6 所示。

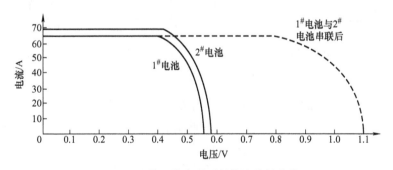

图 2-6　光伏组件串联后的伏安特性曲线

同样，在确定光伏组件的并联数量时，要考虑负载的总耗电量、当地年平均日照情况，同时也要考虑蓄电池组的充电效率、电池表面不清洁和老化等带来的不良影响，光伏组件并联后的伏安特性曲线如图 2-7a 所示。只有根据负载的要求合理地将光伏组件通过串并联组合成光伏阵列，才能充分发挥光伏发电的优势，提高整体效率。光伏阵列的分类有三种方

式，按外形结构可分为平板式、曲面式及聚光式，按安装形式分为固定安装式，定向安装式
及加固安装式，按使用场所可分为地面式、高空式、宇宙空间式及潜水式等。光伏阵列的输
出特性曲线如图 2-7b 所示。

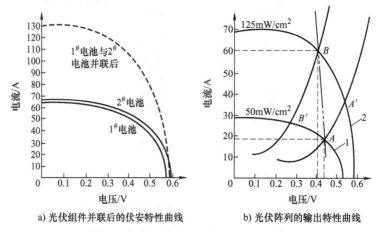

a) 光伏组件并联后的伏安特性曲线   b) 光伏阵列的输出特性曲线

图 2-7 光伏电池相关特性

2.1.3 电阻效应及相关性效应

1. 电池结构及功率特性

光照时光伏电池的等效电路如图 2-8a 所示，常用光伏电池的电流-电压（$I-U$）特性曲
线如图 2-8b 所示。

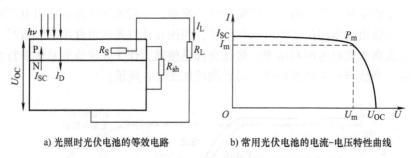

a) 光照时光伏电池的等效电路   b) 常用光伏电池的电流-电压特性曲线

图 2-8 光伏电池等效电路及电流-电压特性

图 2-8a 中，R_L 为电池的外接负载电阻，当 $R_L = 0$ 时，所测电流为电池的短路电流 I_{SC}，
I_{mp} 为最大负载电流，U_{mp} 为最大负载电压。在此负载条件下，光伏电池的输出功率最大，在
光伏电池的电流-电压特性曲线中，P_m 对应的这一点称为最大功率点，该点对应的电压称为
最大功率点电压 U_m，即最大工作电压；该点对应的电流称为最大功率点电流 I_m；该点的功
率即为最大功率 P_m。

光伏电池（组件）的输出功率取决于太阳辐照度、太阳光谱分布和光伏电池（组件）
的工作温度，因此光伏电池性能的测试需在标准条件（STC）下进行。测量标准被欧洲委员
会定义为 101 号标准，其测试条件是：光谱辐照度为 $1000W/m^2$，大气质量为 AM1.5 时的光
谱分布；电池温度为 25℃。在该条件下，光伏电池（组件）输出的最大功率为峰值功率。

2. 特征电阻

光伏电池的特征电阻是指电池在输出最大功率时的输出电阻，如图 2-9 中的 C 点。如果外接负载的电阻大小等于电池本身的输出电阻，那么电池输出的功率达到最大，即工作在最大功率点。此参数在分析电池特性，特别是研究寄生电阻损失机制时非常重要。特征电阻也可以写成

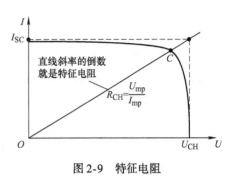

图 2-9 特征电阻

$$R_{CH} = \frac{U_{mp}}{I_{mp}} = \frac{U_{OC}}{I_{SC}} \qquad (2-8)$$

3. 寄生电阻

电池的电阻效应以在电阻上消耗能量的形式降低了电池的发电效率，其中最常见的寄生电阻为串联电阻和并联电阻。寄生电阻对电池最主要的影响便是减小了填充因子。

在大多数情况下，当串联电阻和并联电阻处在典型值时，寄生电阻对电池的最主要影响便是减小填充因子。串联电阻和并联电阻的阻值以及它们对电池最大功率点的影响都取决于电池的几何结构。在光伏电池中，电阻的单位是 Ω/cm^2。

（1）串联电阻的影响

在光伏电池中，产生串联电阻的因素有三种：第一种，穿过电池发射区和基区的电流；第二种，金属电极与硅之间的接触电阻；第三种是顶部和背部之间产生的金属电阻。串联电阻对电池的主要影响是减小填充因子，此外，当阻值过大时还会减小短路电流。串联电阻并不会影响电池的开路电压，因为此时电池的总电流为零，电池处于开路状态，其中光伏电池电路没有电流，也不会产生串联电阻，可认为此时串联电阻为零。然而，在接近开路电压处，伏安特性曲线会受到串联电阻的强烈影响。

（2）并联电阻的影响

并联电阻 R_{sh} 引起功率损失的原因是由于漏电产生的损耗，而不是因为电池设计不合理。小的并联电阻以分流的形式造成功率损失，此电流转移不仅减小了流经 PN 结的电流，同时还减小了电池的电压。在光照强度很低的情况下，并联电阻对电池的影响最大，因为此时电池的电流很小。通过测量伏安特性曲线在接近短路电流处的斜率，可以估算出电池内并联电阻的阻值。

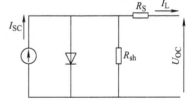

（3）串联电阻和并联电阻的共同影响

如图 2-10 所示，当并联电阻和串联电阻同时存在时，光伏电池的电流与电压的关系为

图 2-10 光伏电池的等效电路图

$$I = I_L - I_0 \left\{ \exp\left[\frac{q(U + IR_S)}{nkT}\right] - \frac{U + IR_S}{R_{sh}} \right\} \qquad (2-9)$$

2.2 光伏电池的主要技术参数及其分类

2.2.1 光伏电池的主要技术参数

1. 开路电压

受光照的光伏电池处于开路状态，光生载流子只能积累于 PN 结两侧产生光生电动势，

此时在光伏电池两端测得的电压叫作开路电压，用符号 U_{OC} 表示。

2. 短路电流

如果把光伏电池从外部短路，测得的最大电流称为短路电流，用符号 I_{SC} 表示。硅光电池开路电压（光生电压）和短路电流（光生电流）与光照度的关系如图 2-11 所示。

3. 最大输出功率

把光伏电池接上负载，负载电阻中便有电流通过，该电流称为光伏电池的工作电流 I，也称负载电流或输出电流；负载两端的电压称为光伏电池的工作电压 U。负载两端的电压与通过负载的电流的乘积称为光伏电池的输出功率 $P(P = UI)$。

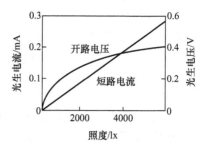

图 2-11 硅光电池的开路电压（光生电压）和短路电流（光生电流）与光照度的关系

光伏电池的工作电压和电流是随负载电阻而变化的，将不同阻值所对应的工作电压和电流值制成曲线，就得到光伏电池的伏安特性曲线。如果选择的负载电阻值能使输出电压和电流的乘积最大，即可获得最大输出功率，用符号 P_m 表示。此时的工作电压和工作电流称为最佳工作电压和最佳工作电流，分别用符号 U_m 和 I_m 表示，$P_m = U_m I_m$。

4. 填充因子

光伏电池的另一个重要参数是填充因子（FF），它是最大输出功率与开路电压和短路电流乘积的比值，即

$$FF = \frac{P_m}{U_{OC} I_{SC}} = \frac{U_m I_m}{U_{OC} I_{SC}}$$

填充因子是评价光伏电池输出特性的一个重要参数，其值越高，表明光伏电池输出特性曲线越趋近于矩形，电池的转换效率也越高。

串并联电阻对填充因子有较大影响：串联电阻越大，则短路电流下降得越多，填充因子也随之减小得多；并联电阻越小，则电流就越大，开路电压就下降得越多，填充因子随之也减小得多。因此，通常优质光伏电池的填充因子皆大于0.7。

5. 转换效率

光伏电池的转换效率 η 是指在外部回路中连接最佳负载电阻时的最大能量转换效率，等于光伏电池的最大输出功率 P_m 与入射到光伏电池表面的能量之比，即

$$\eta = \frac{P_m}{P_{in}} \times 100\% = FF \cdot \frac{U_{OC} I_{SC}}{P_{in}} \times 100\% \qquad (2\text{-}10)$$

式中，P_{in} 为单位面积入射光的功率。

光伏电池的转换效率主要与它的结构、PN 结特性、材料性质、电池的工作温度、放射性粒子辐射损坏和环境变化等因素有关。材料的禁带宽度直接影响光生电流（即短路电流）的大小。由于太阳辐射中光子的能量大小不一，只有那些能量比禁带宽度大的光子才能在半导体中产生电子-空穴对，从而形成光生电流。所以，材料禁带宽度小，能量小于它的光子数量就多，获得的短路电流就大；反之，禁带宽度大，能量大于它的光子数量就少，短路电流就小。但禁带宽度太小也不合适，因为能量大于禁带宽度的光子在激发出电子-空穴对后

剩余的能量会转换为热能，从而降低了光子能量的利用率。再有，禁带宽度又直接影响开路电压的大小。而开路电压的大小与 PN 结反向饱和电流的大小成反比：禁带宽度越大，反向饱和电流越小，开路电压越高。计算表明，在大气质量为 AM1.5 件下测试，单晶硅光伏电池的理论转换效率可达 33%；目前实际商品化的常规单晶硅光伏电池的转换效率一般为 16%～20%，多晶硅光伏电池的转换效率为 15%～18%。

2.2.2　光伏电池的结构及分类

图 2-12 所示光伏电池的基本结构，制作过程为：在 P 型半导体（一般为 P 型硅）基板（Substrate）表面制作绒面（Surface Texturization），P 掺杂扩散形成 PN 结（Phosphorous Diffusion），再辅以减反射膜（Anti-reflective Coasting），最后分别在 N 型和 P 型半导体表面做丝网印刷正面电极和背面电极（Screen Printing）。

光伏电池多为半导体材料制造，发展至今，种类繁多，形式各样。光伏电池的分类方法有多种，如按照结构的不同分类、按照材料的不同分类、按照用途的不同分类，按照工作方式的不同分类等。下面对按照结构和材料不同进行的分类加以介绍。

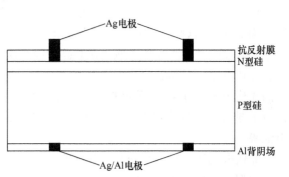

图 2-12　光伏电池的基本结构

（1）按照结构的不同分类

1）同质结光伏电池。由同一种半导体材料所形成的 PN 结或梯度结称为同质结，用同质结构成的光伏电池称为同质结光伏电池，如硅光伏电池、砷化镓光伏电池等。

2）异质结光伏电池。由两种禁带宽度不同的半导体材料形成的结称为异质结，用异质结构成的光伏电池称为异质结光伏电池，如氧化锡/硅光伏电池、硫化亚铜/硫化镉光伏电池、砷化镓/硅光伏电池等。如果两种异质材料的晶格结构相近，界面处的晶格匹配较好，则称为异质面光伏电池，如砷化铝镓/砷化镓异质面光伏电池。

3）肖特基光伏电池。是指利用金属半导体界面的肖特基势垒面构成的光伏电池，也称为 MS 光伏电池，如铂/硅肖特基光伏电池、铝/硅肖特基光伏电池等。其原理是，在金属-半导体接触时，在一定条件下可产生整流接触的肖特基效应。目前已发展成为金属-氧化物-半导体（MOS）结构制成的光伏电池和金属-绝缘体-半导体（MIS）结构制成的光伏电池。这些又总称为导体-绝缘体-半导体（CIS）光伏电池。

4）多结光伏电池。是指由多个 PN 结形成的光伏电池，又称为复合结光伏电池，如垂直多结光伏电池、水平多结光伏电池等。

5）液结光伏电池。是指用浸入电解质中的半导体构成的光伏电池，也称为光电化学电池。

（2）按照材料的不同分类

1）硅光伏电池。是指以硅为基体材料的光伏电池，有单晶硅光伏电池、多晶硅光伏电池等。多晶硅光伏电池又有片状多晶硅光伏电池、铸锭多晶硅光伏电池、筒状多晶硅光伏电池、球状多晶硅光伏电池等多种。

2）化合物半导体光伏电池。是指由两种或两种以上元素组成的具有半导体特性的化合物半导体材料制成的光伏电池，如硫化镉光伏电池、砷化镓光伏电池、碲化镉光伏电池、硒铟铜光伏电池、磷化铟光伏电池等。化合物半导体主要包括：晶态无机化合物（如Ⅲ-Ⅴ族化合物半导体——砷化镓、磷化镓、磷化铟、锑化铟等，Ⅱ-Ⅵ族化合物半导体——硫化镉、硫化锌等）及其固溶体（如镓铝砷、镓砷磷等）；非晶态无机化合物，如玻璃半导体；有机化合物，如有机半导体；氧化物半导体，如 MnO、Cr_2O_3、FeO、Fe_2O_3、Cu_2O 等。

3）有机半导体光伏电池。是指用含有一定数量的碳-碳键且导电能力介于金属和绝缘体之间的半导体材料制成的光伏电池。有机半导体可分为三类：分子晶体，如萘、蒽、芘（嵌二萘）、酞菁酮等；电荷转移络合物，如芳烃-卤素络合物、芳烃-金属卤化物等；高聚物。

4）薄膜光伏电池。是指用单质元素、无机化合物或有机材料等制作的薄膜为基体材料的光伏电池，通常把膜层无基片而能独立成形的厚度作为薄膜厚度的大致标准，一般规定其厚度为 $12\mu m$，这些薄膜通常由辉光放电、化学气相沉积、溅射、真空蒸镀等方法制得，目前主要有非晶硅薄膜光伏电池、多晶硅薄膜光伏电池、化合物半导体薄膜光伏电池、纳米晶薄膜光伏电池、微晶硅薄膜光伏电池等。非晶硅薄膜光伏电池是指用非晶硅材料及其合金制造的光伏电池，也称为无定形硅薄膜光伏电池，简称 a-Si 光伏电池，目前主要有 PIN（NIP）非晶硅薄膜光伏电池、集成型非晶硅薄膜光伏电池、叠层（级联）非晶硅薄膜光伏电池等。

光伏电池按照结构来分类，其物理意义比较明确，因而我国目前的国家标准将其作为光伏电池型号命名方法的依据。

此外，按照应用还可将光伏电池分为空间用光伏电池和地面用光伏电池两大类。地面用光伏电池又可分为电源用光伏电池和消费品用光伏电池两种，其对光伏电池的技术经济要求因应用而异：空间用光伏电池的主要要求是耐辐照性好、可靠性高、光电转换效率高、功率面积比和功率质量比优等；地面电源用光伏电池的主要要求是光电转换效率高、坚固可靠、寿命长、成本低等；地面消费品用光伏电池的主要要求是薄小轻、美观耐用等。

2.2.3 新型光伏电池简介

1. 新型高效单晶硅光伏电池

为了提高光伏电池的转换效率，采用多种结构和技术来改进电池的性能：采用背电场减小背表面处的复合，提高了开路电压；浅结电池减小了正表面复合，加大了短路电流；金属-绝缘体-半导体-NP（MINP）光伏电池则进一步降低了电池的正表面复合。近年来随着表面钝化技术的进步，氧化层从薄（<10nm）到厚（约110nm），使表面态密度和表面复合速度大大降低，单晶硅光伏电池的转换效率得到了迅速提高。下面介绍几种高效、低成本的硅光伏电池。

（1）发射极钝化及背表面局部扩散光伏电池（PERL 电池）

PERL 电池正反两面都进行钝化，并采用光刻技术将电池表面的氧化层制作成倒金字塔形。两面的金属接触面都进行缩小，其接触点进行硼与磷的重掺杂，局部背场（LBSF）技术使背接触点处的复合得到了减少，且背面由于铝在二氧化硅上形成了很好的反射面，使入射的长波光反射回电池体内，增加了对光的吸收，如图 2-13 所示。这种单晶硅电池的光电效率已达 24.7%，多晶硅电池的光电效率已达 19.9%。

（2）埋栅光伏电池（BCSC 电池）

BCSC 电池采用激光刻槽或机械刻槽，激光在硅片表面刻槽，然后化学镀铜，制作电极。批量生产的这种电池的光电效率已达 17%，我国实验室这种电池的光电效率为 19.55%。

（3）高效背表面反射器光伏电池（BSR 电池）

BSR 电池的背面和背面接触之间用真空蒸镀的方法沉积一层高反射率的金属表面（一般为铝）。背反射器就是将电

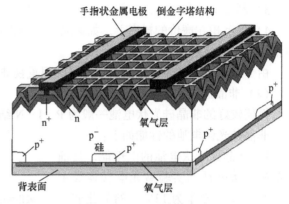

图 2-13　PERL 光伏电池

池背面做成反射面，它能发射透过电池基体到达背表面的光，从而增加光的利用率，使电池的短路电流增大。

（4）高效背表面场和背表面反射器光伏电池（BSFR 电池）

BSFR 电池也称为漂移场光伏电池，它是在 BSR 电池结构的基础上再做一层 p$^+$ 层，这种场有助于光生电子-空穴对的分离和少数载流子的收集。目前，BSFR 电池的光电效率为 14.8%。

2. 多晶硅薄膜光伏电池

多晶硅薄膜由许多大小不等且具有不同晶面取向的小晶粒构成，其特点是在长波段具有高光敏性，能有效吸收可见光；又具有与晶体硅一样的光照稳定性，因此被认为是高效、低耗的理想光伏器件材料。

目前，多晶硅薄膜光伏电池的光电效率达 16.9%，但仍处于实验室阶段，如果能找到一种好的方法在廉价的衬底上制备性能良好的多晶硅薄膜光伏电池，该电池就可以进入商业化生产，这也是目前研究的重点。多晶硅薄膜光伏电池因其良好的稳定性和丰富的材料来源，是一种很有前途的地面用廉价光伏电池。

3. 非晶硅光伏电池

晶体硅光伏电池通常的厚度为 300pm 左右，这是因为晶体硅是间接吸收半导体材料，光的吸收系数小，需要较厚的厚度才能充分吸收阳光。非晶硅又称无定形硅或 a-Si，是直接吸收半导体材料，光的吸收系数很大，仅几微米厚度就能完全吸收阳光，因此光伏电池可以做得很薄，材料和制作成本较低。

无定形硅从微观原子排列看，是一种"长程无序"而"短程有序"的连续无规则网络结构，其中包含大量的悬挂键、空位等缺陷。在技术上有实用价值的是 a-Si：H 合金，在这种合金膜中，氢补偿了 a-Si 中的悬挂键，使缺陷态密度大大降低，使掺杂成为可能。

（1）非晶硅的优点

1）有较大的光学吸收系数，在 0.315~0.75μm 的可见光波长范围内，其吸收系数比单晶硅高一个数量级，因此很薄（1μm 左右）的非晶硅就能吸收大部分可见光，制备材料成本也低。

2）禁带宽度为 1.5～2.0eV，比晶体硅的 1.12eV 大，与太阳光谱有更好的匹配。

3）制备工艺和所需设备简单、沉积温度低（300～400℃）、耗能少。

4）可沉积在廉价的衬底上，如玻璃、不锈钢甚至耐温塑料等，也可做成能弯曲的柔性电池。

由于非晶硅有上述优点，许多国家都很重视非晶硅光伏电池的研究开发。

（2）非晶硅光伏电池结构及性能

性能较好的非晶硅光伏电池一般为 P－I－N 结构，如图 2-14 所示。

非晶硅光伏电池的性能如下：

1）非晶硅光伏电池的电性能。目前非晶硅光伏电池的实验室光电转换效率达 15%，稳定效率为 13%。商品化非晶硅光伏电池的光电效率一般为 6%～7.5%。非晶硅光伏电池的温度变化情况与晶体硅光伏电池不同，温度升高对其效率的影响比晶体硅光伏电池要小。

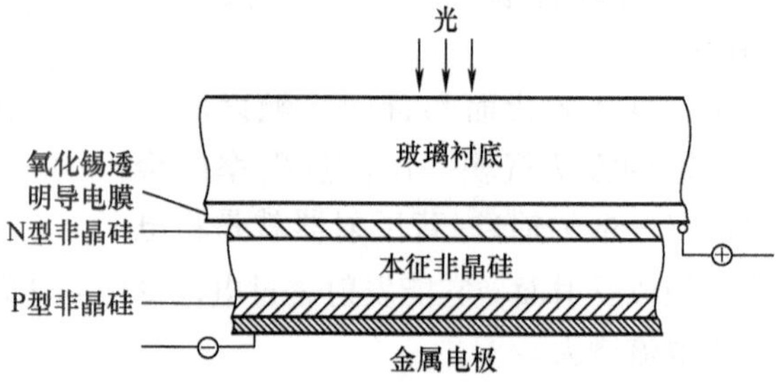

2）光致衰减效应。非晶硅光伏电池

图 2-14　非晶硅光伏电池结构

经光照后，会产生 10%～30% 的电性能衰减，这种现象称为非晶硅光伏电池的光致衰减效应，此效应限制了非晶硅光伏电池作为功率发电器件的大规模应用。为减小这种光致衰减效应，又开发了双结和三结的非晶硅叠层光伏电池，目前实验室中光致衰减效应已减小至 10%。

由于非晶硅光伏电池价格比单晶硅光伏电池便宜，在市场上已占有较大的份额，但性能不够稳定，尚没有广泛作为大功率电源，主要用于计算器、电子表、收音机等弱光和微功率器件。

4. 化合物薄膜光伏电池

目前，光伏电池（单晶硅、多晶硅电池）价格偏高，原因之一就是电池材料贵且消耗大，因而开发研制薄膜光伏电池就成为降低光伏电池价格的重要途径。薄膜光伏电池由沉积在玻璃、不锈钢、塑料、陶瓷衬底或薄膜上的几微米或几十微米厚的半导体膜构成，由于其半导体层很薄，可以大大节省光伏电池材料，降低生产成本，是最有前景的新型光伏电池。晶体硅光伏电池的基片厚度通常为 300μm 以上，而薄膜光伏电池在适当的衬底上只需生长几微米至几十微米厚度的光伏材料即能满足对光的大部分吸收，实现光电转换的需要。这样，就可以减少价格昂贵的半导体材料，从而大大降低成本。薄膜化的活性层必须用基板来加强其机械性能，在基板上形成的半导体薄膜可以是多品多晶的，也可以是非晶的，不一定用单晶材料。因此，研究开发出不同材料的薄膜光伏电池是降低价格的有效途径。

（1）化合物多晶薄膜光伏电池

除上面介绍的 a－Si 光伏电池和多晶硅薄膜光伏电池外，目前已开发出的化合物多晶薄膜光伏电池主要有硫化镉/碲化镉（CdS/CdTe）电池、硫化镉/铜镓铟硒（CdS/CuGaInSe$_2$）、硫化镉/硫化亚铜（CdS/Cu$_2$S）等，其中相对较好的有 CdS/CdTe 电池和 CdS/CuGaInSe$_2$ 电池。

（2）化合物薄膜光伏电池的制备

研究各种化合物半导体薄膜光伏电池的目的是找出一种价格低廉、成品率高的工艺方法，这是走向工业化生产的关键。由于所采用材料性能的差异，成功的工艺方法也各异，下面仅介绍两种薄膜光伏电池。

1）CdS/CdTe 薄膜光伏电池。Cds/CdTe 薄膜光伏电池制造工艺完全不同于硅光伏电池，不需要形成单晶，可以连续大面积生产，与晶体硅光伏电池相比，虽然效率低，但价格比较便宜。这类电池目前存在性能不稳定、长期使用电性能严重衰退等问题，技术上还有待于改进。

2）CdS/CuInSe$_2$薄膜光伏电池。CdS/CuInSe$_2$薄膜光伏电池是以铜铟硒三元化合物半导体为基本材料制成的多晶薄膜光伏电池，性能稳定，光电转换效率较高，成本低，是一种发展前景良好的光伏电池。

5. 砷化镓光伏电池

1）砷化镓光伏电池的优点如下：

① 砷化镓的禁带宽度（1.424eV）与太阳光谱匹配好，效率较高。

② 砷化镓的禁带宽度大，其光伏电池可以适应高温下工作。

③ 砷化镓的吸收系数大，只要 5μm 厚度就能吸收 90% 以上太阳光，光伏电池可做得很薄。

④ 砷化镓光伏电池耐辐射性能好，由于砷化镓是直接跃迁型半导体，少数载流子的寿命短，所以由高能射线引起的衰减较小。

⑤ 在砷化镓多晶薄膜光伏电池中，晶粒直轻只有几微米。

⑥ 在获得同样转换效率的情况下，砷化镓开路电压大、短路电流小，不容易受串联电阻影响，这种特征在大倍数聚光、流过大电流的情况下尤为优越。

2）砷化镓光伏电池的缺点如下：

① 砷化镓单晶晶片价格比较昂贵。

② 砷化镓密度为 5.318g/cm^3（298K），而硅的密度为 2.329g/cm^3（298K），这在空间应用中不利。

③ 砷化镓比较脆，易损坏。

由于砷化镓的光吸收系数很大，绝大多数入射光在光伏电池的表面层被吸收，因此光伏电池性能对表面的状态非常敏感。早期制作的砷化镓光伏电池，常常因表面的高复合速率而严重影响电池对短波长光的响应，使电池效率低下。后期采用液相外延技术，在砷化镓表面生长一层光学透明的宽禁带镓铝砷（Ga$_{1-x}$Al$_x$As）异质面窗口层，阻碍少数载流子流向表面发生复合，使效率明显提高。

砷化镓异质面光伏电池的结构如图 2-15 所示，目前单结砷化镓光伏电池的转换效率已达 27%，GaP/GaAs 叠层光伏电池的转换效率高达 30%（AM1.5，25℃，1000W/m^2）。由于砷化镓光伏电池具有较高的效率和良好的耐辐照特性，国际上已开始在部分卫星上试用，转换效率为 17% ~18%（AM0）。

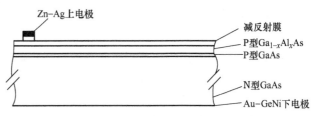

图 2-15　砷化镓异质面光伏电池的结构

6. 聚光光伏电池

聚光光伏电池是在高倍太阳光下工作的光伏电池。通过聚光器，使大面积聚光器上接收的太阳光汇聚在一个较小的范围内，形成"焦斑"或"焦带"。位于焦斑或焦带处的光伏电池得到较高的光能，使单体电池输出更多的电能，潜力得到了发挥。只要有高倍聚光器，一只聚光光伏电池输出的功率相当于几十只甚至更多常规电池的输出功率之和。这样，用廉价的光学材料节省昂贵的半导体材料，可使发电成本降低。为了保证焦斑汇聚在聚光光伏电池上，聚光器和聚光光伏电池通常安装在太阳跟踪装置上。

聚光光伏电池的种类很多，而且器件理论、制造和应用都与常规电池有很大不同，下面仅简单介绍平面结聚光硅光伏电池。

一般说来，硅光伏电池的输出功率基本与光照强度成比例增加。一个直径为 3cm 的圆形常规电池，在一个太阳辐照度（指光照强度为 $1000W/m^2$ 的阳光，下同）下输出功率约为 70mW。同样面积的聚光光伏电池，如在 100 个太阳辐照度（指光照强度为 $100kW/m^2$ 的阳光）下工作，则输出功率约为 7W。聚光光伏电池的短路电流基本上与光照强度成比例增加，处于高光照强度下工作的电池，开路电压也有所提高。填充因子同样取决于电池的串联电阻，聚光光伏电池的串联电阻与光照强度及光的均匀性密切相关，其对串联电阻的要求很高，一般要求特殊的密栅线设计和制造工艺，图 2-16 所示为聚光光伏电池的电极示意图。高的光照强度可以提高填充因子，但电池上各处光照强度的不均匀也会降低填充因子。

在高光照强度下工作时，电池的温度会上升很多，此时必须使电池强制降温，并且由于需要对太阳进行跟踪，需要额外的动力控制装置和严格的抗风措施。随着聚光比的提高，聚光系统接收光线的角度范围就会变小，为了更加充分地利用太阳光，使太阳总是能够精确地垂直入射在聚光光伏电池上，尤其是对于高倍聚光系统，必须配备跟踪装置。

图 2-16　聚光光伏电池的
电极示意图

太阳每天从东向西运动，高度角和方位角在不断改变，同时在一年中，太阳赤纬角还在 $-23.45° \sim 23.45°$ 之间来回变化。当然，太阳位置在东西方向的变化是主要的，在地平坐标系中，太阳的方位角每天差不多都要改变 180°，而太阳赤纬角在一年中的变化也只有 46.9°，所以跟踪方法又有单轴跟踪和双轴跟踪之分。单轴跟踪只在东西方向跟踪太阳，双轴跟踪则除东西方向外，同时还在南北方向跟踪。显然，双轴跟踪的效果要比单轴跟踪好。但双轴跟踪的结构比较复杂，价格也较高。太阳能自动跟踪聚光系统的关键技术是精确跟踪大阳，其聚光比越大，跟踪精度要求越高，例如聚光比为 400 时的跟踪精度要求小于 0.2°。在一般情况下，跟踪精度越高，跟踪装置的结构就越复杂，控制要求也越高，造价也就越高，有的甚至要高于光伏发电系统中光伏电池的造价。

点聚焦型聚光器一般要求双轴跟踪，线聚焦型聚光器仅需单轴跟踪，有些简单的低倍聚光系统也可不用跟踪装置。

跟踪装置主要包括机械结构和控制部分，形式多样。例如，有的采用石英晶体为振荡源，驱动步进机构，每隔 4min 驱动 1 次，每次立轴旋转 1°，每昼夜旋转 360° 的时钟运动方式，进行单轴间歇式主动跟踪。比较普遍的是采用光敏差动控制方式，其主要由传感器、方位角跟踪机构、高度角跟踪机构和自动控制装置等组成。当太阳光辐照度达到工作照度时自动开机, 在太阳光线发生倾斜时, 高灵敏探头将检测到的 "光差变化" 信号转换成电信号, 并传给自动跟踪控制器, 自动跟踪控制器驱使电动机开始工作, 通过机械减速及传动机构, 使光伏电池板旋转, 直到正对太阳的位置时, 光差变化为零, 高灵敏探头给自动跟踪控制器发出停止信号, 自动跟踪控制器停止输出高电平, 从而使其主光轴始终与太阳光线相平行。当太阳西下且亮度低于工作照度时, 自动跟踪系统停止工作。第二天早晨, 太阳从东方升起, 跟踪系统转向东方, 再自东向西转动, 实现自动跟踪太阳的目的。

7. 光电化学光伏电池

早在 1839 年就已发现电化学体系的光效应, 即将铂、金、铜、银卤化物作电极, 浸入稀酸溶液中, 当以光照射电极一侧时, 就产生电流。从 20 世纪 70 年代初开始, 该领域的研究日渐增多。利用半导体-液体结制成的电池称为光电化学光伏电池, 这种电池有如下优点:

1) 形成半导体-电解质界面很方便, 制造方法简单, 没有固体器件形成 PN 结和栅线时的复杂工艺, 从理论上讲, 其转换效率可与 PN 结或金属栅线接触相比较。

2) 可以直接由光能转换成化学能, 解决了能源储存问题。

3) 几种不同能级的半导体电极可结合在一个电池内, 使光可以透过溶液直达势垒区。

4) 可以不用单晶材料而用半导体多晶薄膜, 或用粉末烧结法制成电极材料。

用简单方法能制成大面积光电化学光伏电池, 为降低光伏电池生产成本提供了新的途径, 因而光电化学光伏电池被认为是太阳能利用的一个崭新方法。

光电化学光伏电池主要分为两类: 光生化学电池和半导体-电解质光电化学电池。

(1) 光生化学电池

光生化学电池的结构如图 2-17 所示, 电池由阳极、阴极和电解质溶液组成, 两个电极 (电子导体) 浸在电解质溶液 (离子导体) 中。当受到外部光照时, 光被溶液中的溶质分子所吸收, 引起电荷分离, 在光照电极附近发生氧化还原反应, 由于金属电极和溶质分子之间的电子迁移速度差别很大而产生电流, 这类电池也称为了光伽伐尼电池, 但目前所能达到的光电转换效率还很低。

(2) 半导体-电解质光电化学电池

半导体-电解质光电化学电池是照射光被半导体电极所吸收, 在半导体电极-电解质界面进行电荷分离,

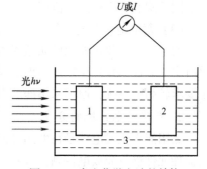

图 2-17　光生化学电池的结构
1, 2—电极　3—电解质溶液

若电极为 N 型半导体, 则在界面发生氧化反应。由于在光电转换形式上它与一般光伏电池有些类似, 都是光子激发产生电子和空穴, 故也称为半导体-电解质光伏电池或湿式光伏电池。但它与 PN 结光伏电池不同, 是利用半导体-电解质界面进行电荷分离而实现光电转换的, 所以也称它为半导体 – 液体结光伏电池。

2.3　光伏发电原理及互联效应

2.3.1　光伏发电系统的构成与分类

1. 光伏发电系统的构成

光伏发电系统一般由三部分组成: 光伏组件、中央控制器、充放电控制器、逆变器, 蓄

电池、储能元件及辅助发电设备等。典型的光伏发电系统如图 2-18 所示。

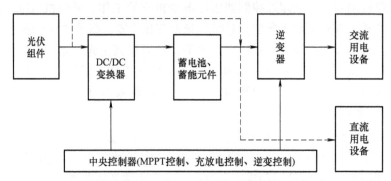

图 2-18 典型的光伏发电系统

（1）光伏组件

光伏组件按照系统的需要串联或并联而组成的矩阵或方阵称为光伏阵列，它能在太阳光照射下将太阳能转换成电能，是光伏发电的核心部件。

（2）中央控制器、逆变器

除了对蓄电池或其他中间蓄能元件进行充放电控制外，一般还要按照负载电源的需求进行逆变，使光伏阵列转换的电能经过变换后可以供一般的用电设备使用。这个环节要完成许多比较复杂的控制，如提高太阳能转换最大效率的控制、跟踪太阳的轨迹控制以及可能与公共电网并网的变换控制与协调等。

（3）蓄电池、蓄能元件

蓄电池或其他蓄能元件如超级电容器等是将光伏阵列转换后的电能储存起来，以使无光照时也能够连续并且稳定地输出电能，满足用电负载的需求。蓄电池一般采用铅酸电池，对于要求较高的系统，通常采用深放电阀控式密封铅酸电池或深放电吸液式铅酸电池等。

2. 光伏发电系统的分类

太阳能光伏发电就是在太阳光的照射下，将光伏电池产生的电能通过对蓄电池或其他中间储能元件进行充放电控制，或者直接对直流用电设备供电；或者将转换后的直流电经由逆变器逆变成交变电源供给交流用电设备，或者由并网逆变控制系统将转换后的直流电进行逆变并接入公共电网以实现并网发电。光伏发电系统一般可分为独立系统、并网系统及混合系统。

2.3.2　光伏发电互联效应

1. 组件电路的设计

通常将多块光伏电池单元串联成一块光伏组件，以提高输出电压，如图 2-19 所示。独立光伏发电系统中，光伏组件的输出电压通常被设计成与 12V 蓄电池相匹配。由 36 块电池片组成的光伏组件，在标准测试条件下，输出的开路电压将达到 21V 左右，最大功率点处的工作电压为 17~18V。

2. 错配效应

错配损耗是由互相连接的电池或组件，因性能不同或者工作条件不同而造成的。在工作

图 2-19 光伏组件的连接形式

条件相同的情况下，错配损耗是由其性能不同造成的，这是一个相当严重的问题，因为整个光伏模组的输出取决于表现最差的光伏电池的输出。一个电池与其余电池在 $I-U$ 曲线上任何一处的差异都将引起错配损耗。

3. 串联电池的错配

因为大多数光伏组件都是串联形式连接的，所以串联错配是最常遇到的错配类型，如图 2-20 所示。在两种最简单的错配类型（短路电流错配和开路电压错配）中，短路电流的错配比较常见，它很容易被组件的阴影部分所引起。同时，这种错配类型也是最严重的。

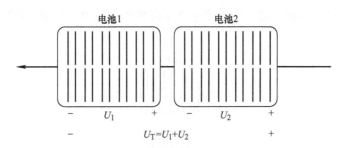

图 2-20 串联电池的错配

4. 旁路二极管

通过使用旁路二极管可以避免错配对组件造成的破坏，这也是通常使用的方法，二极管与电池并联且方向相反，如图 2-21 所示。

要计算旁路二极管对 $I-U$ 曲线的影响，首先要画出单个光伏电池（带有旁路二极管）的 $I-U$ 曲线，然后再与其他电池的 $I-U$ 曲线进行比较。旁路二极管只有在电池出现电压反向时才对电池产生影响，如果反向电压高于电池的反向电压，则二极管将导通并让电流流过。

图 2-22 给出了一种带有旁路二极管的电池组件示意图，图中画出了 9 个光伏电池，其中有 8 个正常电池和 1 个有问题的电池。典型的光伏组件由 36 个电池组成，如果没有旁路二极管，错配效应的破坏将更严重。

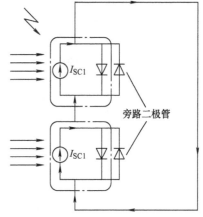

图 2-21 有旁路二极管的串联光伏电池

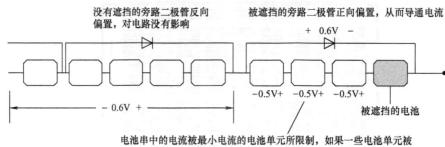

没有遮挡的旁路二极管反向偏置，对电路没有影响

被遮挡的旁路二极管正向偏置，从而导通电流

+ 0.6V −

− 0.6V +

−0.5V+ −0.5V+ −0.5V+

被遮挡的电池

电池串中的电流被最小电流的电池单元所限制，如果一些电池单元被遮挡，那么最大电流将来自串中正向偏置的电池单元的正常电池单元，偏置电压的大小取决于问题单元的问题严重程度，不一定为0.5V

图 2-22 带有旁路二极管的电池组件

5. 并联电池的错配

在小的电池组件中，电池都是以串联形式连接的，所以不用考虑并联错配问题。通常在大型光伏阵列中组件以并联形式连接，所以错配通常发生在组件与组件之间，而不是电池与电池之间。图 2-23a 所示为电池的并联示意图，图 2-23b 所示电池 1 产生的光生电流小于电池 2。并联错配对电流的影响不大，总的电流总是比单个电池电流大。图 2-23c 所示并联电池的电压错配，电池 2 较高的电压实际上起到了降低正常电池开路电压的作用。

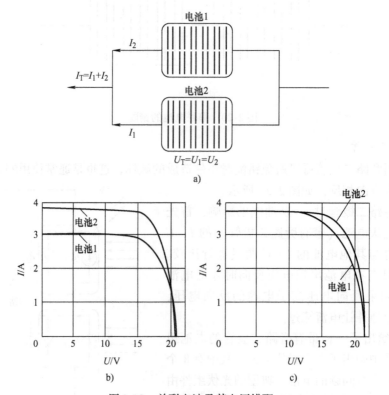

电池1

I_2

$I_T = I_1 + I_2$

电池2

I_1

$U_T = U_1 = U_2$

a)

b)

c)

图 2-23 并联电池及其电压错配

2.3.3　光伏局部阴影特性

由于光伏电池的制造过程较为复杂，会造成每个光伏电池的特性不完全一致，再加上环境因素（例如灰尘、云层的阻碍，建筑物造成的阴影等）的影响，使得每一个光伏电池片所产生的电压、电流都不尽相同，造成组件中某些电池片成为其他电池片的负载。在这种情况下，因为能量的消耗会使负载电池片温度上升，而当其内部温度超过 $75 \sim 85℃$ 时，可能会造成光伏电池片的损坏；或者当光伏串中有几组组件的装设地点被建筑物遮挡时，造成阴影覆盖在光伏组件上，从而造成该组串无法与其他组串产生相同的电压、电流时，也会发生局部发热，这种现象叫作热斑效应。

如果光伏发电系统中有一块光伏组件被遮挡，被遮挡电池片将会通过旁路二极管工作，当被遮挡电池的二极管超过击穿电压后，形成热斑效应，长久下去该电池将被击穿或损坏。众所周知，光伏发电系统是由多块光伏组件串联结构组成经汇流再通过逆变器产生交流电，若阵列中的某一块组件 $I-U$ 和 $P-U$ 特性曲线受到影响，将影响整个串联回路 $I-U$ 输出特性曲线，串联回路输出电流减小，从而降低整个系统的光伏发电转换效率。经多项研究发现，若有不同程度遮挡，则发电量较无遮挡时会减少 $10\% \sim 30\%$。

一块光伏组件上的一片电池片有 80% 的阴影时，组件的 $I-U$ 输出特性曲线如图 2-24 所示。如果这块有阴影的组件串联在组串中，则影响整串的电流输出，由 6 串 4 并构成的光伏阵列 $I-U$ 特性曲线比较图如图 2-25 所示。

热斑效应可导致电池局部烧毁，形成暗斑、焊点熔化、封装材料老化等永久性损坏，是影响光伏组件输出功率和使用寿命的重要因素，甚至可能导致安全事故。解决热斑效应的通常做法是在组件上加装旁路二极管，如图 2-26 中的 VD_{11}、VD_{12}、VD_{13}。旁路二极管的作用是在被遮挡组件

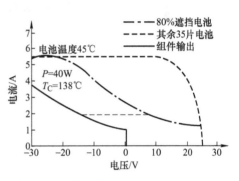

图 2-24　光伏组件上一片电池片有 80% 的阴影时组件的 $I-U$ 输出特性曲线

一侧提供电流通路。通常，旁路二极管处于反向偏压，不影响组件正常工作。当组串中有电池组件出现遮挡时，二极管导通，光伏组串中超过被遮电池光生电流的那部分电流被旁路二

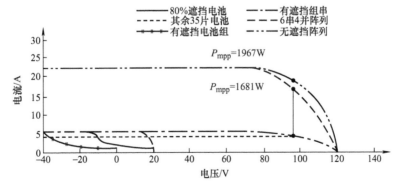

图 2-25　6 串 4 并光伏阵列中一片电池片上有 80%
的阴影时 $I-U$ 输出特性比较

极管分流，从而避免被遮电池片过热损坏。光伏组件中一般不会给每个电池片都配一个旁路二极管，而是若干个电池为一组配一个，如18片（36片或54片电池串联的组件）或24片（72片电池串联的组件）电池串联后并联一个二极管。组件的热斑效应可以通过比较组件衰减前后输出特性曲线的变化或用红外摄像仪查看获得。

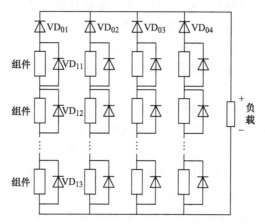

图 2-26　加装旁路二极管和阻断二极管的光伏阵列

第3章

光伏发电系统的运行方式

如今化石能源濒临枯竭，并且这类能源的使用会产生较严重的污染。在这种条件下，新能源的使用趋势是必然的，在科学家不断地努力下，许多新能源得到了开发，如风能、水能、潮汐能、太阳能等，而太阳能以其清洁高效等优点更是脱颖而出。由于全球的光伏装机总量提高，光伏发电量也必然随之提升。当下，许多国家已把发展可再生能源作为未来实现可持续发展的重要方式，而我国也将以太阳能为代表的可再生能源作为未来低碳经济的重要组成部分，尤其近年来国家财政对光伏产业的补贴力度逐年增强。

3.1 光伏发电独立运行方式

独立光伏发电系统是指未与公共电网相连接的光伏发电系统，其输出功率提供给本地负载（交流负载或直流负载）。其主要应用于远离公共电网的无电地区和一些特殊场所，如为公共电网难以覆盖的边远偏僻农村、海岛和牧区提供照明等基本生活用电，也可为通信中继站、气象站和边防哨所等特殊处所提供电源。

3.1.1 小型光伏发电系统

小型光伏发电系统（Small DC）中只有直流负载而且负载功率比较小，光伏阵列在有光照的情况下将太阳能转换为电能，通过光伏控制器给负载供电，同时给蓄电池充电；在无光照时，通过光伏控制器由蓄电池给直流负载供电。系统主要由光伏阵列、光伏控制器、直流负载和蓄电池组成，如图3-1所示。

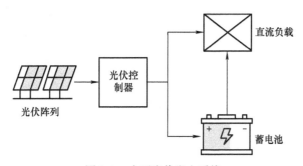

图3-1 小型光伏发电系统

小型光伏发电系统的核心部分是光伏组件，它的单体光伏电池是光电转换的最小单元，一般工作电压为$0.45 \sim 0.5V$，工作电流为$25 \sim 30mA/m^2$，常常多个进行串并联封装形成光伏组件后，作为电源来使用。它的功率一般是几瓦到几百瓦不等（根据负载不同需要进行合理的封装）。当光伏组件再次经过串并联固定在支架上，就形成光伏阵列，这样能满足负载所需的输出功率。

蓄电池在小型光伏发电装置中的用途是快速地把系统发出的电量储存起来。它的作用主要有两个：

1）进行储能，把电量储存起来。

2）当供电装置不能满足负载的供电时，需要蓄电池对负载提供电能，使负载继续正常工作。

光伏控制器的作用是把输出的电压电流转换成负载（或蓄电池）所需要的电压电流。光伏阵列的输出是非线性的，容易受到外部因素的影响，因此输出的电能不能直接与负载（或蓄电池）进行连接。光伏控制器对电能进行转换，变成适合负载（或蓄电池）工作需要的电能。

小型光伏发电系统在如今的农业生产中能够起到重要作用。如今基于物联网的精细农业技术已经非常成熟，而供电系统的选择却存在很多问题。如果让大范围的采集系统都并入电网中集中供电，会增加电网线路的布置，首先在成本上就会给整个系统增加很大经济负担。在国外，一些地区首先尝试了在农田灌溉中结合光伏供电系统。图 3-2 所示为一种智能灌溉系统，该系统各项设备的电源均为直流电源，所以在本系统中蓄电池可以直接与负载连接进行供电，不需要另设 DC/AC 逆变模块。

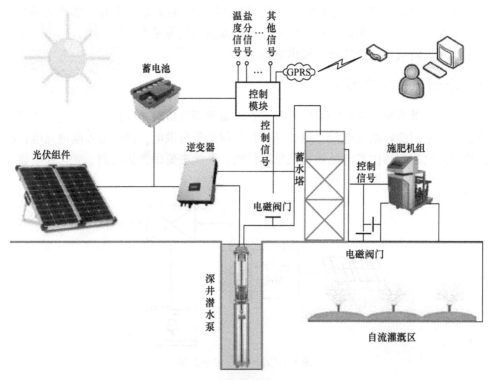

图 3-2　智能灌溉系统示意图

在这种系统中，温度与光照强度是影响光电转换的主要因素，也是造成光电转换后的电流与电压不稳定的原因，光伏电池在进行光电转换后的电能是不稳定的，如果直接给设备供电会造成设备损坏，一些设备在正常使用时需要在额定电压下运行。所以，需要在光伏电池与设备之间配备蓄电池，在这里蓄电池的作用是存储电能。当白天日照较强时，光伏电池将太阳能转换为电能并储存到蓄电池中，蓄电池的电压是稳定的，然后蓄电池再对整个系统进行供电。小型太阳能供电系统的特点如下：

1）负载功率比较小。

2）利用蓄电池实现电能的平衡与储存。

3）与简单直流系统相比，它可以实现每个用电部件的持久有效运行，结构比较简单，操作简便。

4）系统中采用多种控制模块，包括采光控制模块、能量转化模块等，可以使系统运行在更为稳定的状态。

3.1.2　大型光伏发电系统

与小型光伏发电系统相比，大型光伏发电系统（Large DC）仍适用于直流电源系统，但是这种光伏系统的负载功率较大，为了保证可靠地给负载供应稳定的电力，其相应的系统规模也较大，需要配备较大的光伏阵列和较大的蓄电池组，常应用于通信、遥测、监测设备电源、农村的集中供电站以及海岛等与外界隔离的环境。大型光伏发电系统由光伏阵列、蓄电池、控制装置、连接装置和低压负载组成，如图3-3所示。

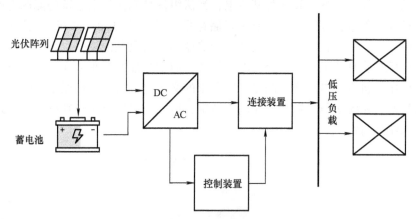

图3-3　大型光伏发电系统结构图

发电系统与为输配电系统以及负载共同构成一个完整独立的光伏发电系统。这种系统不与大的电网相连，系统独立运行，具有其自身的结构和运行方式。独立运行的光伏发电系统同样具备发电、输配电和用电负载三个部分。

（1）发电系统

独立运行光伏发电系统的发电部分，就是一个独立的光伏发电系统。在独立运行光伏发电系统中，因为系统的容量相对较大，所以采用集中的光伏电站作为系统的发电设备，采用集中供电的方案。这种光伏电站主要由光伏阵列、储能蓄电池组、逆变器、控制监测装置和备用电源组成。

（2）输配电系统

光伏电站的交流配电系统是用来接收和分配交流电能的电力设备。中小型光伏电站一般供电范围较小，采用低压交流供电基本可以满足用电要求。但对于大型光伏发电系统，尤其是负载分布较分散、系统容量较大的情况，就需要在系统中设计主要由升降压变压器和输电线路构成的输电系统，常用的输电电压等级为10kV。为了保证安全可靠的电力输送，输电系统还要装备控制装置和保护装置等配套设备。配电系统主要由控制电器（断路器、隔离开关、负荷开关）、保护电路（熔断器、继电器、避雷器等）、测量电器（电流互感器、电压互感器、电压表、电流表、电度表、功率因数表等）以及母线和载流导体组成。常见的独立运行光伏发电系统的配电系统采用220/380V工频配电方案。

（3）用电负载

独立光伏发电系统主要是为偏远地区的用户提供电能供应，这些用户的基本用电负载为照明负载，和以电视机为主的家用电器负载，一般没有旋转动力设备负载。照明负载大量采用节能灯，这种负载因为镇流器的存在，所以功率因数相对较低。而以电视机为主的电器负载，均为整流性负载，具有非线性负载特性。

我国在西部地区实施的"光明工程"中，一些无电地区建设的部分乡村光伏电站就是采用这种形式。中国移动和中国联通公司在偏僻无电网地区建设的通信基站也采用了这种太阳能光伏发电系统供电。乡村光伏电站示意图如图3-4所示。

一种大型离网光伏发电系统如图3-5所示，主要包括光伏组件、光储一体机、储能单元、负载以及监控系统。光伏组件将太阳能转换为电能，通过汇流箱和光伏控制器将电能存储在储能单元或者经过逆变器转换为交流电，光伏组件是光伏发电系统的能源生产单元，也是系统投资较大的部分；储能单元主要用来储存系统过剩的电能，并在光伏发电功率不足、晚上以及阴雨天时，将储存的直流电能经逆变器输出供给负载使用，也是系统投资较大的部分；光储一体机是将直流电转换为交流电的设备，通常和控制器集成在一起，兼顾逆变和控制功能，其作用是将直流电转换为满足一定要求的交流电；监控系统用于集中记录并显示光伏组件运行情况、系统运行参数及电能输出情况，以及用户用电量等数据，便于运行维护人员实时掌握系统运行状况。

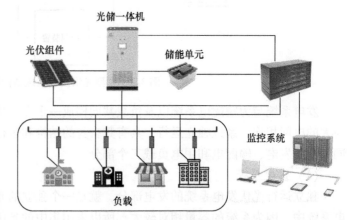

图3-4　乡村光伏电站示意图　　　　　图3-5　大型离网光伏发电系统

大型离网光伏发电系统的特点如下：

1）充分利用当地的太阳能资源，能够较经济地满足偏远区和无电区的用电问题，克服了传统采用柴油发电机发电带来的污染和高耗能问题。

2）逆变器、控制器都是发电系统中非常重要的设备，这些设备任何参数的变化都直接会给输出带来危害，这个危害直接威胁到所接负载。如在家庭供电中，逆变器、控制器损坏或参数发生变化会直接损坏家用电器，给用户带来损失。

3.1.3 混合供电系统

混合供电系统（Hybrid）中除了使用光伏阵列之外，还使用了柴油发电机或其他新能源电源作为备用电源。它能够同时为直流负载和交流负载提供电能，在系统结构上增加了逆变器，用于将直流电转换为交流电以满足交流负载的需求。混合供电系统结构如图 3-6 所示。

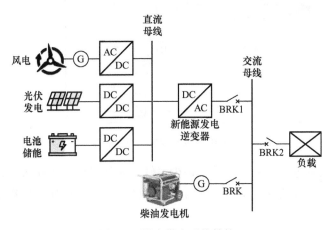

图 3-6　混合供电系统结构

然而，由于柴油发电机起动阶段的动态行为缓慢，此时电力不足会导致电能质量下降。所以，在柴油发电机起动期间，可以使用超级电容器来补偿功率平衡，因为它的特点是快速响应和高功率密度。超级电容器不同于传统的化学电源，是一种介于传统电容器与电池之间、具有特殊性能的电源，主要依靠双电层和氧化还原假电容电荷储存电能。但其储能过程中并不发生化学反应，这种储能过程是可逆的，也正因此，超级电容器可以反复充放电数十万次。此外，超级电容器还可用于克服电化学存储限制，如其充电状态和最大电流。一种利用超级电容器的混合供电系统如图 3-7 所示。

图 3-7 中，多种类型的电源通过其专用功率转换器连接在公共 DC 总线上。每个元件由独立控制器控制，但每个部件的功率布置由能量管理系统管理。作为系统的主要能源，光伏组件通过 DC/DC 转换器连接在 DC 总线上，DC/DC 转换器在大多数情况下由最大功率点跟踪（MPPT）方法控制。然而，它也可以操作以输出约束功率。柴油发电机、超级电容器和蓄电池作为备用能源设备，根据可能发生的不同功率波动，这三个备用组件中的每一个对于微电网操作具有不同的作用。电化学储存是用于较长波动周期（在分钟/小时范围内）的主要备用能量。如果蓄电池充电状态达到最低限度后，必须打开柴油发电机并用于为负载供电，甚至为蓄电池充电。然而，由于柴油发电机的响应迟缓，发电机不能立即响应功率波动，并且 DC 总线电压不能保持恒定。通过使用超级电容器抵抗柴油发电机起动时的功率不足，可以提高系统的电能质量。因此，控制超级电容器以在起动和保持 DC 总线电压时补偿柴油发电机的初始慢动态不变。此外，柴油发电机也可以作为电池充电功率的补充，或者反过来作为电池放电的缓冲器。

混合供电系统的使用就是综合利用各种发电技术的优点，避免各自的缺点。比如，上述

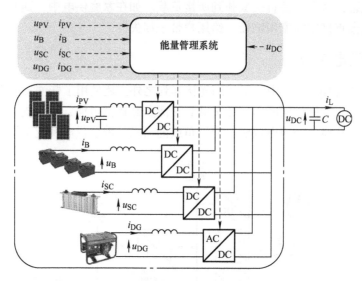

图 3-7　利用超级电容器的混合供电系统

几种独立太阳能光伏发电系统的优点是维护少，缺点是能量输出依赖天气，不稳定。综合使用柴油发电机和光伏组件的混合供电系统与单能源的独立系统相比，所提供的能源对天气的依赖性要小，它的优点如下：

1）可以更好地利用可再生能源。

2）具有较高的系统实用性。在独立系统中，因为可再生能源的变化和不稳定会导致系统出现供电不能满足负载需求的情况，也就是存在负载缺电情况，使用混合系统会大大降低负载缺电率。

3）与单用柴油发电机的系统相比，需要较少的维护和使用较少的燃料。

4）较高的燃油效率。在低负荷的情况下，柴油发电机的燃油利用率很低，会造成燃油的浪费。在混合系统中可以进行综合控制以使得柴油发电机在额定功率附近工作，从而提高燃油效率。

5）负载匹配更佳。使用混合系统之后，因为柴油发电机可以即时提供较大的功率，所以混合系统可以适用于范围更加广泛的负载系统。如可以使用较大的交流负载、冲击载荷等。还可以更好地匹配负载和系统的发电，只要在负载的高峰时打开备用能源即可。有时候，负载的大小决定了需要使用混合系统，大的负载需要很大的电流和很高的电压，如果只是使用光伏发电系统成本就会很高。

但混合系统也有其自身的缺点：

1）控制比较复杂。因为使用了多种能源，所以系统需要监控每种能源的工作情况、处理各个子能源系统之间的相互影响、协调整个系统的运作，这样就导致其控制系统比独立系统复杂，现在多使用微处理芯片进行系统管理。

2）初期工程较大。混合系统的设计、安装、施工工程都比独立工程要大。

3）比独立系统需要更多的维护。柴油发电机的使用需要很多的维护工作，比如更换机油滤清器、燃油滤清器、火花塞等，还需要给油箱添加燃油等。

4）污染和噪声。光伏发电系统是无噪声、无排放的洁净能源发电系统，但是因为混合系统中使用了柴油发电机，这样就不可避免地产生噪声和污染。

5）光伏发电的特性导致其发电量是变化的、不稳定的，在进行系统设计时，必须参照发电量最低的时期设计，那么在太阳辐射的高峰期，发电量将远远超过系统容量，这就造成了电能的浪费。

很多在偏远无电地区的通信电源和民航导航设备电源，因为对电源的要求很高，都采用混合系统供电，以求达到最好的性价比。我国新疆、云南建设的很多乡村光伏电站就是采用光/柴混合系统。

3.2 光伏发电并网运行方式

在并网发电系统中，光伏组件产生的直流电经过并网逆变器转换成符合市电电网要求的交流电之后，直接接入公共电网。

目前，世界光伏产业的突出特点是：光伏并网发电的应用比例越来越大，已经成为太阳能光伏发电的主要发展方向。2006 年、2007 年欧洲的光伏并网发电系统比例达到 95% 以上，世界平均比例达到 80% 以上，说明光伏并网发电在未来能源中的作用越来越大。

光伏并网发电系统可分为集中式大型联网光伏系统和分散性小型联网光伏系统。并网发电系统中集中式大型并网电站一般都是国家级电站，主要特点是将所发电能直接输送到电网，由电网统一调配向用户供电。这种电站投资大、建设周期长、占地面积大，发展相对较难。目前我国正在以国家政策性投资引导大型并网光伏电站的发展；小型并网光伏发电系统的主要特性是所发的电能直接分配给用户，多余或不足部分的通过电网调节，与电网形成有效的供需互动，双向收费。一般容量较小，从几千瓦到上百千瓦不等。

3.2.1 集中式大型联网光伏系统

随着光伏发电技术的迅速发展，我国光伏发电系统已经逐渐从过去的离网型分布式系统逐步向大规模集中式并网方向发展。光伏发电建设成本逐年下降、发电效益持续增加，大型光伏电站越来越受到重视，我国许多地区开始筹备建设大型光伏电站以充分利用太阳能，大型光伏电站成为具有广阔发展前景的新能源。相比小型光伏发电系统，大型光伏电站能够更加集中地利用太阳能。例如 2016 年 9 月，河北省行唐县 50MW 光伏电站主体建设完工并成功并网，该电站目前平均每天每小时发电 27kW·h，预计年均发电量约 10000kW·h，与传统火电厂相比，每年可为电网节省煤 33600t，减少二氧化碳排放量约 14 万 t，创造了极大的经济效益和环境效益。图 3-8 所示为大型光伏电站实景图。

与中小型光伏电站不同，大型光伏电站并网将对电网规划、电能质量、电网安全稳定运行等方面产生重大影响。大型光伏电站的额定容量较大，需要额定功率大的并网逆变器，与小容量逆变器相比，大型光伏电站的逆变器更容易受到干扰，低光照、公共并网点电压干扰、电网自身畸变不平衡、LCL 滤波器谐振等问题都是导致并网逆变器电能质量降低的主要因素。当光照不足时，如果能够合理设置光伏阵列和逆变器之间的连接方式，可以提高并网逆变器的逆变效率，而大多数大型光伏电站并网逆变器之间还没有相应的集中控制方案。大型光伏电站联网系统结构如图 3-9 所示。

光伏发电系统受光照强度、温度变化等影响会发生并网电压波动甚至越限，电网要求大

图 3-8　大型光伏电站实景图

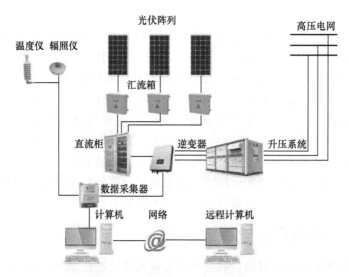

图 3-9　大型光伏电站联网系统结构

型光伏电站必须参与调压控制，必要时能够提供紧急无功支撑。另外，对于电网来说，光伏电站可以看成是一个不具有旋转惯量的电流源，光伏电站并网在一定程度上降低了电网的稳定裕度，大型光伏电站接入电网还会带来潮流问题，增加了馈线电压调节和保护整定的困难。因此，从电网的安全稳定运行角度出发，还需要大型光伏电站具备相应的电源特性，在电网紧急情况下光伏电站能够提供无功支撑。集中式大型联网光伏发电系统特点如下：

1）受地域限制较少、安全可靠、无噪声、低污染、无须消耗燃料。

2）相对于离网光伏发电系统，大型并网光伏电站可以省去蓄电池用作储能的环节，采用最大功率点跟踪（MPPT）技术提高系统效率。

3）相对小型并网光伏发电系统，大型并网光伏电站可更加集中地利用太阳能，更多地使用逆变器并联、集中管理与控制技术，可以在适当的条件下充分利用太阳能的时间分布特性和储能技术，起到削峰、补偿电网无功功率等满足电网友好需求的作用。

因此，在能源紧缺和环境污染日益严重的形势下，建设大型光伏电站是优化能源配置和保护环境、减少雾霾天气的主要途径。随着光伏电站装机容量的增加，大型光伏电站也面临诸多亟待解决的技术问题，主要表现见表 3-1：

表3-1　电网需求与大型光伏电站运行现状对比

电网需求	大型光伏电站运行现状
并网电能质量应符合并网要求	存在谐波含量超标等电能质量问题
逆变器应具备集群控制功能	并网逆变器之间和其与电网之间相互影响
具备参与抑制电网电压越限的无功方案	无功补偿装置建设落后或不满足无功补偿要求
具备参与抑制电网故障的低电压穿越方案	尚不具备低电压穿越能力
孤岛保护	逆变器之间的孤岛检测相互影响，无统一方案
具备参与抑制电网低频振荡的有功方案	恒定电压控制，出力随机波动

我国电网针对光伏发电并网采取优先调度和全额收购的政策，而光伏发电功率的波动则由电网系统中用于调频调峰的常规旋转备用机组进行补偿以保证电网的功率平衡，防止因为光伏发电功率波动引起的电网功率失衡，造成电网频率变化等更严重的问题。然而，随着光伏电站并网规模越来越大，大规模光伏发电所带来的功率波动性、随机性和间歇性问题对电网的稳定运行和功率平衡造成的影响会越来越大，电网为保证功率平衡，则需要更多的旋转备用容量，即需要增加备用的调频调峰机组数量，这就会造成光伏电站建设成本及其发电成本的提高，降低了光伏发电以及电网运行的经济性。另外，由于光伏发电容量在电力系统总容量中比重的增加，光伏电站向电网输送的功率大幅度波动对电网的稳定运行也产生了不可忽视的隐患。为规范光伏电站接入电网，国家电网公司按照光伏电站的特性，制定了《光伏电站接入电网技术规定》，其中包含了对光伏电站功率控制的技术要求，要求光伏电站的有功功率输出可控，并能接受电网调度，能够根据电网要求调节光伏电站的有功功率输出；还要求光伏发电参与电网电压调节，具体方式包括调节电站的无功功率、调节无功补偿设备投入量以及调整光伏电站升压变压器的电压比等。可见，光伏电站的功率控制技术（即能源管理系统）对于光伏电站起着非常重要的作用，因此，目前提高大型光伏电站的并网电能质量、增强大型光伏电站并网可靠性、实现并网友好型光伏电站、促进光伏发电真正成为未来城市电网优质电源亟待解决的问题。

3.2.2　分散性小型联网光伏系统

并网型户用光伏储能系统是分散性小型联网光伏系统的一种，具有很大的发展前景，它不仅可给户用负载和户用储能电池供电，而且还可将多余电能回馈到交流电网。在户用光伏发电系统中引入储能技术，同时可以解决户用光伏发电系统中供电不平衡的问题，满足负载正常工作的要求，可以保证整个户用光伏发电系统的可靠运行，也是解决户用光伏电池和交流电网瞬时供电同时中断的有效方法，还能孤网运行、削峰填谷、提高电能质量。储能技术的引入使得户用光伏发电系统就像一个蓄水池，可以把用电低谷期多余的电能储存起来，在用电高峰期再供给家庭负载使用，这样做不仅可减少电能的浪费，而且还能为家庭用户节约用电费用。图3-10所示为户用光伏储能系统示意图。

户用光伏储能系统的能源管理装置控制着户用光伏电池、户用储能电池、户用负载、交流电网之间能量的合理流动，在整个户用光伏储能系统中起着至关重要的作用。

户用光伏储能系统的四种工作模式如下：

1）户用光伏发电模式：当户用光伏电池功率大于户用负载功率且户用储能电池未达到

充电上限时，能源管理装置可发出控制命令使户用光伏储能电池进入充电模式。

2）户用光伏并网模式：在户用光伏发电模式中，当户用储能电池已经达到设定的充电上限时，能源管理装置会发出控制命令停止对户用储能电池进行充电，将户用光伏电池产生的多余电量注入交流电网。

图 3-10　户用光伏储能系统示意图

3）户用储能电池供电模式：当户用光伏电池功率小于户用负载功率且户用储能电池未达到设定的放电下限时，能源管理装置会发出控制命令使户用储能电池进入放电模式，满足户用负载的正常使用。

4）交流电网供电模式：在户用储能电池供电模式中，如果出现户用储能电池的输出功率不能满足户用负载的正常使用，则能源管理装置会发出控制命令使交流电网自动接入，满足户用负载的正常使用，同时能源管理装置也会发出命令控制交流电网对户用储能电池进行充电，直至达到户用储能电池设定的充电上限。

户用光伏储能系统的能源管理装置工作示意图如图 3-11所示，其实现的主要功能包括：

1）数据采集：通过传感器可实时采集各个户用光伏面板输出的电压、电流、功率以及户用光伏阵列的总发电量、总输出电压、总输出电流、总输出功率；外界环境因素如温度、风速、光照、气压；户用

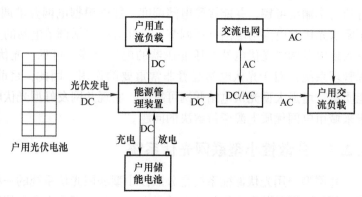

图 3-11　能源管理装置工作示意图

储能电池的电池组电压、充放电电压电流、单体电池电压电流和温度、充放电截止电压电流、充放电时间、储能电池容量百分比等；交流电网电压、电流以及频率等。

2）数据存储：将实时采集到的户用光伏储能系统的相关数据参数保存到后台数据库中，方便用户对历史数据查询，同时不间断记录系统设备的运行情况和状态，能以表格、曲线图等样式进行直观展现。其中通过曲线图可分别展现户用光伏、户用负载、户用电池在最近一天、最近一周、最近一月的运行情况信息。

3）数据通信：采用有线通信和无线通信；采用以太网与上位机进行数据通信，方便上位机对户用光伏储能系统进行实时监测和远程控制。

4）故障监测：实时监测户用光伏储能系统内设备的运行状态，一旦系统内设备发生某

种故障, 可以立即发出告警信号, 同时还能将故障信息存储到数据库中, 方便用户查找故障原因, 为系统稳定提供保障。

5) 界面显示: 系统运行信息实时显示在人机界面上, 方便用户对系统运行状况的掌握, 同时也方便用户对系统内运行设备的操作管理。

户用光伏储能系统的优点如下:

1) 可以离网或并网使用。

2) 并网时多余电量输送给电网。

3) 夜间或阴雨天可由储能电池或交流电网对负载进行供电。

4) 缓解当前能源危机。

5) 改善环境污染问题。

6) 家庭用户用电灵活、方便, 节约用户资金成本等。

3.3 光伏发电系统与分布式微电网

分布式发电 (Distributed Generation, DG) 及其应用是 21 世纪最受重视的高科技领域之一, 也是电力系统一个新的发展方向, 然而处于电力系统管理边缘的大量分布式电源并网有可能造成电力系统的不可控、不安全和不稳定, 从而造成电能质量和电网效益的降低。将分布式电源以微电网的形式接入配电网, 被普遍认为是利用分布式电源有效的方式之一。微电网是一种小型发配电系统, 尽管现阶段国际上对微电网的定义不尽相同, 但各种方案均认为: 微电网应该是由各种微能源 (风力、太阳能、柴油发电机组、燃料电池、微型燃气轮机、微水电等)、储能装置 (蓄电池、超级电容器、飞轮等)、负载以及控制保护系统组成的集合; 具有并网运行和独立运行能力, 能够实现即插即用和无缝切换; 根据实际情况, 系统容量一般为数千瓦至数兆瓦; 通常接在低压或中压配电网中。

光伏发电微电网系统也是一个完整的电力系统, 主要由光伏组件、光伏控制器、蓄电池组、逆变器和负载组成。在这种系统中, 光伏控制器是核心控制部分, 光伏发电产生的电流具有随机波动性, 光伏控制器通过高速 CPU 微处理器和高精度 A/D 转换器对数据进行采集、监测和调节控制, 稳定电流输出, 起到保护蓄电池和负载的作用。此外, 光伏控制器还具有通信功能, 可在各光伏发电系统子站中进行数据传输, 实现对子站的集中管理和远距离控制。光伏发电系统的发电效率随机波动性较大, 这会造成发电功率的不稳定, 因此在光伏发电微电网系统中, 必须配备蓄电池组, 在光伏发电能量过大时储存电能, 过少时补充电能, 以起到调节的作用。图 3-12 所示为微电网示意图。

(1) 多种新能源的结合

多种新能源相结合的形式能够缓和光伏发电的波动性, 同时能够因地制宜, 充分利用系统所在地区的各种资源。

(2) 储能技术

无论采用何种新能源, 都不能完全保证微电

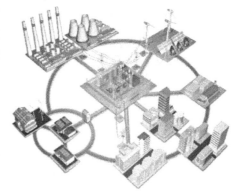

图 3-12 微电网示意图

网供电的绝对稳定。另外，在电源事故或电网故障的情况下，为了保证用电负载的安全，储能系统作为备用电源也是必不可少的。

（3）电力质量控制与保护系统

每个微电网都需要有一个微电网控制中心，除了监控每个电源、负载和储能的电力参数、开关状态、电力质量和能量参数外，还要通过开关控制对上述内部的电力调度进行控制。此外，微电网控制中心还要对每个装置内部进行控制和调节，这种调控可以通过每个装置的本地控制器来进行，但必须与微电网控制中心联网。

（4）智能光伏微电网的信息系统

微电网内部的控制系统需要与主电网的电力调度系统联网以进行信息通信，要做到在电源或负载变化时，先用储能系统调节供电。同时，通过信息系统将信息通报给主电网，并给主电网以充足的时间进行调度，这样就可以保证微电网的供电和主电网的稳定。

在微电网结构下，多个分布式能源局部就地向重要负载提供电能和电压支撑，这能够在很大程度上减少直接从大电网买电和电力线传输的负担，并可增强重要负载抵御来自主网故障影响的能力。

光伏发电微电网系统如图 3-13 所示，图中包含了多个分布式能源和储能元件，这些系统和元件联合向负载供电，整个微电网相对大电网来说是一个整体，通过一个断路器和上级电网的变电站相连。微电网内的分布式能源可以含有多种能源形式，包括可再生能源发电（如风力发电、光伏发电等）、不可再生能源发电（如微型燃气轮机发电等），另外还可通过热电联产或是冷热电联产的形式向用户供热或制冷，提高能源多级利用的效率。

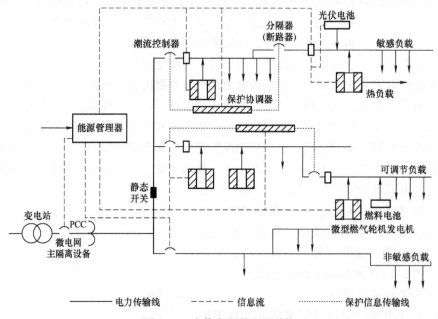

图 3-13　光伏发电微电网系统

电网的元件主要有开关、微型电源、储能元件、电力电子装置和通信设施等。

微电网中的开关可分为用于隔离微电网与大电网的静态开关和用于切除线路或微电源的断路器。静态开关又叫固态转换开关，在故障或者扰动时，有能力自动地把微电网隔离出来，故障清除后，再自动地重新与主电网连接。静态开关安装在用户低压母线上，其规划设计非常重要，应确保有能力可靠运行和具有预测性，有能力测量静态开关两侧的电压和频率以及通过开关的电流。通过测量，静态开关可以检测到电能质量问题，以及内部和外部的故障。而当同步性标准可以接受时，使微电网和主网重新连接。静态开关也被纳入各种智能控制水平，连续监控耦合点的状态。

微电源指安装在微电网中的各分布式电源，包括微型燃气轮机发电机、柴油发电机、燃料电池，以及风力发电机、光伏电池等可再生能源。

常用的储能设备包括蓄电池、超级电容器、飞轮等。储能设备的主要作用在于，在微电源所发功率大于负载总需求时，将多余的能量存储在储能单元中，反之，将存储在设备中的能量以恰当的方式释放出来及时供电以维护系统供需平衡；当微电网孤网运行时，储能设备是微电网能否正常运行的关键性元件，它起到一次调频的作用。储能设备的响应特性以及由微电源及储能设备组成的微电网的外响应特性值得深入研究。

相比较而言，微电网运行方式有如下优点：

1）应用范围更广。离网系统只能脱离大电网而使用，而微电网系统则包括了离网系统和并网系统所有的应用，包括以下多个工作模式：

① 当有电网或者发电机时，太阳能如果能量不足，光伏发电系统可以并网和电网同时工作，为负载提供能量。

② 当有电网且光伏发电超过负载功率时，可以选择"自发自用，余量上网"的工作模式，也可以选择"自发自用，余量储存"的工作模式。

③ 当有电网且在电价峰值时，可以选择光伏和蓄电池同时供电的工作模式，为用户节省电费；在电价谷值时，可以选择市电为蓄电池充电和为负载供电的工作模式。

④ 当有电网或者发电机但系统电压不稳定时，PCS双向变换器可以稳定交流母线电压，为用户提供安全的用电环境。

⑤ 当和发电机组成微电网系统时，并网逆变器、双向变换器和发电机可以同步工作，发电机可以选择给蓄电池充电，也可以不充电。

⑥ 当没有电网和发电机时，系统可以工作在纯离网模式下。

2）系统配置灵活。并网逆变器可以根据客户的实际情况选择单台或者多台自由组合，可以选择组串式逆变器或者集中式逆变器，甚至可以选择不同厂家的逆变器。并网逆变器和PCS变换器功率可以相等，也可以不一样。而离网逆变器只能安装在一个地方，大型系统中电缆要配置很多，造价高，损耗比较多。

3）系统效率高。微电网系统中光伏发电经过并网逆变器，可以就近直接给负载使用，实际效率高达96%，双向变换器主要起稳压作用。而离网逆变器系统中光伏发电要经过控制器、蓄电池、逆变器和变压器才能到达负载，蓄电池充放电损耗很大，光伏发电实际利用效率为85%左右。

4）带载能力强。微电网系统并网逆变器和双向变换器可以同时给负载供电，带载能力可以增加一倍。在有电动机等感性负载的系统中，起动功率一般是额定功率的 3~5 倍，工频离网逆变器最大超载150%，还必须增加 1 倍的功率。而微电网逆变器本身也可以超载150%，加上并网逆变器和双向变换器同时工作，不需要再增加设备，可以节约初始投资成本。

第4章

光伏发电系统中的电力电子技术

4.1 直流变换器拓扑结构及控制策略

4.1.1 单向 DC/DC 变换电路

单向 DC/DC 变换是采用一个或多个开关（功率开关器件）将一种直流电变换为另一种直流电。当输入直流电压大小恒定时，则可控制开关的通断时间来改变输出直流电压的大小，这种开关型 DC/DC 变换器的原理电路及工作波形如图 4-1 所示。如果开关 S 导通时间为 t_{on}，关断时间为 t_{off}，则在输入电压 E 恒定条件下，控制开关通断时间 t_{on}、t_{off} 的相对长短，便可控制输出平均电压 U_o 的大小，实现无损耗直流调压。从工作波形来看，相当于将恒定直流进行"斩切"输出的过程，故称斩波器。斩波器有两种基本控制方式：时间比控制和瞬时值控制。

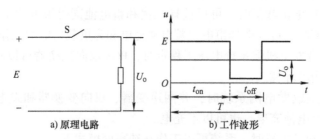

a) 原理电路　　　　　　　b) 工作波形

图 4-1　DC/DC 变换器原理电路及工作波形

DC/DC 变换中采用最多的是时间比控制，它通过改变斩波器的通断时间而连续控制输出电压的大小，即

$$U_o = \frac{1}{T} \int_0^T u \mathrm{d}t = \frac{t_{on}}{T} E = \alpha E \tag{4-1}$$

式中，T 为斩波周期，$T = t_{on} + t_{off} = 1/f$；$f$ 为斩波频率；α 为导通比，$\alpha = t_{on}/T$。

可以看出，改变导通比 α 即可改变输出电压平均值 U_o，而 α 的变化又是通过对 T、t_{on} 控制实现的。时间比控制有以下几种实现方式：

1）脉宽控制：斩波频率固定（即 T 不变），改变导通时间 t_{on} 实现 α 变化，控制输出电压 U_o 大小，常称定频调宽或脉宽调制（PWM）。实现脉宽控制的原理电路及控制波形如图 4-2 所示，图 4-2a 所示为电压比较器，U_T 为频率固定的锯齿波或三角波电压，U_C 为直流电平控制信号，其大小代表期望的斩波器输出电压平均值 U_o。当 $U_C > U_T$ 时，比较器输出 $U_{PWM} = $ "1"（高）；当 $U_C < U_T$ 时，$U_{PWM} = $ "0"（低），从而获得斩波器功率开关控制

信号 U_{PWM}。改变 U_C 大小，即改变斩波器开关导通时间，而在 U_T 固定条件下，斩波器开关频率固定，实现了定频调宽。由于斩波器开关频率固定，这种控制方式为消除开关频率谐波的滤波器设计提供了方便。

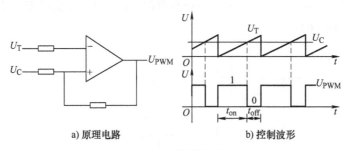

a) 原理电路   b) 控制波形

图 4-2　脉宽控制

2）频率控制：固定斩波器导通时间 t_{on}，改变斩波周期 T 来改变导通比 α 的控制方式。这种方式的实现电路比较简单，但由于斩波频率变化，消除开关谐波的滤波电路较难设计。

3）混合控制：这是一种既改变斩波频率（即周期 T）、又改变导通时间 t_{on} 的控制方式。其优点是可较大幅度地改变输出电压平均值，但由于斩波频率变化，滤波困难。

4）瞬时值控制：在恒值（恒压或恒流）控制或波形控制中，常采用瞬时值控制的斩波方式。此时将期望值或波形作为参考值 U^*，规定一个控制误差 ε，当斩波器实际输出瞬时值达指令值上限 $U^* + \varepsilon$ 时，关断斩波器；当斩波器实际输出瞬时值达指令值下限 $U^* - \varepsilon$ 时，导通斩波器，从而获得围绕参考值 U^* 在误差带 2ε 范围内的斩波输出。图 4-3 所示为瞬时值控制的控制框图及输出电流波形。

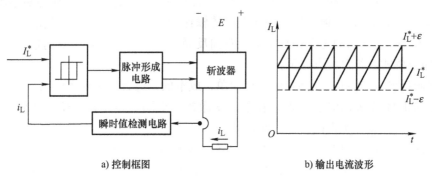

a) 控制框图   b) 输出电流波形

图 4-3　瞬时值控制

采用瞬时值控制时，斩波器功率器件的开关频率较高，而非恒值波形控制中的开关频率也不恒定，此时要注意功率器件的开关损耗、最大开关频率的限制等实际应用因素，确保斩波电路安全、可靠工作。

4.1.2　双向 DC/DC 变换电路

双向 DC/DC 变换器就是在保持输入、输出电压极性不变的情况下，根据具体需要改变电流的方向，实现两象限运行的双向 DC/DC 变换器。相比单向 DC/DC 变换器，其实现了能量的双向传输。实际上，要实现能量的双向传输，也可以通过将两台单向 DC/DC 变换器反并联，由于单向变换器主功率传输通路上一般都需要二极管，所以单个变换器能量的流通方向仍是单向的，但这样的连接方式会使系统体积和重量庞大，效率低下，且成本高。

（1）非隔离型双向 DC/DC 变换器

非隔离型双向 DC/DC 变换器的主要拓扑有双向 Buck－Boost 变换器。图 4-4 所示为双向 Buck－Boost 变换器的拓扑结构。

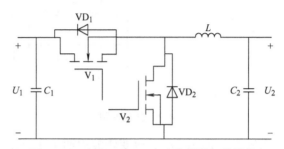

图 4-4　双向 Buck－Boost 变换器的拓扑结构

双向 Buck－Boost 变换器由 Buck 变换器变换而来，它可以工作于两种模式：降压模式和升压模式。图 4-4 中，当能量从 U_1 流向 U_2 时，V_1 工作、V_2 不工作，U_1 为电源端，该变换器为 Buck 变换器；当能量从 U_2 流向 U_1 时，V_2 工作、V_1 不工作，U_2 作为电源端，该变换器为 Boost 变换器。若两侧都有电源，则能量流动方式取决于两电源电压大小和占空比的大小。

（2）隔离型双向 DC/DC 变换器

隔离型双向 DC/DC 变换器是在非隔离型的基础上发展而来的，相对要复杂得多。对于变压器，稳态时实现磁化和去磁伏秒面积相等是保证其正常工作、防止铁心磁饱和的关键。一般隔离型双向 DC/DC 变换器常应用在电压传输比大、功率高、需要电气隔离的场合。隔离型双向 DC/DC 变换器的主要拓扑结构有双向反激式、双向正激式、双向推挽式、双向半桥式和双向全桥式。各自特点如下：

1）双向反激式 DC/DC 变换器的结构简单，成本低，适合于小功率应用。

2）双向正激式 DC/DC 变换器是在单管正激式的电路上再串接一个晶体管而成的，对于高压大功率的开关电源来说，更加安全可靠。

3）双向推挽式 DC/DC 变换器的传输功率比双向反激拓扑大，结构也比较简单。但因变压器漏感引起大的开关电压尖峰，开关管工作条件恶劣，适合中低压应用场合。

4）双向半桥式 DC/DC 变换器适用于输入电压比较高的场合，与推挽式 DC/DC 变换器相比较，它的输入变压器没有中心抽头，加工比较简单。但是对支撑电容的要求高，并且传递同样的功率时，要求功率器件的电流容量大，适合中功率高压应用。

5）双向全桥式 DC/DC 变换器的全桥变换由于对功率器件的电流/电压应力小，同样容量的器件传的功率更大，开关管和变压器的利用率高，是大功率应用的首选拓扑结构。

所谓正激和反激，正激 DC/DC 变换器即变压器，反激 DC/DC 变换器即当开关管导通时，能量可以存储于一次侧的漏感上。同样，双向反激 DC/DC 变换器是在单向反激变换器的开关管上反并联二极管，在二极管上反并联开关管，开关管工作在 PWM 方式，互补导通，如图 4-5 所示。

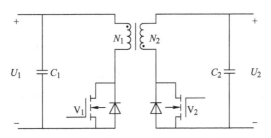

图 4-5　双向反激 DC/DC 变换器的拓扑结构

4.1.3　隔离型 DC/DC 变换电路

隔离型 DC/DC 变换器同直流斩波电路相比，电路中增加了交流环节，因此也称为直-交-直电路。采用这种结构较为复杂的电路来完成直流/直流的变换有以下原因：输出端与输入端需要隔离；某些应用中需要互相隔离多路输出；输出电压与输入电压之比远小于 1 或远大于 1；交流环节采用较高的工作频率，可以减小变压器、滤波电感和滤波电容的体积和质量。间接直流交流电路分为单端（Single End）电路和双端（Double End）电路两大类。在单端电路中，变压器中流过的是直流脉动电流；而在双端电路中，变压器中的电流为正负对称的交流电流，正激电路和反激电路属于单端电路，半桥电路、全桥电路和推挽电路属于双端电路。本节主要对以上几种基本电路进行介绍。

（1）正激电路

正激电路的电路拓扑如图 4-6a 所示，开关 S 导通后，变压器一次绕组 W_1 两端的电压为上正下负，与其耦合的二次绕组 W_2 两端的电压也是上正下负，因此 VD_1 导通、VD_2 截止，电感 L 的电流逐渐增大。S 关断后，电感 L 通过 VD_2 续流，VD_1 截止。变压器的励磁电流经绕组 W_3 和 VD_3 流回电源。所以关断后承受的电压为 $(1 + N_1/N_2)U_i$。正激电路的理想化波形如图 4-6b 所示。

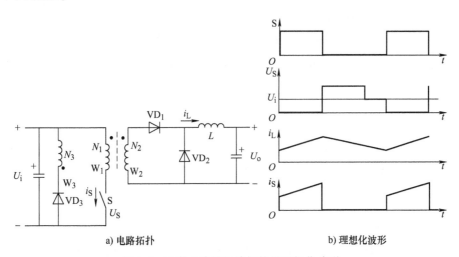

a) 电路拓扑　　　　　　　　　　　　b) 理想化波形

图 4-6　正激电路的电路拓扑及理想化波形

输出滤波电感电流连续时，输出电压与输入电压的关系为

$$\frac{U_o}{U_i} = \frac{N_2}{N_1}\frac{t_{on}}{T} \tag{4-2}$$

正激电路的工作过程需要考虑变压器的磁心复位问题，开关 S 导通后，变压器的励磁电流由零开始，随时间线性增长，直到 S 关断，导致变压器的励磁电感饱和。必须设法使励磁电流在 S 关断后到下一次再开通的时间内降为零，这一过程称为变压器的磁心复位。变压器的磁心复位所需的时间为

$$t_{rst} = \frac{N_3}{N_1}t_{on} \tag{4-3}$$

（2）反激电路

反激电路的电路拓扑如图 4-7a 所示，S 导通后，VD 处于断态，绕组 W_1 的电流线性增长，电感储能增加。S 关断后，绕组 W_1 的电流被切断，变压器中的磁场能量通过绕组 W_2 和 VD 向输出端释放，S 两端的电压为 $U_S = U_i + U_o N_1/N_2$，反激电路工作波形如图 4-7b 所示。

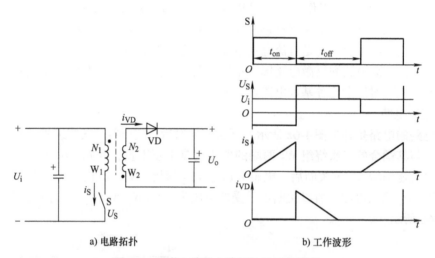

a) 电路拓扑　　　　　　b) 工作波形

图 4-7　反激电路的电路拓扑及工作波形

在 S 导通前，绕组 W_2 中的电流尚未下降到零，则称其工作于电流连续模式，输出电压和输入电压的关系为

$$\frac{U_o}{U_i} = \frac{N_2}{N_1}\frac{t_{on}}{t_{off}} \tag{4-4}$$

S 导通前，绕组 W_2 中的电流已经下降到零，则称其工作于电流断续模式，此时输出电压高于连续状态的计算值，在负载为零的极限情况下，$U_o \to \infty$，所以应该避免负载开路状态。

（3）半桥电路

半桥电路的电路拓扑如图 4-8a 所示，S_1 与 S_2 交替导通，使变压器一次侧形成幅值为 $U_i/2$ 的交流电压，改变开关的占空比，就可以改变二次整流电压 U_d 的平均值，也就改变了输出电压 U_o。S_1 导通时，二极管 VD_1 处于通态，S_2 导通时，二极管 VD_2 处于通态，当两个开关都关断时，变压器绕组 W_1 中的电流为零，VD_1 和 VD_2 都处于通态，各分担一半的电流。S_1 或 S_2 导通时电感 L 的电流逐渐上升，两个开关都关断时，电感 L 的电流逐渐下降，

S_1 和 S_2 断态时承受的峰值电压均为 U_i。半桥电路的理想化波形如图 4-8b 所示。

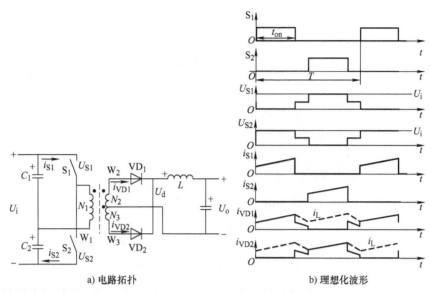

a) 电路拓扑　　　　　　　　b) 理想化波形

图 4-8　半桥电路的电路拓扑及理想化波形

由于电容的隔直作用，半桥电路对由于两个开关导通时间不对称而造成的变压器一次电压的直流分量有自动平衡作用，所以不容易发生变压器的偏磁和直流磁饱和。滤波电感 L 的电流连续时，输出电压与输入电压的关系为

$$\frac{U_o}{U_i} = \frac{N_2}{N_1}\frac{t_{on}}{T} \tag{4-5}$$

输出电感电流不连续，输出电压 U_o 将高于连续情况的计算值，并随负载减小而升高，在负载为零的极限情况下，有

$$U_o = \frac{N_2}{N_1}\frac{U_i}{2} \tag{4-6}$$

（4）全桥电路

全桥电路的电路拓扑如图 4-9a 所示，全桥电路中，互为对角的两个开关同时导通，同一侧半桥上下两开关交替导通，使变压器一次侧形成幅值为 U_i 的交流电压，改变占空比就可以改变输出电压。当 S_1 与 S_4 导通后，VD_1 和 VD_4 处于通态，电感 L 的电流逐渐上升。当 S_2 与 S_3 导通后，VD_2 和 VD_3 处于通态，电感 L 的电流也上升。当 4 个开关都关断时，4 个二极管都处于通态，各分担一半的电感电流，电感 L 的电流逐渐下降，S_1 和 S_2 断态时承受的峰值电压均为 U_i。全桥电路的理想化波形如图 4-9b 所示。

滤波电感电流连续时，输入电压与输出电压的关系为

$$\frac{U_o}{U_i} = \frac{N_2}{N_1}\frac{2t_{on}}{T} \tag{4-7}$$

输出电感电流不连续，输出电压 U_o 将高于电感电流连续时的计算值，并随负载减小而升高，在负载为零的极限情况下，输出电压为

$$U_o = \frac{N_2}{N_1}U_i \tag{4-8}$$

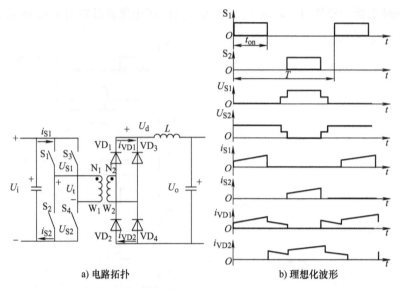

a) 电路拓扑　　　　b) 理想化波形

图 4-9　全桥电路的电路拓扑及理想化波形

如果 S_1、S_4 与 S_2、S_3 的导通时间不对称，则交流电压 U_t 中将含有直流分量，会在变压器一次侧产生很大的直流分量，造成磁路饱和，因此全桥电路应注意避免电压直流分量的产生，也可在一次侧回路串联一个电容，以阻断直流电流。为避免同一侧半桥中上、下两开关同时导通，每个开关的占空比不能超过 50%，还应留有裕量。

（5）推挽电路

推挽电路的电路拓扑如图 4-10a 所示，推挽电路中两个开关 S_1 和 S_2 交替导通，在绕组 W_1 和 W_1' 两端分别形成相位相反的交流电压。S_1 导通时，二极管 VD_1 处于通态，电感 L 的电流逐渐上升。S_2 导通时，二极管 VD_2 处于通态，电感 L 上的电流也逐渐上升。当两个开关都关断时，VD_1 和 VD_2 都处于通态，各分担一半的电流。S_1 和 S_2 断态时承受的峰值电压均为 $2U_i$。推挽电路的理想化波形如图 4-10b 所示。

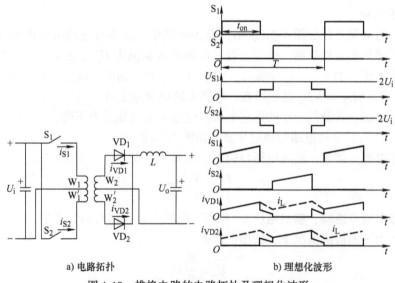

a) 电路拓扑　　　　b) 理想化波形

图 4-10　推挽电路的电路拓扑及理想化波形

当滤波电感 L 的电流连续时，推挽电路的输出电压与输入电压的关系为

$$\frac{U_o}{U_i} = \frac{N_2}{N_1} \frac{2t_{on}}{T}$$ (4-9)

当输出电感电流不连续，输出电压 U_o 将高于电感电流连续时的计算值，并随负载减小而升高，在负载为零的极限情况下，有

$$U_o = \frac{N_2}{N_1} U_i$$ (4-10)

需要注意的是，如果 S_1 和 S_2 同时导通，相当于变压器一次绕组短路，因此应避免两个开关同时导通，每个开关各自的占空比不能超过 50%，还要留有死区。

4.1.4 DC/DC 变换电路的控制技术

DC/DC 变换器是一种能高效地实现直流到直流功率变换的混合集成功率器件，主要采用高频功率变换技术，即将直流电压通过功率开关器件变换成高频开关电压，且输入与输出之间完全隔离。该产品主要应用于航空、航天、通信、雷达以及其他所有采用分布式供电体系的领域。其主要发展方向是采用多芯片组件技术和新型高导热基板（如 AIN 金刚石和金属等），进一步提高功率密度（$3W/cm^3$ 以上）和输出功率（达 200W 以上），工作频率达 1MHz，效率为 90% 以上，实现多路智能化混合集成 DC/DC 变换器组件。用直流斩波器代替变阻器可节约 20%~30% 的电能。直流斩波器不仅能起到调压的作用（开关电源），同时还能起到有效抑制电网侧谐波电流噪声的作用。

从设计控制系统的方式来看，DC/DC 变换器的控制技术主要分为电压控制模式和电流控制模式。

电压控制模式是开关电源技术中最基本的一种控制方式，属于单闭环反馈控制方式。其原理如图 4-11 所示，变换器的输出电压经分压，与给定值 U_{ref} 相比较，经过电压调节器将电压误差放大，生成控制信号，作用于脉宽调制电路，将电压模拟信号转变为开关管脉冲信号，作为开关管的驱动信号。脉冲宽度信号随控制信号的改变而改变，从而改变输出电压，构成单闭环反馈控制系统。

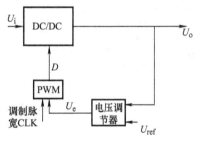

图 4-11 电压控制原理图

电流控制模式是开关电源技术中最常用的一种控制方式，因为其较电压控制模式而言，动态性能和稳态性能都较好，而且电压控制模式对电流没有控制，因此无法对变换器进行功率控制，也不利于变换器的并联使用，其可移植性差。电流控制模式属于电压电流双闭环控制，分内环和外环，内环为电流负反馈环，外环为电压负反馈环。其原理如图 4-12 所示，变换器的输出电压经分压，与给定值 U_{ref} 相比较，经过电压调节器将电压误差放大，从而生成电压误差放大信号作为内环电流基准，电流检测信号与给定值之间的误差，经过电流

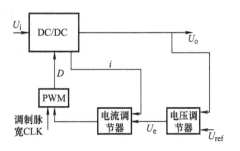

图 4-12 电压电流双闭环控制原理图

调节器放大后，生成控制信号，作用于脉宽调制电路，形成占空比 D 可变的脉冲信号作用于开关管。

双向 DC/DC 变换器控制系统的实现有模拟实现和数字实现两种，模拟控制技术的特点是动态响应快、易观测和调试、无量化误差且价格低廉。PID 调节器是模拟控制技术中常用的，例如电压控制型和电流控制型中用到的电压调节器，下面就来详细介绍 PID 调节器。

PID 调节器主要分为两类：单极点-单零点补偿网络和双极点-双零点补偿网络。

（1）单极点-单零点补偿网络

该网络如图 4-13 所示。

其传递函数为

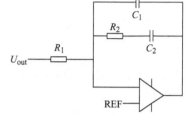

$$H(s) = \frac{1}{R_1 C_1} \frac{s + \dfrac{1}{R_2 C_2}}{s\left(s + \dfrac{C_1 + C_2}{R_2 C_1 C_2}\right)} \qquad (4-11)$$

图 4-13　单极点-单零点补偿网络

该补偿网络的特点如下：

1）低频段有一个积分环节，且稳态误差为零，因此其直流增益高。

2）在控制系统传递函数的最低极点或是引入一个零点，这个极点可用于相位补偿，也就是说，这个零点抵消了补偿网络自身积分环节所引起的相位滞后，使其在这一频段内变成了一个反相器，使相位增加 90°。

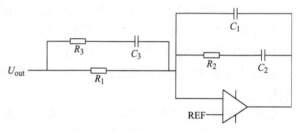

3）该补偿器的最后一个极点消除 ESR 电阻引起的零点。

（2）双极点-双零点补偿网络

该网络如图 4-14 所示。

其传递函数为

图 4-14　双极点-双零点补偿网络

$$H(s) = \frac{R_1 + R_3}{R_1 R_3 C_1} \frac{\left(s + \dfrac{1}{R_2 C_2}\right)\left(s + \dfrac{1}{2\pi(R_1 + R_3)C_3}\right)}{s\left(s + \dfrac{C_1 + C_2}{C_1 C_2 R_2}\right)\left(s + \dfrac{1}{2\pi R_3 C_3}\right)} \qquad (4-12)$$

该补偿网络的特点如下：

1）直流处有一个极点，且稳态误差为零。

2）有两个零点，其相频对数特性曲线可以提供 180° 的超前相位，如果将补偿网络的这两个零点放在重极点的位置，因为重极点可以引起 180° 的相位滞后，所以这两个零点可以将其补偿。综上所述，这种补偿网络可以作为双重极点控制对象的控制器。

3）该补偿网络的第一个极点消除 ESR 电阻引起的零点，第二个极点用在高频段，幅频特性下降斜率为 −40dB，具有良好的干扰抑制作用，同时可以保证开环传递函数有一个较好的增益裕量和相位裕度。

随着各类微处理器芯片的快速发展，芯片的工作速度、集成度以及运算能力都有很大的提高，并且成本也在下降，这使得开关电源的控制得以通过微处理器芯片（即数字控制）

来实现。数字控制的优缺点如下：

1）可以实现一些用模拟控制方式很难实现的复杂电路的控制。

2）可以很大程度地改善由于模拟器件的老化及温度漂移所引起的控制性能变差等问题。

3）控制方法或参数易于修改，周期短。

4）控制算法通过软件来实现，可以避免模拟器件参数离散而引起的控制特性不一致。

5）微处理器芯片的工作频率和运算能力会受到控制算法运算速度的牵制。

6）对于小功率的电源模块而言，微处理器芯片的集成度还不算很高。

综上所述，虽然数字控制技术现在还不是很成熟，但随着微处理器芯片技术的进步和控制算法的改进，数字控制将逐渐代替模拟控制方式。现代微处理器和一些超高速大规模集成电路芯片，如 Intel、Pentium、Pro 等，要求在低电压（2.4～3.3V）、大电流（大于 13A）状态下工作，而其直流母线电压通常为 5～12V。这样，就需要将直流母线电压通过 DC/DC 变换器进行变换，通常用 VRM 来实现。显然，随着芯片集成密度、工作速度的进一步提高，芯片的工作电压将进一步下降，工作电流将进一步增大。人们对 VRM 提出了新的挑战，要求 VRM 具有非常快速的负载电流响应，在保证足够小体积的同时，还要具有高效率。要使 VRM 具有快速的负载电流动态响应，传统的解决办法是在 VRM 的输出端并联很多容量很大、等效串联电阻很小的退耦电容器。

4.2 光伏逆变器拓扑结构

4.2.1 逆变器的基本结构

光伏并网逆变器的分类方法有多种，一种典型的分类依据就是根据整个系统是否实现电气隔离。系统通过自身的结构就能够隔离的称为隔离型并网逆变器，不能实现有效隔离的称为非隔离型并网逆变器。完成隔离的主要途径是在系统中增加隔离变压器，隔离型逆变器根据变压器设计的位置不同，又可以分为工频隔离变压器拓扑结构和高频隔离变压器拓扑结构。非隔离型逆变器又根据逆变器拓扑结构中能量变换的次数分为单极式非隔离型逆变器和多级式非隔离型逆变器。具体分类如图 4-15 所示。

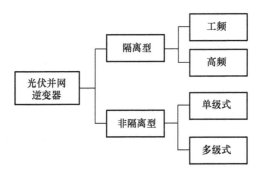

图 4-15　光伏并网逆变器的分类

变压器前端连接并网逆变器输出端后端连接电网的拓扑结构称为带工频隔离变压器结构

的并网逆变器，这种结构实际上让变压器和电网工作在相同的频率下，如图 4-16 所示。带工频隔离变压器结构的并网逆变器的优点主要表现在能够对并网电流的直流分量进行很好的抑制，并且由于光伏组件首先和逆变器以及变压器串联，然后再并网，所以基本上避免了人和光伏组件的直接接触，从而很好地实现了电气隔离。但工频变压器的引入也会带来一些问题，复杂的结构会使得整个系统的

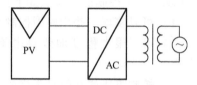

图 4-16　带工频隔离变压器结构的
并网逆变器拓扑结构

转换效率有所下降，并且会增大前期的购置成本和后期的运行维护成本，在一定程度上还增加了系统的复杂性、重量和体积等。

隔离型逆变器另外一种存在的方式，就是在并网系统的前级（也就是在逆变器的输入端）增加高频的隔离变压器以实现电气隔离，结构如图 4-17 所示。相对于工频隔离变压器结构，其在一定程度上可以减小整个系统的体积和重量，但是它的不足依然表现在效率不会有明显的改善，而且从图 4-17 也可以看出，这种结构进一步增加了整个系统控制的复杂性。

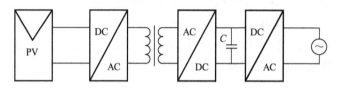

图 4-17　带高频隔离变压器结构的并网逆变器拓扑结构

非隔离型并网逆变器，顾名思义，就是并网系统中不含变压器，由于没有变压器的存在，所以可以很好地改善变压器带来的缺点，所以它的效率相对较高，体积也相对变小，建设成本和运行成本也可大幅度降低，这些优点促使非隔离型并网逆变器具有很大的应用市场。非隔离型并网逆变器的拓扑结构一般根据能量变换的次数进行细致分类：如果能量变换的次数为一次，则称为单极式非隔离型逆变器；如果变换的次数多于一次，则称为多级式逆变器。具体结构如图 4-18 和图 4-19 所示。

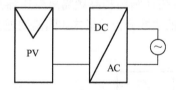

图 4-18　单极式非隔离型光伏
并网逆变器拓扑结构

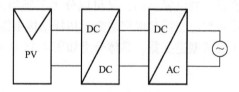

图 4-19　多极式非隔离型光伏
并网逆变器拓扑结构

逆变器电路通过电力电子开关的导通与关断来完成逆变的功能。电力电子开关器件的通断，需要一定的驱动脉冲，这些脉冲可能通过改变一个电压信号来调节。产生和调节脉冲的电路，通常称为控制电路或控制回路。逆变装置的基本结构除上述的逆变电路和控制电路外，还有保护电路、输入电路和输出电路等。

直流电能变换成交流电能的过程称为逆变，完成逆变功能的电路称为逆变电路，实现逆变过程的装置称为逆变设备或逆变器。逆变器的分类如下：

1）按逆变器输出交流电能的频率可分为工频逆变器（频率为 50～60Hz）、中频逆变器

（频率一般为 400Hz 到十几 kHz）和高频逆变器（频率一般为十几 kHz 到 MHz）。

2）按逆变器输出的相数可分为单相逆变器、三相逆变器和多相逆变器。

3）按逆变器主电路的形式分可分为单端式逆变器、推挽式逆变器、半桥式逆变器和全桥式逆变器。

4）按逆变器主开关器件的类型可分为晶闸管逆变器、晶体管逆变器、场效应逆变器和绝缘栅双极型晶体管（IGBT）逆变器。

5）按逆变器输出电压或电流的波形可分为方波逆变器和正弦逆变器。方波逆变器输出的电压波形为方波，此类逆变器所使用的逆变电路也不完全相同，但共同的特点是线路比较简单，使用的功率开关数量很少，设计功率一般在百瓦至千瓦之间。方波逆变器的优点是线路简单，维修方便，价格便宜。缺点是方波电压中含有大量的高次谐波，在带有铁心电感或变压器的负载用电器中将产生附加损耗，对收音机和某些通信设备有干扰。此外，这类逆变器还有调压范围不够宽，保护功能不够完善，噪声比较大等缺点。

（1）直接逆变型拓扑结构

直接逆变型拓扑结构（见图 4-20）的主要特点是不装备变压器，具有重量轻、结构简单、成本低的优点，也不影响其转换效率，可以达到 97% 以上。但是它的光伏组件与电网直接相连，并没有电气隔离，会产生对地的漏电流，运行性能和安全指数下降；在运行 MPPT 时，直流侧光伏电池的电压需大于 350V，需要有较高的绝缘能力来配合，进一步提高了安全运行的难度。

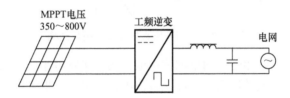

图 4-20　直接逆变型拓扑结构

（2）工频变压器型拓扑结构

工频变压器型拓扑结构（见图 4-21）的变压器位于工频电网侧，可在一定程度上减小电流直流分量对系统的干扰，其优势在于结构简单且具有较高的安全性能，可靠且抗冲击，并且它的直流侧 MPPT 电压等级在合理位置。但是它的体积较大，重量较重，系统转换效率低。

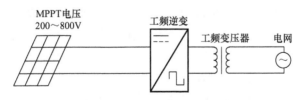

图 4-21　工频变压器型拓扑结构

（3）高频变压器型拓扑结构

高频变压器型拓扑结构（见图 4-22）相比工频变压器型拓扑结构体积小，重量轻，成本相近，故本拓扑结构更受青睐。它的系统效率约达 93%，光伏电池与电网非直接相连，有电气隔离，重量较轻，使用更加方便。但是它的工作也具有局限性，集中使用于 5kW 以下的太阳能发电系统；常工作于几十 kHz 的环境下，使系统的 EMC 设计复杂；也无法经受高冲击。

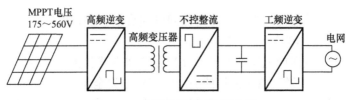

图 4-22　高频变压器型拓扑结构

（4）高频升压直接逆变型拓扑结构

高频升压直接逆变型拓扑结构（见图 4-23）是现在市场上的主流，其效率高、重量轻的特点深受消费者青睐，同时加入 Boost 电路用以辅助直流电压升压，使得拥有较低直流输入电压的光伏阵列也能满足系统要求。但是它没有电气隔离，电网电压直接加在光伏组件上，操作风险较高。电路因为加入高频升压电路，EMC 设计较困难。

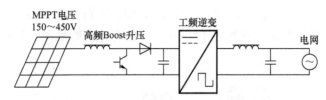

图 4-23　高频升压直接逆变型拓扑结构

并网发电系统是与电网相连并向电网输送电力的光伏发电系统，其将光伏组件接收到的太阳辐射能量经过高频直流转换后变成高压直流电，经过逆变器逆变转换后向电网输出与电网电压同频、同相的正弦交流电。逆变器的主要特点如下：

1）要求具有较高的效率。由于目前光伏电池的价格偏高，为了最大限度地利用光伏电池、提高系统效率，必须设法提高逆变器的效率。

2）要求具有较高的可靠性。目前光伏发电系统主要用于边远地区，许多电站无人值守和维护，这就要求逆变器有合理的电路结构，严格的元器件筛选，并要求逆变器具备各种保护功能，如输入直流极性反接保护、交流输出短路保护、过热保护、过载保护等。

3）要求输入电压有较宽的适应范围。光伏电池的端电压随负载和日照强度变化而变化，特别是当蓄电池老化时，其端电压的变化范围很大（如 12V 的蓄电池，其端电压可能在 10～16V 之间变化），这就要求逆变器在较大的直流输入电压范围内可以保证正常工作。

逆变器控制结构框图如图 4-24 所示。

由单片机产生的信号经 D/A 转换电路后变为 0～50Hz 的正弦波信号，再和三角波发生电路产生的三角波进行比较得到 SPWM 波（这是控制信号回路，三角波发生电路由模拟电子器件搭建），产生的 SPWM 波经延时电路后得到的控制信号进入由 IR2130 组成的驱动电路，驱动电路经死区延时后将所得信号加至由 MOS 管组成的桥式逆变主电路。逆变器控制系统由以下几部分组成：

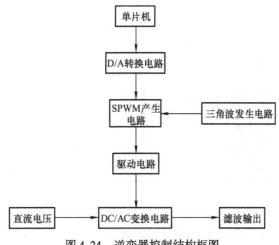

图 4-24　逆变器控制结构框图

1）D/A 转换电路：D/A 转换电路利用单片机并结合 AD7528 进行模/数转换而产生载波信号，AD7528 和运放结合完成数字量到模拟量的转换。

2）逆变电路：逆变电路的功能是将直流电变换成交流电，通过控制逆变电路的工作频率和输出时间比例，使逆变器输出电压或电流的频率和幅值按照要求灵活变化。

3）控制电路：控制电路的功能是按要求产生和调节一系列的控制脉冲来控制逆变开关管的导通和关断，从而配合逆变电路完成逆变功能。

4）辅助电路：辅助电路的功能是将逆变器的输入电压变换成适合控制电路工作需要的直流电压。对于交流电网输入，可以采用工频降压、整流、线性稳压等方式，当然也可以采用 DC/DC 变换器。

5）驱动电路：由 IR2130 组成的驱动电路来驱动全桥模块中的 6N60A。

逆变器控制系统流程图如图 4-25 所示。

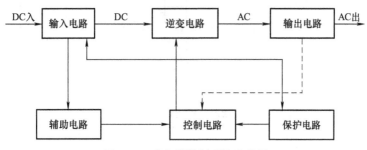

图 4-25　逆变器控制系统流程图

4.2.2　多电平逆变器拓扑结构

多电平逆变器主要有三种拓扑结构：二极管钳位型、飞跨电容型和级联型。二极管钳位型电路需要保证直流侧电容均压，控制困难，实际应用中以三电平电路为主，一般不超过五电平。飞跨电容型又称电容钳位型，存在电容电压平衡控制及冗余开关状态优化的问题，实际应用较少。级联型与钳位型多电平逆变器拓扑结构特点见表 4-1。

表 4-1　级联型与钳位型多电平逆变器拓扑结构特点

项　目	级　联　型	钳　位　型
基本单元	半桥式两电平逆变器组成的 H 桥	半桥式两电平逆变器
结构	H 桥直接串联结构	开关器件串联的半桥式结构
直流电源	多个彼此独立、没有直接电联系的直流电源	一个高压直流电源、通过直流电源串联分压得到的具有电联系的直流电源
钳位电路	无钳位元件及电路	有钳位元件及电路
吸收电路	基本不用有阻容吸收电路	有阻容吸收电路
均压	无均压问题及相应的克服电路	有均压问题及相应的克服电路

1. 二极管钳位型多电平拓扑结构

二极管钳位型三电平拓扑由德国学者 HoltZ 于 1977 年首次提出，而后日本学者 A. Nabae 和 RAkagi 等人在此基础上进行改进，并于 1980 年在 IAS 展示，该拓扑因其具备大量的优点而受到学术界和工业界的广泛关注，目前该拓扑的相关技术已非常成熟，相关的工业产品都已进入实用化阶段。下面以三电平为例简单分析该拓扑的工作原理。图 4-26 所示为二极管钳位型三电平拓扑主电路，交流侧为三相平衡电源，三相等效阻抗相同；直流侧上、下电容 $C_p = C_n$，中性点电位平衡时，上、下电容两端的电压相等。每支桥臂由四只功率开关器件串联组成，工作时每支路中两个功率开关器件同时处于关断或导通状态，每一个桥臂的 1 号开关管与 3 号开关管互补导通，2 号开关管与 4 号开关管互补导通。以 A 相为例，其开关状态与输出电平的关系见表 4-2。

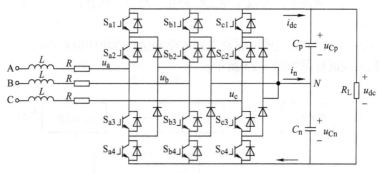

图 4-26　二极管钳位型三电平拓扑主电路

表 4-2　开关状态与输出电平的关系（A 相）

输出电平	S_A	开关状态			
		S_{a1}	S_{a2}	S_{a3}	S_{a4}
$+U_{dc}/2$	1	ON	ON	OFF	OFF
0	0	OFF	ON	ON	OFF
$-U_{dc}/2$	-1	OFF	OFF	ON	ON

另外两相的工作原理与 A 相相同，此处不赘述。显然随每条支路中开关器件的增多，相应的输出电平数也会增多，随着输出电压电平数量的增加，所需的钳位二极管数目以电平

数的二次方快速增加，电平数大于 5 的二极管钳位多电平拓扑应用比较少；此外，直流母线中性点电位平衡会增加控制算法的复杂性等问题。电平数增多带来的电路复杂性也会加大，熟练掌握三电平技术有利于分析理解多电平。

二极管钳位型多电平逆变器采用多个二极管对相应的开关器件进行钳位，同时利用不同的开关组合输出所需的不同电平，对于 N 电平三相二极管钳位型电路，直流侧需 $N-1$ 个电容，能输出 N 电平的相电压，线电压为 $(2N-1)$ 电平。显然，输出电平越多，其输出电压和输出电流的总谐波畸变率越小。二极管钳位结构的显著优点是利用二极管钳位解决了功率器件串联的均压问题，适于高电压场合。图 4-27 所示为二极管钳位型 N 电平逆变器拓扑主电路，直流端共有 $N-1$ 个分压电容，逆变桥每相上、下桥臂各有 $N-1$ 个功率管，分别

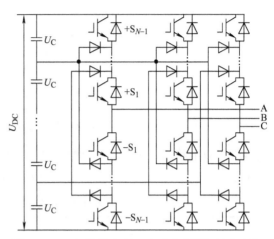

图 4-27　二极管钳位型 N 电平逆变器拓扑主电路

为 $+S_{N-1}$、$\cdots$、$+S_1$、$-S_1$、$\cdots$、$-S_{N-1}$，输出电平和导通功率管关系见表 4-3。

表 4-3　二极管钳位型 N 电平逆变器输出电平与导通功率管关系

输出电平	导通的功率管
$N-1$	$+S_{N-1}$、$\cdots$、$+S_1$
$N-2$	$+S_{N-2}$、$\cdots$、$-S_1$
$\vdots$	$\vdots$
0	$-S_1$、$\cdots$、$-S_{N-1}$

2. 飞跨电容型多电平拓扑结构

飞跨电容型多电平拓扑由法国学者 T. A. Meynard 和 H. Forch 于 1992 年在 PESC 首次提出，该拓扑用飞跨电容取代二极管钳位型多电平拓扑中的钳位二极管，用飞跨电容进行钳位，使得反向电压的恢复得以实现。下面以飞跨电容型三电平拓扑为例，简单分析该拓扑的特性和工作原理。飞跨电容型拓扑与二极管钳位型拓扑相比，该拓扑不需要二极管钳位，但需要 3 个飞跨电容；在相同容量下，由于电解电容的体积比较大，飞跨电容型拓扑的体积比二极管钳位型拓扑大得多，飞跨电容型三电平拓扑具有以下优点：直流母线电容不存在电容电压不平衡问题，开关管不存在耐压以及损耗不平衡问题，输出电压组合方式更灵活等。图 4-28 所示为飞跨电容型三电平拓扑主电路。

从图 4-28 可以看出，每支桥臂有 4 只功率开关和 1 只飞跨电容，该电容用来钳位开关器件上的电容，直流侧上下两个电容进行串联分压。工作时，每条支路中 4 个功率开关器件更为灵活，以 A 相为例，当 S_{a1}、S_{a2} 导通，S_{a3}、S_{a4} 关断时，输出电平为 $U_{dc}/2$；当 S_{a3}、S_{a4} 导通，S_{a1}、S_{a2} 关断时，输出电平为 $-U_{dc}/2$；当 S_{a1}、S_{a3} 导通或 S_{a2}、S_{a4} 导通时，电路维持飞跨电容两端的电压；当 S_{a1}、S_{a3} 导通时，飞跨电容处于充电状态；当 S_{a2}、S_{a4} 导通时，飞

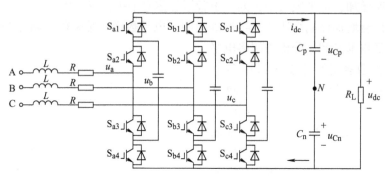

图 4-28　飞跨电容型三电平拓扑主电路

跨电容处于放电状态。通过合理分配零电平两种开关组合状态的时间,使飞跨电容上的电荷充放电达到平衡。开关状态与输出电平的关系见表 4-4。

表 4-4　开关状态与输出电平的关系

输出电平	S_A	开关状态			
		S_{a1}	S_{a2}	S_{a3}	S_{a4}
$+U_{dc}/2$	1	ON	ON	OFF	OFF
0	放电	OFF	ON	OFF	ON
	充电	ON	OFF	ON	OFF
$-U_{dc}/2$	-1	OFF	OFF	ON	ON

　　飞跨电容型多电平拓扑因需要大量的飞跨钳位电容,装置的体积变得很大,比如 N 电平的飞跨电容型拓扑,则需要 $(N-1)(N-2)/2$ 个飞跨电容,该类型装置不适用于对空间有要求的场合;另外,为保证装置的安全运行,装置运行过程中必须严格控制飞跨电容上的电压平衡,电压平衡主要通过分配零电平不同开关组合的工作时间对飞跨电容充放电来实现,由于多电平拓扑中电容太多,选择开关组合将会非常复杂且开关切换频率高,对控制算法要求高。以上缺点使该拓扑的应用性研究较少。该拓扑结构的优点是对某一输出电压具有不同的组合,可控无功和有功功率流,应用范围广。其缺点是需要较多的电容钳位,开关损耗大;控制算法过于复杂,存在电容电压分布不均问题。对于一个飞跨电容型 N 电平逆变器,直流侧需要 $N-1$ 个电容;每相桥臂需要 $2(N-1)$ 个功率开关,$(N-1)(N-2)/2$ 个钳位电容。飞跨电容型五电平逆变器拓扑主电路如图 4-29 所示。

　　3. 级联型多电平拓扑结构

　　级联型多电平逆变器又称链式逆变器,以普通的单相全桥(H 桥)逆变器为基本单元,将若干个功率单元直接串联,串联数越多,输出电平数也越多。它的优点是不存在电容平衡问题,电路可靠性提高,易于模块化,适合七电平、九电平及以上的多电平应用,是目前应用最广的多电平电路。缺点是需要多路独立的直流电源且不易实现四象限运行。级联型多电平逆变器由多个两电平 H 桥功率单元输出级联构成,独立直流电源由移相变压器或电池提供,如图 4-30 所示。这种拓扑无须钳位二极管或钳位电容,不存在母线电容中性点平衡问题，同时两电平 H 桥单元技术成熟、易于实现模块化。但这种拓扑需要多个独立直流电源，不易实现四象限运行。

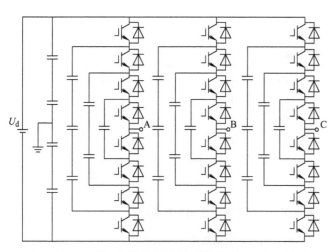

图 4-29　飞跨电容型五电平
逆变器拓扑主电路

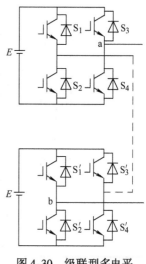

图 4-30　级联型多电平
逆变器主电路

为了利用低压开关器件获得多电平高压输出，二极管钳位型和飞跨电容型多电平逆变器共同采用的办法是将电力电子开关器件串联组成半桥式结构，用一个高压直流电源供电，并采用多个直流电容串联分压，采用二极管或电容，将主开关管上的电压钳位在一个直流电容电压上。但因此出现了直流电容分压的均压问题，这给多电平逆变器带来了麻烦，只能采用控制算法来解决这个问题。而级联型多电平逆变器是采用具有独立直流电源的 H 桥作为基本功率单元级联而成的一种串联结构，不存在直流电容分压的问题，因此也不存在直流电容分压的均压问题，相对于钳位型多电平逆变器，在控制上简单了很多。同二极管钳位型逆变器及飞跨电容型逆变器相比，级联型逆变器不需要大量的钳位二极管或电容，也不存在中间直流电压中性点偏移问题；采用模块化安装，结构紧凑；而采用载波相移的控制策略，其计算量不会随着输出电平数的增多而变得复杂。

常用的基本功率单元如图 4-31 所示，当开关管 S_1 和 S_4 同时导通时，a、b 两端输出电压 E；当开关管 S_2 和 S_3 同时导通时，a、b 两端输出电压 $-E$；当开关管 S_1 和 S_3 同时导通或 S_2 和 S_4 同时导通时，a、b 两端输出电压为 0。将多个基本功率单元进行串联，可组成输出更多电平的级联型多电平逆变器。以三相两级五电平逆变器的拓扑结构进行工作模式分析，其电路拓扑结构如图 4-32 所示，图中每相由两个 H 桥功率单元串联，每个功率单元可输出 E、0、$-E$ 三电平，两级功率单元经叠加后可输出 $2E$、E、0、$-E$、$-2E$ 五电平，其开关状态见表 4-5。

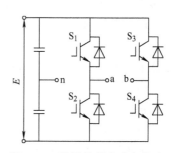

图 4-31　常用的基本功率单元

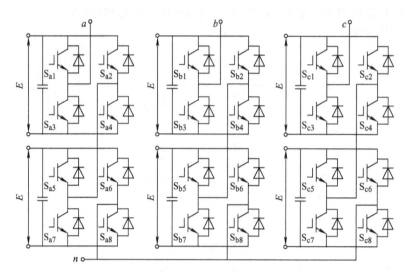

图 4-32　三相两级五电平逆变器电路拓扑结构

表 4-5　三相两级五电平逆变器电路开关状态

输出电压	开关状态							
	S_{a1}	S_{a2}	S_{a3}	S_{a4}	S_{a5}	S_{a6}	S_{a7}	S_{a8}
$2E$	ON	OFF	OFF	ON	ON	OFF	OFF	ON
E	OFF	OFF	ON	ON	ON	OFF	OFF	ON
0	OFF	OFF	ON	ON	OFF	OFF	ON	ON
$-E$	OFF	OFF	ON	ON	OFF	ON	ON	OFF
$-2E$	OFF	ON	ON	OFF	OFF	ON	ON	OFF

　　要想得到更多电平数，可通过增加每相串联的功率单元数来实现，设每相由 N 个功率单元串联，即级数为 N，则每相可输出电平数为 $2N+1$。

4.2.3　多重化逆变器拓扑结构

　　多重化逆变器是一种新型逆变器，该逆变器的各功率单元结构相同，系统的可靠性高，便于模块化设计和制造。各个逆变单元通过功率三相变压器耦合叠加实现高压输出，可以叠加合成对称的三相电压，保证三相输出电压的瞬时值之和在任何时间都等于零。其中，三相变压器采用 D/Y 联结，以消除零序谐波。多重化逆变器（Multiple Structure Inverter，MSI）由多个逆变桥单元构成，是扩大逆变器容量的有效途径之一。目前常用的正弦脉宽调制（Sinusoidal Pulse Width Modulation，SPWM）方法具有实现简单、可靠性高、通用性好的优点。载波相移技术在提高系统等效开关频率、改善系统谐波特性、提高系统带宽等方面独具优势。关于三相逆变器的控制方法，书中综合 180°导通型和 120°导通型两种方式的优点，提出了一种混合式控制方法——空间矢量脉宽调制（SVPWM）。

　　多重叠加法是指把 N 个输出电压为方波的逆变器的输出电压依次移开 π/N，通过输出变压器二次侧进行串联叠加，叠加后的输出电压成为多电平阶梯波电压，可达到消除谐波、改善输出电压波形、提高输出电压、扩大输出功率的目的，可应用于直驱式风力发电系统。

在实际应用中，大容量逆变器的多重叠加多采用三相逆变器。图 4-33 所示为三相电压型多重化逆变器，从图中可明显看到它是通过变压器进行串联叠加的。

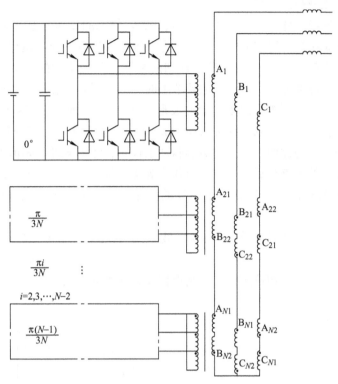

图 4-33　三相电压型多重化逆变器

4.3　逆变器的脉宽载波调制技术

脉宽调制方法主要包括空间矢量脉宽调制（Space Vector Pulse Width Modulation，SVP-WM）控制和载波脉宽调制（Pulse Width Modulation，PWM）控制。这两种调制方法是目前研究和应用最为普遍的方法，在三电平及多电平变换器的脉宽调制应用中，载波脉宽调制控制也常称作正弦脉宽调制（Sinusoidal PWM，SPWM）。SPWM 出现得比较早，因其操作简单、容易实现，且输出效果较好，便于工程应用和推广，另外在多电平及多模块级联变换器中应用更为广泛，常规 SPWM 是用三角载波和理想三相正弦波调制生成 PWM 波，但这种相电压控制方式的直流侧电压利用率低，且无法控制直流侧电压。为此，在 PWM 基础上延伸出多种新型脉宽调制技术。SVPWM 比 PWM 出现得晚，SVPWM 在 20 世纪 80 年代中期才被学者从电机调速中提出，因其物理概念清晰易懂，算法实现简单且适合数字化方案，故一经提出即受到学者的广泛关注。

4.3.1　SPWM 技术

PWM 通过改变输出方波的占空比来改变等效的输出电压，被广泛用于电机调速和阀门控制，如现在的电动汽车电机调速。所谓 SPWM，就是在 PWM 的基础上改变调制脉冲方式，脉冲宽度时间占空比按正弦规律排列，这样输出波形经过适当滤波就可以做到正弦波输出。它被广泛用于逆变器等设备中，如高级一些的 UPS。三相 SPWM 使用 SPWM 模拟市电的三相输出，在逆变器领域被广泛采用。

随着全控型快速半导体器件性价比的提高、PWM 技术的日渐完善以及新技术、新工艺、新材料的使用，SPWM 技术将在电气传动及电力系统中得到更广泛的运用。SPWM 是一种比较成熟的、目前使用较广泛的 PWM。前面提到的采样控制理论中的一个重要结论是，冲量相等而形状不同的窄脉冲加在具有惯性的环节上时，其效果基本相同。SPWM 波形就是与正弦波形等效的一系列等幅不等宽的矩形脉冲波形，如图 4-34 所示，等效的原则是每一区间的面积相等。图中，把一个正弦波作 n 等分（$n = 12$），然后把每一等分的正弦曲线与横轴所包围的面积都用一个与此面积相等的矩形脉冲来代替，矩形脉冲的幅值不变，各脉冲的中点与正弦波每一等分的中点相重合。这样由几个等幅不等宽的矩形脉冲所组成就与正弦波等效的波形，称作 SPWM 波形。同样，正弦波的负半周也用同样的方法与一系列负脉冲波等效。

如图 4-35 所示，SPWM 滤波线为等效正弦波 $U_m \sin\omega_1 t$，SPWM 脉冲序列波的幅值为 $U_s/2$，各脉冲不等宽，但中心间距相同（为 π/n），n 为正弦波半个周期内的脉冲数，令第 i 个矩形脉冲宽度为 δ_i，其中心点相位角为 θ_i，则根据面积相等的等效原则，可分成

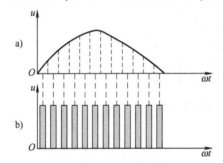

图 4-34　与正弦波形等效的矩形脉冲波形

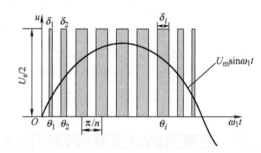

图 4-35　单极式 SPWM 电压波形

$$
\begin{aligned}
\delta_i(U_s/2) &= U_m \int_{\theta_i - \pi/2}^{\theta_i + \pi/2} \sin\omega_1 t \, \mathrm{d}(\omega t) \\
&= U_m \left[\cos\left(\theta_i - \frac{\pi}{2n}\right) - \cos\theta_i + \frac{\pi}{2n} \right] \\
&= 2U_m \sin\frac{\pi}{2n} \sin\theta_i
\end{aligned}
\tag{4-13}
$$

当 n 值较大时，$\sin\dfrac{\pi}{2n} \approx \dfrac{\pi}{2n}$，因此 $\delta \approx 2\pi U_m \sin\theta_i/(nU_s)$，第 i 个脉冲的宽度与该处正弦波值近似成正比，因此半个周期正弦波的 SPWM 波是两侧窄、中间宽、脉宽按正弦规律逐渐变化的序列脉冲波形。

SPWM 波形中，基波成分越大越好，通过对 SPWM 脉冲序列波 $U(t)$ 展开成傅里叶级数分析可知，输出基波电压幅值 U_m 与 δ_i 有着直接的关系，这说明调节调制波幅值从而改变各个脉冲宽度时，可使逆变器输出电压基波幅值平滑调节。SPWM 逆变器输出脉冲序列波的基波电压正是调制时所要求的等效正弦波，当然这必须是在满足 n 不太小（近似条件）时得

到的。但 SPWM 逆变器输出相电压的基波幅值为常规六拍阶梯波的 86% ~ 90%，为弥补这一不足，常在 SPWM 逆变器的直流回路中并联相当大的滤波电容，以提高逆变器的直流电压 U_s。

由以上分析可知，n 越大即功率开关器件半周内要开关 n 次，脉冲数 n = N/2，其中 N 为载波比，即 $N = f_t/f_r$ = 载波频率/参考调制波频率，即希望 N 越大越好。但从功率开关器件本身的允许开关频率来看，N 不能太大（N ≤ 功率开关器件的允许开关频率/最高的正弦调制信号频率）。SPWM 法就是以该结论为理论基础，用脉冲宽度按正弦规律变化而和正弦波等效的 PWM 波形（即 SPWM 波形）控制逆变电路中开关器件的通断，使其输出的脉冲电压的面积与所希望输出的正弦波在相应区间内的面积相等，通过改变调制波的频率和幅值以调节逆变电路输出电压的频率和幅值。该方法的实现有以下几种方案。

（1）等面积法

该方案实际上就是 SPWM 法原理的直接阐释，用同样数量的等幅而不等宽的矩形脉冲序列代替正弦波，然后计算各脉冲的宽度和间隔，并把这些数据存于微机中，通过查表的方式生成 PWM 信号，控制开关器件的通断，以达到预期的目的。由于此方法以 SPWM 控制的基本原理为出发点，可以准确地计算出各开关器件的通断时刻，其所得的波形很接近正弦波，但其存在计算烦琐、数据占用内存大、不能实时控制的缺点。

（2）硬件调制法

硬件调制法是为解决等面积法计算烦琐的缺点而提出的，其原理就是把所希望的波形作为调制信号，把接受调制的信号作为载波，通过对载波的调制得到所期望的 PWM 波形。通常采用等腰三角波作为载波，当调制信号波为正弦波时，所得到的就是 SPWM 波形。其实现方法简单，可以用模拟电路构成三角波载波和正弦调制波发生电路，用比较器来确定它们的交点，在交点时刻对开关器件的通断进行控制，生成 SPWM 波。但是，这种模拟电路结构复杂，难以实现精确的控制。

（3）软件生成法

由于微机技术的发展，使得用软件生成 SPWM 波形变得比较容易，故软件生成法也应运而生。软件生成法是用软件来实现调制的方法，其有两种基本算法：自然采样法和规则采样法。

（4）自然采样法

以正弦波为调制波，等腰三角波为载波进行比较，在两个波形的自然交点时刻控制开关器件的通断，这就是自然采样法。其优点是所得 SPWM 波形最接近正弦波，但由于三角波与正弦波交点有任意性，脉冲中心在一个周期内不等距，从而脉宽表达式是一个超越方程，计算烦琐，难以实时控制。

（5）规则采样法

规则采样法是一种应用较广的工程实用方法，一般采用三角波作为载波。其原理是用三角波对正弦波进行采样，得到阶梯波，再以阶梯波与三角波的交点时刻控制开关器件的通断，从而实现 SPWM。当三角波只在其顶点（或底点）位置对正弦波进行采样时，由阶梯波与三角波的交点所确定的脉宽，在一个载波周期（即采样周期）内的位置是对称的，这种方法称为对称规则采样。当三角波既在其顶点又在底点时刻对正弦波进行采样时，由阶梯波与三角波的交点所确定的脉宽，在一个载波周期（此时为采样周期的两倍）内的位置一般并不对称，这种方法称为非对称规则采样。规则采样法是对自然采样法的改进，其主要优点是计算简单、便于在线实时运算，其中非对称规则采样法因阶数多而更接近正弦波。其缺点是直流电压利用率较低，线性控制范围较小。

（6）低次谐波消去法

低次谐波消去法是以消去 PWM 波形中某些主要的低次谐波为目的的方法。其原理是对输出电压波形按傅里叶级数展开，表示为 $u(\omega t) = \arcsin \omega t$，首先确定基波分量 a_1 的值，再令两个不同的 $a_n = 0$，就可以建立三个方程，联立求解得 a_1、a_2 及 a_3，这样就可以消去两个频率的谐波。该方法虽然可以很好地消除所指定的低次谐波，但是剩余未消去的较低次谐波的幅值可能会相当大，而且同样存在计算复杂的缺点。该方法同样只适用于同步调制方式中。

（7）梯形波与三角波比较法

前面所介绍的各种方法主要是以输出波形尽量接近正弦波为目的，从而忽视了直流电压的利用率，如 SPWM 法，其直流电压利用率仅为 86.6%。因此，为了提高直流电压利用率，提出了一种新的方法——梯形波与三角波比较法。该方法采用梯形波作为调制信号，三角波为载波，且使两波幅值相等，以两波的交点时刻控制开关器件的通断，实现 PWM 控制。由于当梯形波幅值和三角波幅值相等时，其所含的基波分量幅值已超过了三角波幅值，所以可以有效地提高直流电压利用率，但由于梯形波本身含有低次谐波，所以输出波形中含有 5 次、7 次等低次谐波。

电力电子技术的迅速发展，使 SPWM 逆变器得以迅速发展并广泛使用。PWM 控制技术是利用半导体开关器件的导通与关断把直流电压变成电压脉冲列，并通过控制电压脉冲宽度和周期以达到变压目的或者控制电压脉冲宽度和脉冲列的周期以达到变压变频目的的一种控制技术，SPWM 控制技术又有许多种，并且还在不断发展中，但从控制思想上可分为四类：等脉宽 PWM 法、正弦波 PWM 法（SPWM 法）、磁链追踪型 PWM 法和电流跟踪型 PWM 法。其中，利用 SPWM 控制技术制成的 SPWM 逆变器具有以下主要特点：

1）逆变器同时实现调频调压，系统的动态响应不受中间直流环节滤波器参数的影响。

2）可获得比常规六拍阶梯波更接近正弦波的输出电压波形，低次谐波减少，在电气传动中，可使传动系统转矩脉冲大大减小，扩大了调速范围，提高了系统性能。

3）组成变频器时，主电路只有一组可控的功率环节，简化了结构，由于采用不可控整流器，使电网功率因数接近于1，且与输出电压大小无关。

4.3.2 SVPWM 技术

SVPWM 是近年来发展起来的一种比较新颖的控制方法，其通过三相功率逆变器的六个功率开关器件组成的特定开关模式产生的脉宽调制波，能够使输出电流波形尽可能接近于理想的正弦波形。空间电压矢量 PWM 与传统的正弦 PWM 不同，它是从三相输出电压的整体效果出发，着眼于如何使电机获得理想的圆形磁链轨迹。SVPWM 技术与 SPWM 相比，绕组电流波形的谐波成分小，使得电机转矩脉动降低，旋转磁场更逼近圆形，而且使直流母线电压的利用率有了很大的提高，且更易于实现数字化。SVPWM 的理论基础是平均值等效原理，即在一个开关周期内，通过对基本电压矢量加以组合，使其平均值与给定电压矢量相等。在某个时刻，电压矢量旋转到某个区域中，可由组成这个区域的两个相邻的非零矢量和零矢量在时间上的不同组合来得到。两个矢量的作用时间在一个采样周期内分多次施加,从而控制各个电压矢量的作用时间,使电压空间矢量接近按圆轨迹旋转,通过逆变器的不同开关状态所产生的实际磁通去逼近理想磁通圆,并由两者的比较结果来决定逆变器的开关状态,从而形成 PWM 波形。

SVPWM 算法主要包括参考矢量所在扇区号的判断及工作模式判断、开关矢量的选择优化、开关矢量作用时间计算以及所选矢量作用顺序的确定,已有大量文献研究上述四方面,本文主要集中在扇区划分的方式不同,简化计算矢量作用时间的过程而采用不同的坐标系。

1. 基于多种分区的调制技术

SVPWM 首先是划分大区间,然后根据参考电压矢量所处的区间位置,选择基本矢量来合成参考电压矢量,虽然扇区的形状划分各不相同,但参考电压矢量合成的基本原则相同,即采用最近基矢量(邻近三电压矢量)合成目标电压矢量。目前,空间矢量的分区有以下三种:正三角形(传统模式)、梯形和正六边形(多电平转两电平)。下面以三电平为例分析多种分区的调制技术。

(1)正三角形(传统模式)

在矢量调制原理上,三电平空间矢量调制与两电平空间矢量调制相同,只是三电平空间矢量调制技术的矢量比两电平多,在区间划分和矢量合成运算上比两电平调制复杂一些。图 4-36 所示为正三角形大扇区划分和小扇区判断的示意图,0°~60°作为第一个大扇区,然后每隔 60°作一个大扇区,共划分六大扇区;根据三种基本矢量,每个大扇区又划分 4 个小区间。每个大扇区的调制关系是旋转对称,只需要给出一个大扇区内的矢量合成情况即可,以 0°~60°扇区为例来分析三电平 SVPWM 方法,传统模式分六大扇区的 SVPWM 技术分以下四个步骤:判断合成矢量所在的大扇区,判断合成矢量所在的小扇区,按照最近矢量合成原则确定基本矢量的作用时间,优化功率管的开通及关断顺序。

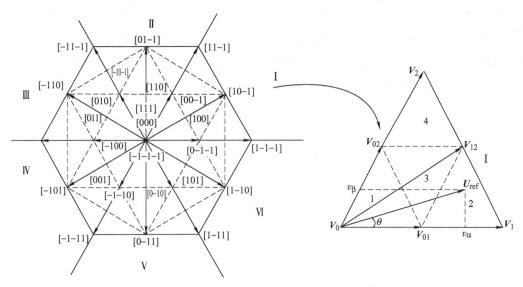

图 4-36 正三角形大扇区的划分和小扇区的判断

1)判断合成矢量所在的大扇区。分析三电平整流器的控制策略时,将 *abc* 坐标系通过坐标变换,变换为两相坐标,结合两电平 SVPWM 原理,将参考合成矢量用两相静止坐标下

的 v_α、v_β 来表示，则通过它们之间的关系来判断参考合成矢量所在的大扇区，大扇区判断条件见表 4-6。

表 4-6　大扇区判断条件

大扇区	扇区判断条件
I	$v_\beta > 0$、$\sqrt{3}v_\alpha + v_\beta > 0$ 且 $\sqrt{3}v_\alpha - v_\beta < 0$
II	$v_\beta < 0$、$\sqrt{3}v_\alpha + v_\beta > 0$ 且 $\sqrt{3}v_\alpha - v_\beta > 0$
III	$v_\beta > 0$、$\sqrt{3}v_\alpha + v_\beta > 0$ 且 $\sqrt{3}v_\alpha - v_\beta > 0$
IV	$v_\beta < 0$、$\sqrt{3}v_\alpha + v_\beta < 0$ 且 $\sqrt{3}v_\alpha - v_\beta < 0$
V	$v_\beta > 0$、$\sqrt{3}v_\alpha + v_\beta < 0$ 且 $\sqrt{3}v_\alpha - v_\beta < 0$
VI	$v_\beta < 0$、$\sqrt{3}v_\alpha + v_\beta < 0$ 且 $\sqrt{3}v_\alpha - v_\beta > 0$

2）判断合成矢量所在的小扇区。如图 4-36 所示，以大扇区 I 为例进行分析，三电平调制小扇区在程序中的运算与两电平调制类似，采用条件组合形式来进行判断，即根据参考合成矢量在两相静止坐标下的分量 v_α、v_β 确定小扇区，小扇区判断条件见表 4-7。重新定义三个新的变量——X、Y、Z，其值分别为

$$X = \frac{2\sqrt{3}}{3}v_\beta, Y = v_\alpha + \frac{\sqrt{3}}{3}v_\beta, Z = -v_\alpha + \frac{\sqrt{3}}{3}v_\beta \tag{4-14}$$

表 4-7　小扇区判断条件

小扇区	扇区判断条件
1	$Y \leqslant v_{dc}/3$
2	$Y > v_{dc}/3$ 且 $Z \geqslant v_{dc}/3$
3	$X > v_{dc}/3$ 且 $Y > v_{dc}/3$ 且 $Z < v_{dc}/3$
4	$X < v_{dc}/3$ 且 $Y > v_{dc}/3$ 且 $Z < v_{dc}/3$

3）按照最近矢量合成原则确定基本矢量的作用时间。当参考合成矢量位于某一小扇区时，选择该扇区最近的三个基本矢量，根据伏秒平衡原理，求解有效基本矢量的作用时间，大扇区 I 中各基本矢量的作用时间见表 4-8。

表 4-8　大扇区 I 中各基本矢量的作用时间

小扇区	基本矢量	作用时间	小扇区	基本矢量	作用时间
1	V_{01}	$2M\sin\left(\frac{\pi}{3} - \theta\right)T_s$	3	V_{01}	$(1 - 2M\sin\theta)T_s$
	V_{02}	$2M\sin\theta T_s$		V_{02}	$\left[1 - 2M\sin\left(\frac{\pi}{3} - \theta\right)\right]T_s$
	V_0	$\left[1 - 2M\sin\left(\frac{\pi}{3} + \theta\right)\right]T_s$		V_{12}	$\left[2M\sin\left(\frac{\pi}{3} + \theta\right) - 1\right]T_s$
2	V_{01}	$2\left[1 - M\sin\left(\frac{\pi}{3} + \theta\right)\right]T_s$	4	V_2	$(2M\sin\theta - 1)T_s$
	V_1	$\left[2M\sin\left(\frac{\pi}{3} - \theta\right) - 1\right]T_s$		V_{02}	$2\left[1 - M\sin\left(\frac{\pi}{3} + \theta\right)\right]T_s$
	V_{12}	$2M\sin\theta T_s$		V_{12}	$2M\sin\left(\frac{\pi}{3} - \theta\right)T_s$

4）优化功率管的开通及关断顺序。减少开关损耗，每次功率管仅动作一次，表4-9为大扇区 I 中开关管的开关动作顺序。

表4-9　大扇区 I 中功率管的开关动作顺序

小扇区	开关状态
1	[0 -1 -1]//[0 0 -1]//[0 0 0]//[1 0 0]//[0 0 0]//[0 0 -1]//[0 -1 -1]
2	[0 0 -1]//[0 0 0]//[1 0 0]//[1 1 0]//[1 0 0]//[0 0 0]//[0 0 -1]
3	[0 -1 -1]//[1 -1 -1]//[1 0 -1]//[1 0 0]//[1 0 -1]//[1 -1 -1]//[0 -1 -1]
4	[0 0 -1]//[1 0 -1]//[1 1 -1]//[1 1 0]//[1 1 -1]//[1 0 -1]//[0 0 -1]

（2）梯形

梯形大扇区的划分和小扇区的判断如图4-37所示。

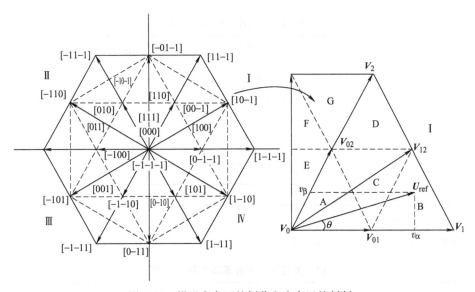

图4-37　梯形大扇区的划分和小扇区的判断

1）判断合成矢量所在的大扇区。参考矢量合成的原理相同，只是扇区划分不同，大扇区采用四个象限的梯形划分法，具体划分的区间形式如图4-37所示。另外，判断四个大扇区的条件比判断六个大扇区简单，只需简单的逻辑判断而不需要数学运算，具体判断条件见表4-10。

表4-10　大扇区的判断条件

大扇区	大扇区判断条件
I	$v_\alpha > 0$ 且 $v_\beta > 0$
II	$v_\alpha < 0$ 且 $v_\beta > 0$
III	$v_\alpha < 0$ 且 $v_\beta < 0$
IV	$v_\alpha > 0$ 且 $v_\beta < 0$

2）判断合成矢量所在的小扇区。图4-37中，以大扇区 I 为例进行分析，三电平调制小

扇区在程序中的运算与两电平调制类似，采用条件组合形式来进行判断，根据参考合成矢量在两相静止坐标下的分量 v_α、v_β 确定小扇区的判断规则：

$$条件1：|v_{\beta m}| \geqslant \frac{\sqrt{3}}{4}$$

$$条件2：|v_{\alpha m}| + |v_{\beta m}| \geqslant \frac{1}{2}$$

$$条件3：|v_{\alpha m}| - \frac{1}{\sqrt{3}}|v_{\beta m}| \geqslant \frac{1}{2}$$

$$条件4：|v_{\alpha m}| - \frac{1}{\sqrt{3}}|v_{\beta m}| \geqslant 0$$

式中，$v_{\alpha m} = v_\alpha/(\sqrt{2/3}\,v_{dc})$；$v_{\beta m} = v_\beta/(\sqrt{2/3}\,v_{dc})$。

小扇区的判断条件见表4-11。

表4-11　小扇区的判断条件

小扇区	条件1	条件2	条件3	条件4
A	×	×	×	√
B	×	√	√	√
C	×	√	×	√
D	√	√	×	√
E	×	×	×	×
F	√	×	×	×
G	√	√	×	×

注：√表示满足，×表示不满足。

3）计算基本矢量的作用时间见表4-12。

表4-12　大扇区 I 中各基本矢量的作用时间

小扇区	T_x	T_y	T_z
A	$T_x = 2\left(v_{\alpha m} - \frac{1}{\sqrt{3}}v_{\beta m}\right)T_s$	$T_y = \frac{4}{\sqrt{3}}v_{\beta m}T_s$	$T_z = \left[1 - 2\left(v_{\alpha m} + \frac{1}{\sqrt{3}}v_{\beta m}\right)\right]T_s$
B	$T_x = \left[-1 + 2\left(v_{\alpha m} - \frac{1}{\sqrt{3}}v_{\beta m}\right)\right]T_s$	$T_y = \frac{4}{\sqrt{3}}v_{\beta m}T_s$	$T_z = \left[2 - 2\left(v_{\alpha m} + \frac{1}{\sqrt{3}}v_{\beta m}\right)\right]T_s$
C	$T_x = \left(1 - \frac{4}{\sqrt{3}}v_{\beta m}\right)T_s$	$T_y = \left[1 - 2\left(v_{\alpha m} - \frac{1}{\sqrt{3}}v_{\beta m}\right)\right]T_s$	$T_z = \left[-1 + 2\left(v_{\alpha m} + \frac{1}{\sqrt{3}}v_{\beta m}\right)\right]T_s$
D	$T_x = \left(-1 + \frac{4}{\sqrt{3}}v_{\beta m}\right)T_s$	$T_y = 2\left(v_{\alpha m} - \frac{1}{\sqrt{3}}v_{\beta m}\right)T_s$	$T_z = \left[2 - 2\left(v_{\alpha m} + \frac{1}{\sqrt{3}}v_{\beta m}\right)\right]T_s$
E	$T_x = 2\left(v_{\alpha m} + \frac{1}{\sqrt{3}}v_{\beta m}\right)T_s$	$T_y = 2\left(-v_{\alpha m} + \frac{1}{\sqrt{3}}v_{\beta m}\right)T_s$	$T_z = \left(1 - \frac{4}{\sqrt{3}}v_{\beta m}\right)T_s$
F	$T_x = \left[1 + 2\left(v_{\alpha m} - \frac{1}{\sqrt{3}}v_{\beta m}\right)\right]T_s$	$T_y = \left[1 - 2\left(v_{\alpha m} + \frac{1}{\sqrt{3}}v_{\beta m}\right)\right]T_s$	$T_z = \left(-1 + \frac{4}{\sqrt{3}}v_{\beta m}\right)T_s$
G	$T_x = \left[-1 + 2\left(v_{\alpha m} + \frac{1}{\sqrt{3}}v_{\beta m}\right)\right]T_s$	$T_y = 2\left(-v_{\alpha m} + \frac{1}{\sqrt{3}}v_{\beta m}\right)T_s$	$T_z = \left(2 - \frac{4}{\sqrt{3}}v_{\beta m}\right)T_s$

（3）正六边形

正六边形扇区的划分方法又称为三电平转两电平的调制方法，该方法基于高电平转化成低电平的思想，主要采用高电平的基本矢量通过矢量平移转化成低电平调制的基本矢量，为简化三电平调制技术，韩国学者 Jea-Hyeong Seo 将三电平调制转化成六个相互重叠的正六边区域，然后按照两电平的调制方法计算基本矢量作用时间，从而避免了大量的数学运算，简化了三电平调制技术。图 4-38 所示为正六边形大扇区划分示意图，以 $-30° \sim 30°$ 为大扇区 I，然后每 $60°$ 为一个大扇区，小正六边形的边长为三电平的最小基本矢量。

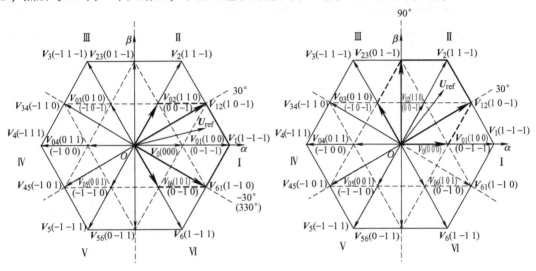

图 4-38　正六边形大扇区划分示意图

参考合成矢量在每一小六边形的运算原理相同，所不相同的是，每个六边形内采用的平移矢量不同，表 4-13 给出了在每个大扇区的具有平移矢量和转化后的 v'_α、v'_β。本章给出大扇区 I 三电平转两电平的计算过程，图 4-39 所示在大扇区 I 中采用的平移矢量为 V_{01}，将三电平的 $\alpha\beta$ 坐标系向右平移至小六变形的中心，参考合成矢量由 U_{ref} 变为 U'_{ref}，在 $\alpha\beta$ 坐标系的分量为 $v'_\alpha = v_\alpha - v_{dc}/3$，$v'_\beta = v_\beta$，转换后得到两电平下的基本矢量和参考合成矢量，然后按照传统两电平空间矢量调制算法进行运算，定义起始矢量、

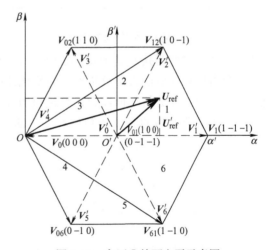

图 4-39　扇区 I 的两电平示意图

终止矢量和零矢量分别为 v_x、v_y 和 v_z，它们作用时间分别为 T_x、T_y 和 T_z。

表 4-13　大扇区的矢量变化情况

大扇区	等效目标矢量 U'_{ref}	v'_α、v'_β 与 v_α、v_β 的关系
I	$U_{ref} - V_{01}$	$v'_\alpha = v_\alpha - v_{dc}/3$，$v'_\beta = v_\beta$

（续）

大扇区	等效目标矢量 U'_{ref}	v'_α、v'_β 与 v_α、v_β 的关系
II	$U_{\text{ref}} - V_{02}$	$v'_\alpha = v_\alpha - v_{\text{dc}}/6$、$v'_\beta = v_\beta - \sqrt{3}\,v_{\text{dc}}/6$
III	$U_{\text{ref}} - V_{03}$	$v'_\alpha = v_\alpha + v_{\text{dc}}/6$、$v'_\beta = v_\beta - \sqrt{3}\,v_{\text{dc}}/6$
IV	$U_{\text{ref}} - V_{04}$	$v'_\alpha = v_\alpha + v_{\text{dc}}/3$、$v'_\beta = v_\beta$
V	$U_{\text{ref}} - V_{05}$	$v'_\alpha = v_\alpha + v_{\text{dc}}/6$、$v'_\beta = v_\beta + \sqrt{3}\,v_{\text{dc}}/6$
VI	$U_{\text{ref}} - V_{06}$	$v'_\alpha = v_\alpha - v_{\text{dc}}/6$、$v'_\beta = v_\beta + \sqrt{3}\,v_{\text{dc}}/6$

省略计算过程，根据每个基本矢量的作用时间，定义三个变量，它们用于计算程序查表计算参考合成矢量的作用时间，其值是用 v'_α、v'_β 和 T_s 表示，分别为 $X = 2\sqrt{3}\,v'_\beta/v_{\text{dc}}$、$Y = 3v'_\alpha/v_{\text{dc}} + \sqrt{3}\,v'_\beta/v_{\text{dc}}$ 和 $Z = 3v'_\alpha/v_{\text{dc}} - \sqrt{3}\,v'_\beta/v_{\text{dc}}$，表 4-14 给出大扇区 I 中各基本矢量的作用时间。

表 4-14　大扇区 I 中各基本矢量的作用时间

小扇区	T_x	T_y	T_z
1	ZT_s	XT_s	$(1 - X - Z)T_s$
2	YT_s	$-ZT_s$	$(1 - Y + Z)T_s$
3	XT_s	$-YT_s$	$(1 - X + Y)T_s$
4	$-ZT_s$	$-XT_s$	$(1 + X + Z)T_s$
5	$-YT_s$	ZT_s	$(1 + Y - Z)T_s$
6	$-XT_s$	YT_s	$(1 + X - Y)T_s$

2. 基于非正交坐标系的调制技术

传统空间矢量调制技术基于 $\alpha\beta$ 坐标系，该方法在确定基本合成矢量和计算基本矢量作用时间时会占用处理器的大部分资源，为简化传统空间矢量调制技术，国内学者提出了多种简化方法，本节主要分析如何简化运算过程的方法。为简化三角函数的计算量，通过坐标系的换算将原来需要处理的三角函数运算变为简单的四则运算，从而给处理器减少了很多负担，本节主要分析 60°坐标系方法，它的核心是通过相应的坐标变换矩阵，把原来 $\alpha\beta$ 坐标系下的基本矢量坐标位置变成整数，原理所需要的大量三角函数运算得到化简。

60°坐标系又称为非正交的 gh 坐标系，为便于分析，通常取 g 轴与 α 轴重合，通过坐标变换运算，将 $\alpha\beta$ 坐标系下的空间矢量开关状态图转换到 gh 坐标系上，gh 坐标系下的调制技术与传统调制技术运算过程类似，确定大扇区，而后确定小扇区，从而按照最近矢量合成原则确定参与合成的基本矢量，然后利用伏秒平衡原理计算基本矢量的作用时间。本节以三电平为例分析多种分区的调制技术。所应用的转换矩阵为式（4-15），通过坐标变换运算，将 $\alpha\beta$ 坐标系下的三电平空间矢量开关状态图转换到 gh 坐标系下，如图 4-40 所示，gh 坐标系下的三电平调制技术与传统三电平调制技术运算过程类似，确定大扇区，而后确定小扇区，从而按照最近矢量合成原则确定参与合成的基本矢量，然后利用伏秒平衡原理计算基本矢量的作用时间，以第一大扇区为例分析上述运算过程，参考合成矢量落在第一大扇区的具体情况如图 4-40 所示。

$$\begin{bmatrix} v_{\mathrm{g}} \\ v_{\mathrm{h}} \end{bmatrix} = \begin{pmatrix} 1 & -1/\sqrt{3} \\ 0 & 2/\sqrt{3} \end{pmatrix} \begin{pmatrix} v_{\alpha} \\ v_{\beta} \end{pmatrix} = \frac{2}{3} \begin{pmatrix} 1 & -1 & 0 \\ 0 & 1 & -1 \end{pmatrix} \begin{pmatrix} u_{\mathrm{a}} \\ u_{\mathrm{b}} \\ u_{\mathrm{c}} \end{pmatrix} \tag{4-15}$$

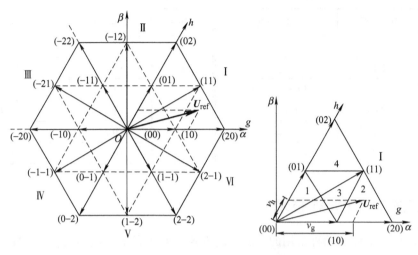

图 4-40 基于 60°坐标系的空间矢量示意图

大扇区的划分和判断类似于传统三电平调制技术，本节省略判断过程，直接给出大扇区的判断规则，见表 4-15；同时也简化小扇区的判断过程，判断规则见表 4-16。

表 4-15 大扇区的判断规则

大扇区	扇区判断规则		
	v_{g}	v_{h}	$v_{\mathrm{g}} + v_{\mathrm{h}}$
I	>0	>0	—
II	<0	>0	>0
III	<0	>0	<0
IV	<0	<0	—
V	>0	<0	>0
VI	>0	<0	<0

表 4-16 小扇区的判断规则

小扇区	扇区判断规则			
	v_{g}	v_{h}	$v_{\mathrm{g}} + v_{\mathrm{h}}$	$v_{\mathrm{g}} - v_{\mathrm{h}}$
1	<1	<1	<1	—
2	>1	<1	—	>0
3	<1	<1	>1	—
4	<1	>1	—	<0

表 4-17 为大扇区 I 中各基本矢量的作用时间，从表中的计算情况可以得出：小扇区的

判断和基本矢量作用时间计算不需要三角函数运算，大大减少了处理器的运算量。其他扇区的计算情况类似，本节不再赘述。

表4-17　大扇区 I 中各基本矢量的作用时间

小扇区	基本矢量	作用时间	小扇区	基本矢量	作用时间
1	(1 0)	$v_g T_s$	3	(1 0)	$(1 - v_h)T_s$
	(0 1)	$v_h T_s$		(0 1)	$(1 - v_g)T_s$
	(0 0)	$(1 - v_g - v_h)T_s$		(1 1)	$(v_g + v_h - 1)T_s$
2	(2 0)	$(v_h - 1)T_s$	4	(1 0)	$v_h T_s$
	(1 1)	$v_h T_s$		(0 2)	$(v_h - 1)T_s$
	(1 0)	$(2 - v_g - v_h)T_s$		(0 1)	$(2 - v_g - v_h)T_s$

4.3.3　谐波注入 PWM 技术

SVPWM 和 SPWM 为两种常用的交流调制方式，但两者出发点不同，SPWM 从三相交流电源出发，其着眼点是如何生成一个可以调压调频的三相对称正弦电源。而 SVPWM 是将逆变器和电机看成一个整体，用 8 个基本电压矢量合成期望的电压矢量，建立逆变器功率器件的开关状态，并依据电机磁链和电压的关系，实现电机恒磁通变压变频调速。由于逆变器直流母线线电压基本稳定，若能利用现有的直流电压通过调制波变换的方法得到更高的输出电流电压，则可大大提高系统稳定输出的能力，于是有了优化方法——三次谐波注入法。利用三次谐波注入，可以实现载波调制的优化控制，以提高电压利用率。SVPWM 实质是一种对在三相正弦波中注入了零序分量的调制波进行规则采样的一种变形 SPWM。但 SVPWM 的调制过程是在空间中实现的，而 SPWM 是在 ABC 坐标系下分相实现的；SPWM 的相电压调制波是正弦波，而 SVPWM 没有明确的相电压调制波，是隐含的。为了揭示 SVPWM 与 SPWM 的内在联系，需求出 SVPWM 在 ABC 坐标系上的等效调制波方程，即将 SVPWM 的隐含调制波显化。

这里以三次谐波注入原理为例，对三电平逆变器的谐波注入调制技术进行分析。如图 4-41 所示，A 相桥臂由带有反并联二极管（$VD_1 \sim VD_4$）的四个有源开关（$S_1 \sim S_4$）组成，开关器件多采用 IGBT。与中性点 Z 连接的 VD_{Z1}、VD_{Z2} 为钳位二极管。当 S_2 和 S_3 导通时，逆变器输出端 A 通过其中一个钳位二极管连接到中性点。每个直流电容上的电压 E，通常为总直流电压 U_d 的 1/2。由于 C_{d1} 和 C_{d2} 的电容值有限，中性点电流 i_Z 对电容充放电会使中性点电压产生偏移。

在三相正弦调制波上叠加一个三次谐波分量，可提高逆变器的基波电压 U_{AB1}，而且不会导致过调制，这种调制技术称为三次谐波注入脉宽调制（THIPWM）。THIPWM 与 SPWM 的调制策略相比，仅调制波不同而已。SPWM 虽已广泛应用于变频调速系统中，但它存在两大缺陷：不能充分利用馈电给逆变器的直流电压；SPWM 调制策略是基于脉冲宽度和时间间隔来实现接近于正弦波的输出电流，但这种调制会产生某些高次谐波分量，引起电机发热、转矩脉动甚至系统振荡。

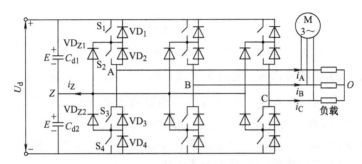

图 4-41　中性点钳位型三电平逆变器拓扑结构

当三相逆变器

$$\begin{cases} U_A = U\sin\omega t \\ U_B = U\sin(\omega t - 120°) \\ U_C = U\sin(\omega t - 240°) \end{cases} \tag{4-16}$$

则其 A、B 两相的线电压为：

$$U_{AB} = U_{AN} - U_{BN} = \sqrt{3}\,U\sin(\omega t + 30°) \tag{4-17}$$

可见，当相电压调制波为正弦波时，线电压也为正弦波。采取 SPWM 时，由于线电压幅值为相电压的 $\sqrt{3}$ 倍，所以其波形系数为 1.732，当采用双极性调制方式且调制度 $m_a = 1$ 时，相电压的峰值可以达到直流母线线电压的 1/2，即 $U_d/2$。其输出线电压的峰值为 $\sqrt{3}\,U_d/2$，SPWM 的直流电压利用率仅有 86.6%。提高电压电流利用率的各种方法，基本是通过各种变换方式，使相电压的基波峰值为 $U_d/2$，从而使输出线电压的峰值超过 $\sqrt{3}\,U_d/2$。

如果在相电压的正弦调制波中叠加一个 3 倍次的谐波，则其相电压调制波的表达式为

$$\begin{cases} U_A = U\sin\omega t + U_{3k}\sin(3k\omega t + \theta) \\ U_B = U\sin(\omega t - 120°) + U_{3k}\sin[3k(\omega t - 120°) + \theta] \\ U_C = U\sin(\omega t - 240°) + U_{3k}\sin[3k(\omega t - 240°) + \theta] \end{cases} \tag{4-18}$$

式中，θ 为初始相位角；$k = 0，1，2，\cdots$，当 $k = 0$ 时，相当于三相中均叠加了一个直流信号，则其 A、B 两相间的线电压为

$$U_{AB} = U_{AN} - U_{BN} = \sqrt{3}\,U\sin(\omega t + 30°) \tag{4-19}$$

可见，在原相电压正弦调制波中叠加任一个直流信号或者 3k 次谐波信号，其线电压的输出没有发生变化。三次谐波注入法是在相电压的标准正弦波信号上叠加一个三次谐波，使相电压变成马鞍形波，设 U_{mA} 是标准正弦波叠加三次谐波后的调制波的波形，其表达式为

$$U_{mA} = U_d\left(\sin\omega t + \frac{1}{6}\sin3\omega t\right) \tag{4-20}$$

对式（4-20）求导，并令其导数为 0，可以得到

$$\cos\omega t + \frac{1}{2}\cos3\omega t = 0 \tag{4-21}$$

由式（4-21）可以解得：$\omega t = 60°$，所以调制波的峰值 $U_{AB1} = 0.866U_d$。相应的调制波的基波的峰值为 U。所以线电压的峰值为 $\sqrt{3}\,U_d$，这种方式的波形系数为

$$m_a = \frac{U_{AB}}{U_{AB1}} = \frac{\sqrt{3}\,U_d}{0.86U_d} \approx 2 \qquad (4\text{-}22)$$

图 4-42 所示为三次谐波注入波形图，其中，调制谐波 u_{mA} 由基波分量 u_{m1} 和三次谐波分量 u_{m3} 叠加组成，三次谐波使得 u_{mA} 的波头平缓。因此，基波分量的峰值 $\hat{U}_{m1}$ 可高于三角载波 $\hat{U}_{cr}$，从而提升了基波电压 U_{AB1}。同时可保持调制波的峰值 $\hat{U}_{mA}$ 低于 $\hat{U}_{cr}$，从而避免过调制可能导致的问题。这种方法可使 U_{AB1} 的最大值提高 15.5%。注入的三次谐波分量 u_{m3} 并不会增加 u_{AB} 的谐波畸变率。虽然该三次谐波存在于逆变器的每项端电压 u_{AN}、u_{BN} 和 u_{CN} 中，但对线电压 u_{AB} 并没有任何影响。这是因为线电压（$u_{AB} = u_{AN} - u_{BN}$）中，u_{AN} 和 u_{BN} 中的三次谐波幅值和相位均相同，可相互抵消。因此，在逆变器拖动三相电机时，无论逆变器的相电压输出信号如何变化，只要保证逆变器的线电压输出信号为正弦波，电机的运行状态就不会发生变化。

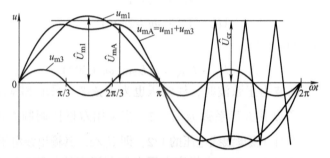

图 4-42　三次谐波注入波形图

4.3.4　多电平及多重化拓扑电路的 PWM 技术

多电平 PWM 控制技术一直是多电平变换器研究的核心内容之一。基于传统两电平 PWM 控制技术的研究经验，经过近十几年的发展，多电平 PWM 控制技术已形成了几类不同的实现方法，同时新的控制方法还在涌现。与两电平相比，多电平 PWM 方法需要面对一些新出现的问题，并拓展 PWM 控制的内涵。按照目前的发展情况，多电平 PWM 控制方法有多电平载波 PWM 方法、多电平空间矢量 PWM 方法以及其他优化的 PWM 方法。本文对已有多电平 PWM 控制技术进行了归纳和分析，最后指出多电平空间矢量 PWM 方法和载波调制法在一定条件下具有内在的一致性。

对于传统两电平变换器的 PWM 控制而言，其方案有许多种，当微处理器应用 PWM 技术实现数字化以后，又有新的 PWM 技术出现。从追求电压波形的正弦，到电流波形的正弦，再到磁通的正弦；从效率最优，转矩脉动最少，再到消除噪声等。目前，常用的两电平 PWM 算法有载波调制法、电压空间矢量调制法、优化目标函数调制法等。

这些 PWM 算法也可推广到多电平变换器的控制中。由于多电平变换器的 PWM 控制方法是和其拓扑紧密联系的，不同的拓扑有不同的特点，具有不同的性能要求。但归纳起来，多电平变换器 PWM 技术主要对两方面的目标进行控制：一为输出电压的控制，即变换器输出的脉冲序列在伏秒意义上与参考电压波形等效；二为变换器本身运行状态的控制，包括电容的电压平衡控制、输出谐波控制、所有功率开关的输出功率平衡控制、器件开关损耗控制等。多电平变换器的 PWM 控制方法主要有载波 PWM 法、空间电压矢量法和优化 PWM 法等。

载波调制 PWM 控制技术是通过载波和调制波的比较，得到开关脉宽控制信号的。多电平变换器载波 PWM 控制策略，是两电平载波 SPWM 技术在多电平中的直接推广应用。由于多电平变换器需要多个载波，所以在调制生成多电平 PWM 波时有两类基本方法：第一类方法为载波层叠法，首先将多个幅值相同的三角载波叠加，然后与同一个调制波比较，得到多电平 PWM 波。这类方法可直接用于二极管钳位型多电平结构的控制，对其他类型的多电平结构也可适用；第二类方法称为载波移相法，用多个分别移相、幅值相同的三角载波与调制波比较，生成 PWM 波分别控制各组功率单元，然后再叠加，形成多电平 PWM 波，一般用于 H 桥串联型（级联型）结构、电容钳位型结构，如图 4-43 所示，图中点画线部分为一组载波调制后的 PWM 控制单元。

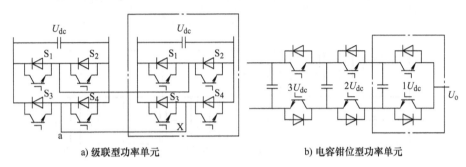

a) 级联型功率单元　　　　　　　　b) 电容钳位型功率单元

图 4-43　两种多电平结构功率单元

同时，多电平载波 PWM 方法还需要实现其他的控制目标和性能指标，如平衡电容电压、优化输出谐波、提高电压利用率、平衡开关管功率等。解决途径主要有以下三种：第一是在多载波上想办法，即改变三角载波之间的相位关系，如各载波同相位、交替反相、正负反相以及载波移相；第二是在调制波上加入相应的零序分量；第三是对于某些特殊的结构，如 H 桥级联型结构、电容钳位型结构以及层叠式多单元结构，当这些结构的桥臂上输出相同的电压时，可以有多个不同的开关状态组合，不同的开关状态组合对上述一些性能指标的影响是不同的，选择适当的开关状态组合即可实现上述目标。其中，载波层叠调制法在多电平变换器中应用最为广泛，多电平变换器的载波层叠调制法包括载波反相层叠加形式和载波正负反相层叠加形式，本书以三电平载波调制为例进行分析。

1. 载波层叠调制法

载波层叠调制法通过上下分层的载波与同一调制波相比得到开关脉冲信号，该方法是从两电平载波调制技术中发展而来的，如果拓扑为 n 电平电路，则调制波为 $(n-1)$ 个上下分层叠加的三角波，且它们的幅值、频率相同；分层调制波上下对称分布，与同一调制波进行比较后输出不同的开关电平。根据叠层调制波的相位关系，可以把该调制技术分为三种形式，分别为载波同相叠加形式、载波反相叠加形式和载波正负反相叠加形式，而对于三电平电路而言，载波层叠调制法比多电平（五电平以上）电路少了载波正负反相叠加形式，只有前两种。针对三电平电路而言，无论载波同相叠加还是反相叠加，都采用上下两层幅值和频率相同的三角波，在调制波的正半周期时，载波与调制波比对后输出电平为 p，在调制波的负半周期时，载波与调制波比对后输出电平为 n，其余为零电平。

图 4-44 所示为载波同相叠加 PWM 原理图，两组载波 u_{c1} 和 u_{c2} 相位相同，针对正弦 A 相调制波进行分析，正弦 A 相调制波与两组载波比较，产生正负半周期不对称的 PWM 脉冲波，对其的分析无法采用一个公式，需要将调制波分成正负周期两个部分进行分析，主要是对脉冲波形进行傅里叶变换后，按照傅里叶的线性性质进行代数相加，得到运算后的结果。文献已进行傅里叶详细分析，本章不再赘述。

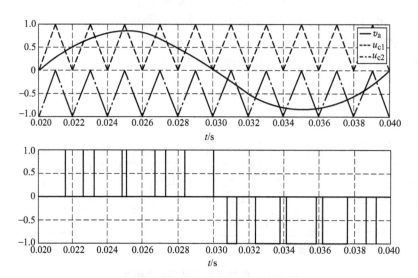

图 4-44　载波同相叠加 PWM 原理图

以三电平变换器的 B 相为例进行分析，图 4-45 所示为载波反相叠加 PWM 原理图，两组载波 u_{c1} 和 u_{c2} 相位相反，在正弦 B 相调制波正半周期比较后输出正 PWM 脉冲，在负半周期比较后输出负 PWM 脉冲；在一个周期内，正负脉冲奇对称，可采用双重傅里叶变换对其输出进行分析。

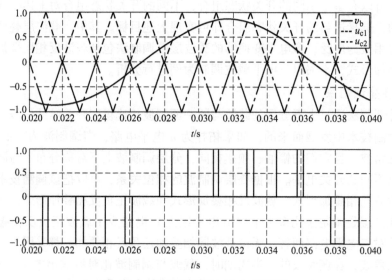

图 4-45　载波反相叠加 PWM 原理图

2. 载波移相调制法

载波移相调制法（PSPWM 法）主要适用于级联型多电平变换器（适用于 H 变换桥），每组载波之间存在相位差，图 4-46 所示为载波移相调制原理图，通过载波与调制波比较输出的脉冲信号来控制 H 变换电路的左右桥臂。

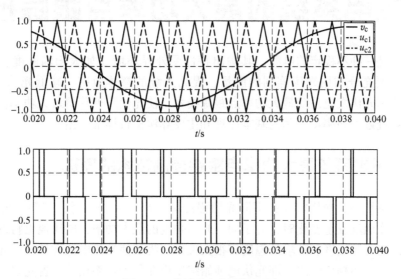

图 4-46　载波移相调制原理图

3. 开关频率优化调制法

该方法与载波层叠调制法类似，主要区别在于采用的调制波不同。为提高电压利用率，在调制波中注入三次谐波（又称零序分量），可以解决载波层叠调制中调制度低、基波幅值小等问题，图 4-47 所示为开关频率优化 PWM 原理图，相对载波层叠调制而言，只需把载波换成相应的叠加形式即可。所注入的零序分量通过对三相调制波的最大和最小瞬时绝对值求平均值求得，由于所注入的零序分量在单相系统中无法相互抵消，该方法只适用于三相系统。

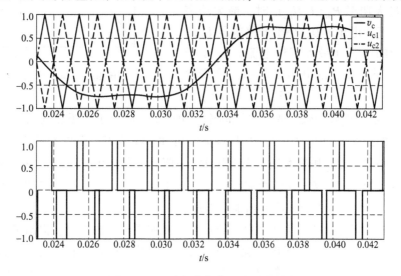

图 4-47　开关频率优化 PWM 原理图

第 5 章

光伏发电系统的最大功率点跟踪技术

光伏阵列是一种不稳定的电源，其输出特性受外界环境（如太阳辐照度、温度及负载等）的影响。要充分利用光伏阵列的能量、提高系统的整体效率、减低光伏发电的成本，就必须通过使用光伏发电系统最大功率点跟踪技术，使光伏阵列获得最大功率输出。本章将对光伏发电系统最大功率点跟踪的基本原理和主要算法进行详细介绍。

5.1 光伏发电系统最大功率点跟踪控制技术的原理

光伏发电系统中，光伏电池在不同光照强度下输出最大功率时，其两端电压值并不固定，而且当工作温度发生变化时，对于同一光照强度的最大功率，电压值也将发生变化。光伏电池的输出与光照强度和环境的温度有很大关系，为了使光伏电池在任意的光照强度和温度下，都能有最大的功率输出，即光伏电池始终工作在最大功率点处，首先要确定最大功率点在光伏电池伏安特性曲线上的位置。

图 5-1 所示为光伏电池电流（功率）-电压关系曲线，它表示了在特定的光照强度和温度下，电池的输出电流 I（功率 P）与电压 U 的关系。由前面对光伏电池输出特性的分析可知，曲线 1 和曲线 2 均表明了电池的特性，且具有明显的非线性特征。曲线 2 类似一个抛物线，即光伏电池在输出最大功率 $P_m(I_m U_m)$ 时，最大功率点电压（最大工作电压）U_m 小于开路电压 U_{OC}，最大功率点处的电流（最大工作电流）I_m 小于短路电流 I_{SC}。并且当电池电压在 $0 \sim U_m$ 间变化时，功率曲线为递增函数，当电池电压在 $U_m \sim$

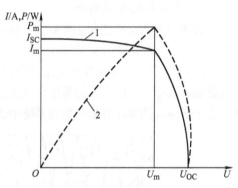

图 5-1　光伏电池电流（功率）-电压关系曲线

U_{OC} 时，功率曲线为递减函数。光伏电池的输出功率主要取决于光照强度和其工作温度。由光伏电池在不同温度下的 $I-U$、$P-U$ 特性曲线可知，随着工作温度的升高，短路电流 I_{SC} 稍微升高，开路电压 U_{OC} 和最大功率点电压 U_m 下降，光伏电池输出最大功率 P_m 下降。由不同光照强度下的 $I-U$、$P-U$ 特性曲线可知，对于同一块电池，I_{SC} 值与光照强度成正比；输出最大功率 P_m 也随着光照强度的增加而增加。

为了实现在任何外部条件下光伏阵列输出当前光照下最多的能量，提出了光伏阵列的最大功率点跟踪问题。随着光伏发电系统的日益普及，光伏发电系统较高的造价和较低的转换效率，使得最大功率点跟踪技术的研究越发重要。最大功率点跟踪（MPPT）控制策略是实时检测光伏阵列的输出功率，采用一定的控制算法预测当前工作情况下光伏阵列可能的最大功率输出, 通过改变当前的阻抗情况来满足最大功率输出的要求。这样即使光伏电池的结温升高使阵列的输出功率减少, 系统仍可以运行在当前工况下的最佳状态。由于光伏电池具有非线性的输出特点, 不易进行数学分析, 可以利用简单的线性电路来研究最大功率点跟踪的基本原理。

从电路理论中的阻抗匹配原则可知: 在线性电路中, 当外部负载等效电阻与电源内阻相等时, 外部负载可以获得最大输出功率。也就是说, 当负载电阻等于电源内阻时, 电源有最大功率输出。虽然光伏电池和电力电子变换器都是非线性的, 但是在短时间内, 可以认为是线性电路。把光伏电池等效地看成直流电源, 把电力电子变换器看成外部阻性负载, 调节电力电子变换器的等效电阻, 使之在不同的外部环境下始终跟随光伏电池的内阻变化, 两者动态负载匹配即可在电力电子变换器的输出侧获得最大输出功率, 实现光伏电池的 MPPT。

5.2 恒定电压跟踪

恒定电压跟踪 (Constant Voltage Tracking, CVT) 是在 20 世纪 80 年代中期由日本学者 Sakutaro Nonaka 提出的一种 MPPT 控制算法, 也是最简单的一种光伏阵列最大功率点跟踪方法, 理论依据是光伏阵列的输出特性。在光伏电池温度一定时, 光伏电池的 $P-U$ 曲线上最大功率点电压几乎分布在一个固定电压值的两侧, 如图 5-2 所示。因此, 恒定电压跟踪的思路就是将光伏电池输出电压控制在该电压处, 此时光伏电池在整个工作过程中将近似工作在最大功率点处。

采用 CVT 的优点是控制简单且易实现, 并且系统工作电压具有良好的稳定性。因此, 仅需从生产厂商处获得数据 U_{max} 并使光伏阵列的输出电压钳位于 U_{max} 值即可。实际上可把 MPPT 控制简化为稳压控制, 这就构成

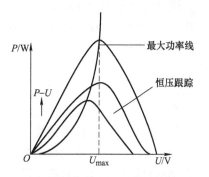

图 5-2 恒定电压跟踪示意图

了 CVT 控制的 MPPT。这种方法实际上是一种稳压控制, 但是这种跟踪方法忽略了温度等参数对光伏阵列输出电压的影响, 因此其实质并不是真正的最大功率点跟踪。对于四季温差或日温差比较大的地区, CVT 并不能在所有的温度环境下完全地跟踪最大功率点, 光伏阵列的功率输出会偏离最大功率输出点, 产生比较大的功率损失。为克服使用场合、季节、早晚时间、天气情况和环境温度变化对系统造成的影响, 在 CVT 算法的基础上, 可以采取以下几种折中解决方法。

(1) 手工调节

通过手动调节电位器按季节给定不同的 U_{max}, 这种方法使用较少, 且需要人工维护。

(2) 根据温度查表调节

先将特定光伏阵列在不同温度下测得的最大功率点电压储存在控制器中, 实际运行时, 控制器根据光伏阵列的温度, 通过查表选取合适的值。

(3) 参考电池方法

在光伏发电系统中增加一块与光伏阵列相同特性的较小的光伏电池模块, 检验其开路电压, 按照固定系数计算得到当前最大功率点电压。这种方法可以在近似 CVT 的控制成本下

得到接近 MPPT 的控制效果。

采用 CVT 实现 MPPT 控制，具有良好的可靠性和稳定性，目前在光伏发电系统中仍被广泛使用，特别是光伏水泵系统。随着光伏发电系统控制技术的计算机化和微处理器化，该方法逐渐被新方法所替代。

5.3 最大功率点跟踪控制方法

5.3.1 扰动观察法

扰动观察法（Perturbation and Observation，P&O）又称爬山法，由于其结构简单，需要测量的参数较少，所以被普遍应用于光伏阵列最大功率点跟踪。其原理就是引入一个小的变化，然后进行观测，并与前一个状态进行比较，根据比较的结果调节光伏电池的工作点。具体做法是，通过改变光伏电池的输出电压，并对光伏电池的输出电压和电流进行实时采样，通过 DSP 计算出功率，与上一次计算的功率进行比较，如果小于上一次的值，则说明本次控制使功率输出降低了，应控制光伏电池输出电压按原来相反的方向变化，如果大于上次的值，则维持原来增大或减小的方向，这样就保证了使太阳能输出向增大的方向变化。如此反复扰动、观测与比较，使光伏阵列达到最大功率点，实现最大功率输出。

当采用定步长的扰动观察法时，步长越小，光伏发电系统在最大功率点附近振荡的幅度越小，能量损失越小，但达到最大功率点需要扰动的次数就越多，所用的跟踪时间也越长；反之，当步长较大时，跟踪速度快，但在最大功率点附近波动幅度大，能量损失也严重。因此，光伏发电系统最大功率点跟踪的速度和稳态精度难以同时保证，只能根据实际需求折中选取扰动步长，以获得可接受的动态和稳态性能。

为了解决常规定步长扰动观察法的跟踪速度与稳态跟踪精度之间的矛盾，可以采用定电压启动的自适应变步长算法。以光伏阵列的开路电压和短路电流为参考，标定之后的 $I-U$、$P-U$ 和 $|dP/dU|-U$ 特性曲线如图 5-3 所示，MPP 为最大功率点。

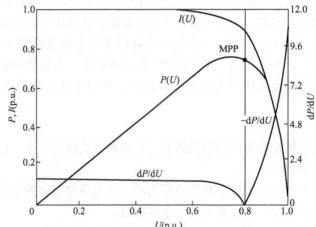

图 5-3 光伏阵列标定后的 $I-U$、$P-U$ 和 $|dP/dU|-U$ 特性曲线

由图 5-3 可以看出，光伏阵列的 dP/dU 曲线有如下特点：

$$\begin{cases} dP/dU > 0 & \text{最大功率点的左侧} \\ dP/dU = 0 & \text{最大功率点} \\ dP/dU < 0 & \text{最大功率点的右侧} \end{cases} \qquad (5\text{-}1)$$

且无论在最大功率点的左侧或者右侧，随着逐渐接近最大功率点，$|dP/dU|$ 均单调递减，当达到最大功率点时，$|dP/dU| = 0$。根据光伏阵列的这一内在特性，可构造电压扰动表达式：

$$U_{\mathrm{ref}} = U_{\mathrm{ref}} + \alpha \frac{dP}{dU} = U_{\mathrm{ref}} + \alpha \frac{P(k) - P(k-1)}{U(k) - U(k-1)} \qquad (5\text{-}2)$$

式中，α 为变步长速度因子，其值为正，用于调整跟踪速度。

由式(5-2) 可以看出，当光伏阵列运行点远离最大功率点时，跟踪步长大，反之则步长小，在接近最大功率点时趋近于 0。

α 可以由下式确定其范围：

$$\alpha \leqslant \frac{U_{\mathrm{step\_max}}}{|dP/dU|_{\max}} \qquad (5\text{-}3)$$

式中，$U_{\mathrm{step\_max}}$ 为定步长扰动观察法允许的最大步长；$|dP/dU|_{\max}$ 可根据光伏阵列的特性计算，也可由下式估算：

$$\left| \frac{dP}{dU} \right|_{\max} \approx \left| \frac{P|_{U_{\mathrm{ref}} = mU_{\mathrm{OC}}} - P|_{U_{\mathrm{ref}} = U_{\mathrm{OC}}}}{mU_{\mathrm{OC}} - U_{\mathrm{OC}}} \right| = \left| \frac{mI|_{U_{\mathrm{ref}} = mU_{\mathrm{OC}}}}{m-1} \right| \qquad (5\text{-}4)$$

式中，m 为接近于 1 的正数，如 0.98；U_{OC} 为光伏阵列的开路电压。

变步长速度因子 α 由式(5-3) 计算其范围，再通过实验室调整确定其最终的取值。

变步长扰动观察法的算法流程如图 5-4 所示。其中，m 为接近零的很小的正数，在程序中用于判断 $U(k)$ 与 $U(k-1)$ 之差是否为零：当 $U(k)$ 与 $U(k-1)$ 之差不为零时，则根据式(5-2)自适应地调整扰动步长；如果 $U(k)$ 与 $U(k-1)$ 相等，则结束返回。该程序以一定的时间间隔（即扰动周期）周期性执行。

光伏发电系统通常从光伏阵列的开路电压处开始启动，由图 5-4 可见，光伏阵列的开路电压附近有一段恒压区，此时由于检测误差或者纹波等因素引起的微小电压变化能引起 $|dP/dU|$ 很大的变化，从而影响扰动步长的准确性。为了避免这个问题，提高算法的可靠性，采用固定电压启动方式，其流程图如图 5-5 所示。由于光伏阵列的最大功率点近似为开路电压的 78%，所以定电压指令设为 $0.78U_{\mathrm{OC}}$，流程中为接近零的较小的正数。该启动策略在系统运行之前首先检测光伏阵列的开路电压，然后将电压指令设置为 $0.78U_{\mathrm{OC}}$，将运行点快速调整到最大功率点附近，

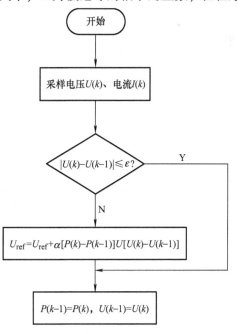

图 5-4 变步长扰动观察法的算法流程图

确保系统正确平稳的启动。启动完成之后，即可进入图 5-4 所示变步长扰动观察法的算法流程。

5.3.2 三点比较法

三点比较法在跟踪稳定性方面是对扰动观察法的一种有效改进，简而言之，就是采用了变步长的控制策略。该方法主要通过软件编程不断调整电压步长 ΔU 以对最大功率点进行判断和控制，最后利用阈值 ε 判断是否达到最优点。该法在光伏电池 $P-U$ 特性曲线峰值点附近从左到右依次取 A、B、C 三个点，U_A 和 P_A、U_B 和 P_B、U_C 和 P_C 分别对应各点的工作电压和功率。设 U_B 为初始最大功率点 U_{max}，U_D 是一个预先设定于电压步长调整的常量（一般取 $0.3\Delta U$）。在判断三个点电压值的调整方向时，可能出现图 5-6 所示情形。

1）如图 5-6a 所示，当 $P_A < P_B$ 且 $P_B \leqslant P_C$ 时，程序执行 $\{U_B = U_C；U_A = U_B - \Delta U；U_C = U_B + \Delta U\}$。这段程序表示了起始工作点在最大功率点左侧的情况，实现目的是把电压值沿着坐标轴向右移动，得到新的三个电压点，然后再进行功率的比较，依此类推，得到最大功率点所对应的电压。

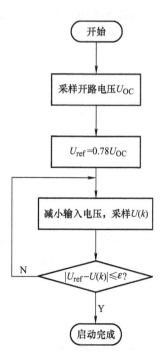

图 5-5 固定电压启动流程图

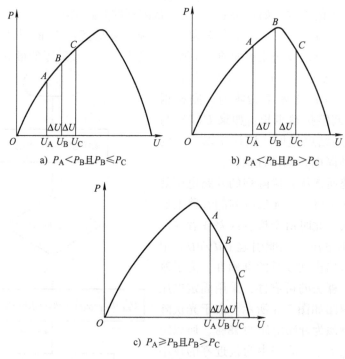

a) $P_A < P_B$ 且 $P_B \leqslant P_C$

b) $P_A < P_B$ 且 $P_B > P_C$

c) $P_A \geqslant P_B$ 且 $P_B > P_C$

图 5-6 功率跟踪的三种情况

2）如图 5-6b 所示，当 $P_A < P_B$ 且 $P_B > P_C$（或者 $P_A \geqslant P_B$ 且 $P_B \leqslant P_C$）时，程序执行 $\{\Delta U = \Delta U - U_D；U_A = U_B - \Delta U；U_C = U_B + \Delta U\}$。这段程序表示了工作在最大功率点的情

况，当工作在这种情况下时，就需要采用变步长调节来进一步缩小三点之间的距离，最终使三点的距离控制在某一值 ε 内，这就近似地得到了最大功率点。上面提到的 $P_A \geq P_B$ 且 $P_B \leq P_C$ 的实际情况：系统硬件检测模块某一时刻先检测到 $P_A \geq P_B$，突然有云遮挡，随后检测到 $P_B \leq P_C$，它表示光照强度快速变化的情形，算法中将该情况按照系统工作电压不做改变情形进行处理，只对 ΔU 进行微调，这样系统不会跟随光照强度的快速改变而盲目调整工作电压，避免了系统振荡，从而实现了平稳跟踪。此外，在设计算法时，用一个二进制参量 Flag 来判断如何重新调整 A、B、C 三点的电压值，并把 $\Delta U - U_D$ 的值赋给 ΔU，使电压调整步长不断缩小并最终达到设计精度；在允许误差范围内，算法设置了一个阈值 ε，当步长 ΔU 连续微调后满足 $\Delta U < \varepsilon$ 时，表明此时的 U_B 已经非常接近 U_{max}，程序控制认为这时的 U_B 就是 U_{max}，这是系统跟踪到输出功率峰值的判别条件。

3）如图 5-6c 所示，当 $P_A \geq P_B$ 且 $P_B > P_C$ 时，程序执行 $\{U_B = U_A$；$U_A = U_B - \Delta U$；$U_C = U_B + \Delta U\}$。这段程序表示了起始点工作在最大功率点右侧的情况，其实现目的是将工作点左移，然后得到新的三个点，然后再进行功率比较，再变化工作电压，直至找到最大功率点位置。

由以上分析可知，此程序的终止条件是阈值 ε 达到一定值，即找到最大功率点。从实际的控制过程来看，这种方法在开始时的调节为粗调（定步长调节），这样可以加快调节速度；在接近最大功率点处时则为细调（变步长调节），这样可以提高系统的精度。在具体的参数初值选取上，先确定值 U_B，再根据电压步长 ΔU 进行增大或减小扰动值，紧接着与系统采集更新后的功率值做比较并决定参考电压的调整方案。该过程涉及参数 U_B、ΔU、U_D 和 ε 的取值。U_B 初值的取定，原则是使它处于最大功率点附近，有两种方法确定：一是根据光伏发电系统所在地年光照强度和气温随机测量记录，采用数学统计方法得出光照强度、温度特性，进而结合光伏电池的伏安特性判断出最大功率点的大概位置，该法需要大量实测数据，应用性不强；二是根据前人对各种条件下 $I - U$ 特性曲线的分析，发现最大功率点电压位于开路电压的 80% 附近，因此可取 U_B 的初值为开路电压的 80%。ΔU 初值的选取：若选的值过小，系统无法快速应对外部环境的变化，反应速度过慢；若选的值过大，系统精度不够；建议 ΔU 的初值范围定在 $0.01 \sim 0.1\text{V}$。U_D 是一个正数，其值比 ΔU 小，作为电压微调量，若 U_D 的值非常接近 ΔU，则会造成调整后的 ΔU 过小而使系统在以后的跟踪中长期徘徊在低功率点；根据二分法原则，可取 $U_D = 0.5\Delta U$。ε 值作为一个控制程序结束的参量，可根据系统精度要求来确定：ε 越大，精度越低，功率损失越大；ε 越小，MPPT 越精确，但跟踪时间也越长，需要处理的数据量越大，对硬件要求越高，难以实现快速实时跟踪。对实验室开路电压为 $4 \sim 5\text{V}$ 的单片电池板而言，建议 ε 取值为 $0.01 \sim 0.1\text{V}$。

三点比较法采用三个点的功率比较来实现快速追踪，该法能够准确快速平稳地跟踪到 P_{max}，这是由算法本身决定的；避免了在最大功率点附近因扰动造成的功率损失。系统一旦达到 P_{max}，将通过单片机指令不做任何电压调整，保持系统长期工作在该点，直到外部环境发生变化。这与爬山法在最大功率点附近仍振荡不止有着本质区别，避免了无谓的功率损失。当光照强度发生突变时，不盲目移动工作点，待光照强度稳定后再追踪。由于三点比较法采用软件控制，算法中把 $P_A \geq P_B$ 且 $P_B \leq P_C$ 这种情况（即天空有云遮挡）归入了系统已达到最大功率点的情况，两者做同样处理，使系统不跟随光照强度的快速改变而盲目调整工作电压，避免了系统过快的振荡。三点比较法比较复杂，涉及了对电压、电流的检测和计算，还需要考虑步长的变化和阈值 ε 的设定，需要处理大量数据，对硬件系统的性能提出了较高要求。

5.3.3 电导增量法

电导增量法是利用光伏阵列输出的动态电导值（dI/dU）与此时的静态电导的负数（$-I/U$）相比较，以判断、调节光伏阵列输出电压方向的一种 MPPT 方法。它通过调整工作点的电压，使之逐渐接近最大功率点电压来实现最大功率点跟踪。电导增量法避免了扰动观测法的盲目性，它能够判断出现工作点电压与最大功率点电压之间的关系。控制策略如下：

$$\begin{cases} dI/dU = -I/U \text{ 或 } dU = 0, dI = 0, U = U_{mp}; U = U \\ dI/dU > -I/U \text{ 或 } dU = 0, dI > 0, U < U_{mp}; U = U + \Delta U \\ dI/dU < -I/U \text{ 或 } dU = 0, dI < 0, U > U_{mp}; U = U - \Delta U \end{cases} \quad (5\text{-}5)$$

这样可以根据 dI/dU 与 $-I/U$ 之间的关系来调整工作电压，进而实现最大功率点跟踪。这里同样引入一个参考电压 U_{ref}，电导增量法流程（改进前）如图 5-7 所示，图中 $U(k)$、$I(k)$ 是新测量出的值，再根据这两个值计算电流和电压的变化。由于 dU 是分母，所以先要判断 dU 是否为 0，如果电压没有变化，且电流也没有变化，那么就说明不需要进行调整；如果电压没有变化，而 dI 不为 0，那么就根据 dI 的正负对参考电压进行调整。假如 dU 不为 0，再根据控制测量中的三个关系式对参考电压进行调整。采用电导增量法对工作电压的调整不再是盲目的，而是通过每次的测量和比较，预估出最大功率点的大致位置，再根据结果进行调整。这样在天气情况变化较快时，就不会出现扰动观察法中的工作点偏离的情况，由此看来电导增量法较扰动观察法更为有效。但是，由于电导增量法需要的计算量较大，而且在计算过程中，需要记录的数据比扰动观察法多，所以对系统的性能要求较高。如果不能采用高速处理器，则它的优势并不能体现出来。当传感器的精度有限时，满足 $dI/dU = -I/U$ 的概率是有限的，将不可避免地产生误差，实现比较困难。在采用电导增量法进行最大功率点跟踪的过程中，通过调节电路的占空比来实现光伏阵列工作点电压的控制，从而达到最大功率的跟踪。然而通过光伏电池的 $I-U$ 曲线和 $P-U$ 曲线可以看出，工作在恒压源区和恒流源区时，改变相同步长的工作电压对光伏电池输出功率的改变是不同的。在恒流源区内，输出电流对工作电压的改变敏感度很低，而在恒压源区对输出电流的影响却非常明显。为了能够更快、更精确地追踪到光伏电池最大功率输出的工作电压、电流，需要对跟踪的方法进行改进。

根据相同工作电压变化量在恒压源区和恒流源区的不同影响效果，对两个区内电压变化的步长做适当调整，提高最大功率点跟踪的效率。经过测试，通常使用的光伏电池的最大功率点电压一般为其开路电压的 75% ~ 85%，所以恒流源区与恒压源区电压范围的比例关系大概是 4∶1。如果判断出当前光伏阵列工作于恒压源区，则其工作电压肯定大于最大功率点电压，要朝着减小工作电压的方向变化，取它的电压变化步长为 ΔU；反之，如果判断出当前光伏阵列工作于恒流源区，则其工作电压肯定小于最大功率点电压，要朝着增大工作电压的方向变化。为了提高跟踪速度，取它的电压变化步长为 $4\Delta U$。为了提高最大功率跟踪精度，在一定的温度和光照强度时，当光伏阵列的输出功率与当前条件下所能达到的最大功率接近到一定程度时，对它的跟踪步长 ΔU 进行调制，将 ΔU 适当变小，使其更精确地跟踪最大功率。在实际运行中，光照强度突然发生变化的瞬间，光伏电池两端的工作电压不会发生

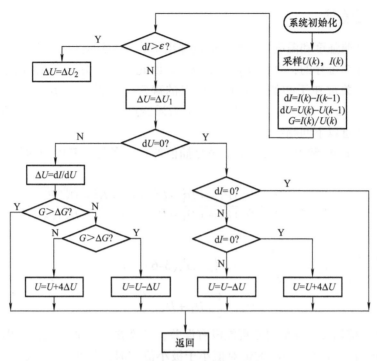

图 5-7　电导增量法流程（改进前）

明显变化；相反，光伏电池的输出电流会发生瞬间的明显变化。根据这一特点来判断 ΔU 应采用大步长值 ΔU_2 还是小步长值 ΔU_1。在系统控制参数设计时，需要根据具体的光伏电池参数，来确定工作电流的变化量的值作为判断标准。改进后的电导增量法流程如图 5-8 所示。

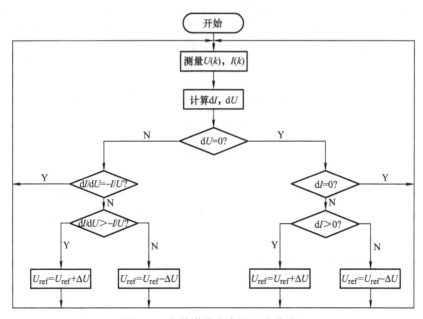

图 5-8　电导增量法流程（改进后）

5.3.4 二次插值法

光伏阵列在光照强度和温度发生变化时的输出呈非线性，但是在某瞬间，它的输出功率相对于占空比是连续可导的，有且仅有一个极点。因此，可采用二次插值法来寻找系统当前的最大功率点，但关键在于初始区间和初始点的确定。假设 D_1、D_2、D_3 为初值点，P_1、P_2、P_3 分别为 D_1、D_2、D_3 对应的功率点；D_X 为插值点，P_X 为 D_X 所对应的功率点。使用二次插值时必须注意以下问题：

1）P_2 必须大于 P_1 和 P_3，否则就不满足插值的初始条件，其中的插值占空比 D_X 应满足公式：

$$D_X = \frac{1}{2} \frac{(D_2^2 - D_3^2)P_1 + (D_3^2 - D_1^2)P_2 + (D_1^2 - D_2^2)P_3}{(D_2 - D_3)P_1 + (D_3 - D_1)P_2 + (D_1 - D_2)P_3} \tag{5-6}$$

令 $C_1 = \dfrac{P_3 - P_1}{D_3 - D_1}$，$C_2 = \dfrac{\dfrac{P_2 - P_1}{D_2 - D_1} - C_1}{D_2 - D_3}$，代入式(5-6)，有

$$D_X = \frac{1}{2}\left(D_1 + D_3 - \frac{C_1}{C_2}\right) \tag{5-7}$$

2）在控制器使用二次插值时不可能没有误差，考虑在一定的误差范围内进行计算，必须确定一个极小值。当 D_X 和 D_2 的绝对值小于极小值 ε 时，停止插值，此时即可确定系统的最大功率点，否则将继续插值，直到找到最大功率点为止。

在实际工作过程中，系统可能会出现四种插值情况，如图5-9所示。

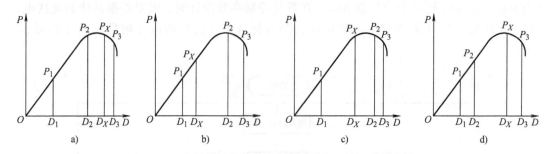

图5-9 二次插值寻找最大功率点可能出现的四种插值情况

如图5-9a所示，当 $D_X \geqslant D_2$、$P_X \leqslant P_2$ 时，表明光伏阵列最大功率点应在 D_1 和 D_X 之间，那么可以确定下次插值的区间为 $[D_1, D_X]$，初始点为 $D_1 = D_1$，$P_1 = P_1$；$D_2 = D_2$，$P_2 = P_2$；$D_3 = D_X$，$P_3 = P_X$。

如图5-9b所示，当 $D_X \leqslant D_2$，$P_X \leqslant P_2$ 时，最大功率点应在 D_X 和 D_3 之间，下次插值区间为 $[D_X, D_3]$，初始点为 $D_1 = D_X$，$P_1 = P_X$；$D_2 = D_2$，$P_2 = P_2$；$D_3 = D_3$，$P_3 = P_3$。

如图5-9c所示，当 $D_X \leqslant D_2$，$P_X \geqslant P_2$ 时，最大功率点应在 D_1 和 D_2 之间，下次插值区间为 $[D_1, D_2]$，初始点为 $D_1 = D_2$，$P_1 = P_2$；$D_2 = D_X$，$P_2 = P_X$；$D_3 = D_3$，$P_3 = P_3$。

如图5-9d所示，当 $D_X \geqslant D_2$，$P_X \geqslant P_2$ 时，最大功率点应在 D_2 和 D_3 之间，下次插值区间为 $[D_2, D_3]$，初始点为 $D_1 = D_2$，$P_1 = P_2$；$D_2 = D_X$，$P_2 = P_X$；$D_3 = D_3$，$P_3 = P_3$。

当 D_2 和 D_X 差的绝对值小于或等于 ε 时，表明系统已经找到了最大功率点。如果 $P_X >$

P_2，则最大功率点功率为 P_X，此时占空比为 D_X。如果 $P_X < P_2$，则最大功率点功率为 P_2，此时占空比为 D_2。

5.3.5 自适应模糊控制法

模糊控制器的设计主要包含以下几个主要内容：确定模糊控制器的输入变量和输出变量；归纳和总结模糊控制器的控制规则；确定模糊化和反模糊化的主要方法；选择论域并确定相关参数。使用模糊逻辑方法进行光伏发电系统的 MPPT 控制，具有较好的动态性能和精度。

模糊控制器的两个输入量分别为误差 $e(kT)$ 和误差变化 $\Delta e(kT)$，其表达式为

$$e(k) = \frac{P(k) - P(k-1)}{U(k) - U(k-1)} \tag{5-8}$$

$$\Delta e(kT) = e(k) - e(k-1) \tag{5-9}$$

自适应模糊控制在常规模糊控制方法的基础上增加了性能测量、控制量校正、控制规则修正等功能模块。其结构框图如图 5-10 所示。

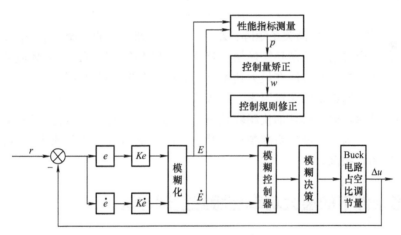

图 5-10 自适应模糊控制结构框图

为了测量系统性能，需要对系统进行采样，每次采样的时间响应可以通过监测 $e(kT)$ 和 $\Delta e(kT)$ 获得。将实际响应和希望响应相比较，就可以衡量控制器性能，确定输出响应的校正量 p，以便为控制规则的修正提供信息。输出响应的校正量可通过查判定表得到，通常判定表是由 $e(kT)$ 和 $\Delta e(kT)$ 进一步制定出来的。

控制量校正通过上述的性能测量得到了光伏发电系统达到最大功率点所需的输出响应的校正量。为了实现自适应控制，需将输出响应的校正量 p 转变为对控制量的校正量 w，也需要控制对象的特性，即控制对象的增量模型 J（表示控制对象输出对输入的雅可比矩阵）。从而求出相对于控制输入的修正量为

$$W_i(kT) = J^{-1} W_o(kT) \tag{5-10}$$

式中，$W_o(kT)$ 为输出修正量；$W_i(kT)$ 为输入修正量。

控制规则的修正就是利用得到的控制输入的校正量来修改控制规则，以此改善控制性能。对光伏发电系统来说，假定在前 d 次采样中，使系统的工作点偏离最大的功率点（由外界环境的变化或系统自身的控制规则导致）或使系统在最大功率点产生大的振荡，使系

统性能变差，则那时的误差、误差变化率和控制输入量分别为 $e(kT-dT)$、$\Delta e(kT-dT)$ 和 $u(kT-dT)$。根据已求得的控制输入修正量 $W_i(kT)$，控制输入应当取为 $u(kT-dT)+W_i(kT)$。针对相应论域中的这些量，构造模糊集合为

$$\begin{cases} E(kT-dT) = F[e(kT-dt)] \\ \Delta E(kT-dT) = F[\Delta e(kT-dt)] \\ U(kT-dT) = F[u(kT-dt)] \\ V(kT-dT) = F[u(kT-dt)+W_i(kT)] \end{cases} \tag{5-11}$$

原来的模糊规则为

IF $e(kT-dT)$ is $E(kT-dT)$ and $\Delta e(kT-dT)$ is $\Delta E(kT-dT)$ Then $u(kT-dT)$ is $U(kT-dT)$

修改后的规则变为

IF $e(kT-dT)$ is $E(kT-dT)$ and $\Delta e(kT-dT)$ is $\Delta E(kT-dT)$ Then $u(kT-dT)$ is $V(kT-dT)$

为了实现这种控制规则，可以用如下矩阵运算：

$$\boldsymbol{R}(kT+T) = [\boldsymbol{R}(kT) \wedge \boldsymbol{R}_u(kT)] \vee \boldsymbol{R}_v(kT) \tag{5-12}$$

式中，$\boldsymbol{R}(kT)$ 为修正前的模糊关系矩阵；$\boldsymbol{R}(kT+T)$ 为修正后的模糊关系矩阵。

通过增加的 3 个自适应控制功能模块，就可以实现根据检测到的外界环境的变化，来修正控制规则及减小普通控制方法在最大功率点的波动。在光伏发电系统中，最大功率点跟踪速度和跟踪精度是控制系统的关键因素，这些因素与系统的调节步长有直接关系。当系统的工作点远离最大功率点时，必须加快跟踪速度，即加大调节的步长 Δu；当系统的工作点在最大功率点附近时，为了系统的跟踪精度和稳定，必须适当减小调节的步长 Δu，避免使系统在最大功率点附近振荡。

5.4　阴影条件下的最大功率点跟踪控制方法

前面介绍的最大功率点跟踪方法都是针对无阴影遮挡的光伏阵列而言的，无阴影遮挡光伏阵列的 P-U 曲线为单凸集函数，只有一个峰值点。当光伏阵列表面存在阴影遮挡时，其 P-U 曲线会出现多峰值现象，前述的最大功率点跟踪方法就会失效。目前，解决这一问题有三种方案：第一种方案是对传统的最大功率点跟踪方法进行改造，使之能够实现多峰值特性曲线的寻优；第二种方案是通过增加硬件电路，实现最大功率点跟踪控制；第三种方案是采用智能寻优算法。

5.4.1　传统方法改进的 MPPT 技术

传统的 MPPT 方法，特别是扰动观察法、电导增量法以及恒定电压法等，具有原理简单、实现容易的特点，因此如果能对其进行适当改进，使之能够实现多峰值特性下的寻优，是一种不错的选择。下面介绍两种基于这种思路的阴影条件下的光伏阵列 MPPT 方法。

1. 基于大步长扰动的扰动观察法

基于大步长扰动的扰动观察法的程序流程图如图 5-11 所示。首先，在当前最大功率点给一个方向为负的大步长扰动，如果检测到斜率为正，则继续向左大步长扰动；如果检测到

斜率为负，则利用扰动观察法进行区间跟踪，将跟踪到的最大功率点的电压和功率保存下来。如果此时的最大功率点大于上一次保存的最大功率点，则最大功率点的功率和电压信息及时更新，然后继续向左大步长扰动，否则最大功率点功率和电压不更新，向右大步长扰动；如果电压大于设定值，则搜索结束。大步长的选取对这种方法有着很大的影响，步长过大，可能会跳过最大功率点，跟踪过程中会出现一定的"盲区"；步长过小，其原理等效于扰动观察法，无法有效地跟踪到最大功率点。

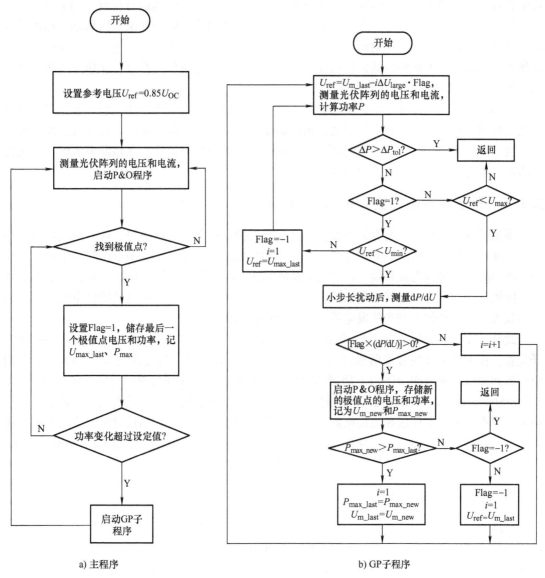

图 5-11　基于大步长扰动的扰动观察法的程序流程图

2. 全局扫描法

常规的 MPPT 算法可能会陷入多峰值特性中某个非最大功率点附近，而找不到真正的最大功率点，因而可以在常规 MPPT 算法的基础上，定时开启全局扫描，重新确定最大功率点区域。确定新的最大功率点区域后，再使用常规的 MPPT 方法实现寻优。这就是全局扫描法的基本思路。

全局扫描法的具体做法如下：如果后级电路为 Boost 电路，则先将占空比设为 80% 左右，然后逐渐减小，光伏阵列从短路电流区向开路电压区不断移动，即对光伏组件进行全局扫描。在扫描光伏组件 $P-U$ 曲线的过程中，不断更新光伏阵列输出的最大功率点，以及最大功率点对应的电压。当占空比到达设定的值时，扫描结束，然后运用恒定电压法返回最大功率点处。当到达下一设定时间时，重新进行扫描，保持光伏阵列运行在最大功率点处。

如果占空比定步长减小，光伏阵列的工作点从短路电流区向开路电压区移动，然而移动的速度是不一样的：在短路电流区移动的速度较快，随着时间的进行，移动速度越来越慢。这种方法的缺点是不同阶段的采样精度不同，因此可以用电压作为指令，让指令电压线性增加，然后通过 PI 调节器来调节占空比。

全局扫描法具有原理简单、实现容易等特点，但也存在两个严重的问题。首先是准确性与快速性的矛盾，如果搜索步长过大，可以满足快速性要求，但准确性大大降低；如果搜索步长过小，准确性较高，而搜索时间过长。此外，电流较长时间运行在短路电流区，开关器件的通态损耗过大，系统变换效率降低。

5.4.2 基于硬件电路实现的 MPPT 技术

添加硬件的一种方案是有源补偿法，其主要思路是以带有并联旁路二极管的模块为最小单位，在这个最小单位两端分别并联一个有源功率电路，通过有源功率电路提供的电流对受阴影遮挡的模块进行电流补偿，以保证光伏阵列 $P-U$ 曲线呈现单峰特性，对校正后的光伏阵列使用扰动观察法或电导增量法进行跟踪。这种方法由于成本过高以及硬件电路对空间的占用较大，使其在较大型光伏发电系统中的应用受到阻碍。

此外，还有一种短路电流脉冲法。其主要思路是在光伏阵列的两端并联一个 MOSFET 开关管，在 MOSFET 的栅源两极之间加入一个定时斜坡信号，通过改变 MOSFET 开关管栅源两极间的电压来改变 MOSFET 两端的电导，进而改变光伏阵列两端的电导，使电导从 0% 变到 100%，这样就可以对光伏阵列的 $I-P$ 曲线进行扫描，同时保存最大功率点的值。由于最大功率点在开路电压区和短路电流区出现的概率是较低的，而扫描针对的是全局空间，所以短路电流脉冲法并不是最优化的 MPPT 技术。另外，由于光伏发电系统的短路电流较大，所以对并联在光伏阵列两端的 MOSFET 开关管的可承受通态电流也提出了更高的要求。

5.4.3 智能控制方法

实际上，对于单峰值系统的 MPPT，已经有采用智能算法如模糊算法、神经网络算法等的相关报告。考虑到多极值系统的复杂性，智能算法是一种不错的选择。智能寻优算法有很多种，除了模糊算法、神经网络算法以外，还有遗传算法、蚁群算法等。这里介绍一种基于粒子群算法的光伏阵列 MPPT 技术。

1. 粒子群算法基本原理

粒子群（Particle Swarm Optimization，PSO）算法是由 Kennedy 等人于 1995 年提出的一种较为新颖的智能优化算法，该算法通过模拟鸟群等动物的群体行为，利用个体之间的相互协作使群体达到最优。粒子群算法的特点是收敛速度快、易于实现等。

粒子群算法中有几个重要的参数，这些参数的选取对粒子群算法的寻优能力有很大的影响，下面分别介绍。

（1）最大速度 v_{max}

v_{max} 决定粒子在一次迭代过程中最大的移动距离，若 v_{max} 过大，则粒子全局探索能力增强，但是粒子容易飞过最优解；若 v_{max} 过小，则粒子局部开发能力增强，但是容易陷入局部最优解。只要在合理的范围内，最大速度 v_{max} 对算法的性能影响并不明显，但是对于多峰函数，v_{max} 不能过小，否则会影响粒子的全局寻优能力。因此，在粒子群算法中需要设置一个较大的 v_{max}，将每个粒子更新后的速度与 v_{max} 进行比较，如果粒子速度小于 v_{max}，则保持速度不变；如果粒子速度大于 v_{max}，则将粒子速度进行限幅，用 v_{max} 作为粒子的速度。

（2）因子 c_1 和 c_2

c_1 和 c_2 是控制粒子向自我历史经验和群体最优个体学习的因子，可控制粒子向群体内或邻域内的最优点靠近。当 $c_1 = 0$、$c_2 \neq 0$ 时，粒子自身没有"认知"能力，只有"社会"的模型。在这种情况下，由于粒子间的相互作用，算法有能力到达新的搜索空间，且收敛速度更快，但粒子自身的开发不足，对于复杂的问题，容易陷入局部最优。当 $c_1 \neq 0$、$c_2 \neq 0$ 时，粒子间没有社会信息共享，亦即只有自身"认知"的模型，这时由于个体之间没有交互作用，一个规模为 m 的群体等价于 m 个粒子的单独运动，因而得不到一个收敛的解。因此，合理的设计 c_1 和 c_2，会使算法在全局探索和局部开发两个方面起到平衡的作用。

（3）惯性权重 ω

ω 是粒子群算法中非常重要的参数，它可以用来控制粒子群算法的开发和探索的能力，其大小决定了粒子当前速度受到以前速度的影响程度，直接影响粒子的全局和局部搜索能力。ω 较大时，全局寻优能力强，局部寻优能力弱，但 ω 太大可能导致算法不收敛，或者不能收敛到最优解；若 ω 太小，则粒子收敛速度快，全局搜索能力差，粒子很容易陷入局部最优解。

2. 粒子群算法流程图及其在光伏阵列 MPPT 中的应用

图 5-12 所示为粒子群算法流程图，首先随机初始化粒子群的速度和位置，计算各粒子的适应度，其次更新各粒子当前最优值 $p_{best,i}$ 和全局最优值 g_{best}，然后更新各粒子的速度和位置，最后判断是否满足终止条件，如果满足则结束，否则继续使用粒子群算法。

图 5-12　粒子群算法流程图

粒子群算法的终止条件为各粒子之间相互的距离足够接近，如果足够接近，则算法结束，最优解即为各粒子的平均位置。

5.5 算例仿真分析

5.5.1 光伏发电系统建模

1. 光伏电池等效电路模型

光伏电池可用图 5-13 所示等效电路模型来表示，当接上负载 R 时，产生的光生电流 I_{ph} 流经负载，在负载两端建立端电压 U。

由图 5-13 光伏电池等效电路模型可知，其输出特性方程为

$$I = I_{ph} - I_0 \left\{ \exp\left[\frac{q(U + R_S I)}{nkT} \right] - 1 \right\} - \frac{U + R_S I}{R_{sh}} \tag{5-13}$$

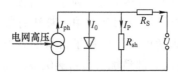

图 5-13　光伏电池等效电路模型

式(5-13) 中，各物理含义见表 5-1。

表 5-1　光伏电池特性方程参数

参　　数	含　　义	参　　数	含　　义
I	光伏电池输出电流	R_S	光伏电池的内部等效串联电阻
I_{ph}	光生电流源电流	n	二极管理想因子
I_0	二极管反向饱和电流	k	玻尔兹曼常数
q	电子的电荷量	T	光伏电池的工作温度
U	光伏电池输出电压	R_{sh}	光伏电池的内部等效并联阻抗

在图 5-13 所示光伏电池等效电路模型中，串联阻抗 R_S 较小，并联阻抗 R_{sh} 较大，且 $R_{sh} \gg R_S$，理想光伏电池可忽略 R_{sh} 的影响，因而式(5-13) 可以简化为

$$I = I_{ph} - I_0 \left\{ \exp\left[\frac{q(U + R_S I)}{nkT} \right] - 1 \right\} \tag{5-14}$$

假定光生电流 $I_{ph} = I_{SC}$，那么式(5-14) 可以简化为

$$I = I_{SC} \left[1 - C_1 \exp\left(\frac{U}{C_2 U_{OC}} - 1 \right) \right] \tag{5-15}$$

在最大功率点处，有 $I = I_m$、$U = U_m$，代入式(5-15) 可得

$$C_2 = \frac{U_{OC}}{U_m} \ln \frac{(1 + C_1) I_{SC} - I_m}{C_1 I_{SC}} \tag{5-16}$$

当系统开路时，有 $I=0$、$U=U_{OC}$，代入式(5-16) 可得

$$C_2 = \ln\frac{1+C_1}{C_1} \tag{5-17}$$

由于常温时，$C_1 \ll 1$，由式(5-16)、式(5-17) 可求得 C_1 和 C_2 的近似解：

$$C_1 = \left(1 - \frac{I_m}{I_{SC}}\right)\exp\left(-\frac{U_m}{C_2 U_{OC}}\right) \tag{5-18}$$

$$C_2 = \frac{\dfrac{U_m}{U_{OC}} - 1}{\ln\left(1 - \dfrac{I_m}{I_{SC}}\right)} \tag{5-19}$$

因此，根据光伏电池的技术参数 I_{SC}、U_{OC}、I_m 和 U_m（各参数含义见表5-2），代入式(5-18)和式(5-19) 中求出 C_1 和 C_2，再代入式(5-15) 中即可确定光伏电池的输出特性。

表 5-2　光伏电池的主要技术参数

参　　数	含　　义
I_{SC}/A	光伏电池短路电流
U_{OC}/V	光伏电池开路电压
I_m/A	最大功率点处光伏电池的输出电流
U_m/V	最大功率点处光伏电池的输出电压
P_m/W	光伏电池可输出的最大功率

图 5-14 所示为光伏电池输出的 $I-U$ 和 $P-U$ 特性曲线，光伏电池的输出呈非线性，但在某一工作电压 U_m 处存在一个最大功率点 P_m。因此，必须使用最大功率点跟踪方法，控制光伏电池的输出功率，并有效地跟踪最大功率点以使光伏电池始终保持工作在最大功率点附近。

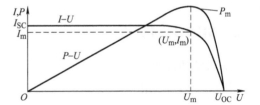

图 5-14　光伏电池输出的 $I-U$ 和 $P-U$ 特性曲线

2. 光伏电池仿真模型

根据光伏电池等效电路模型，在 Matlab/Simulink 环境下建立的光伏电池仿真模型，如图 5-15 所示。

3. 光伏发电系统仿真结构

光伏发电系统最大功率点跟踪结构图如图 5-16 所示，主要包括光伏电池、Boost 电路、MPPT 控制器和 PWM 驱动电路。MPPT 控制器接收光伏电池的输出电流 I 和输出电压 U 后进行计算，产生 PWM 驱动脉冲，进而来控制 Boost 电路中 IGBT 的通断。

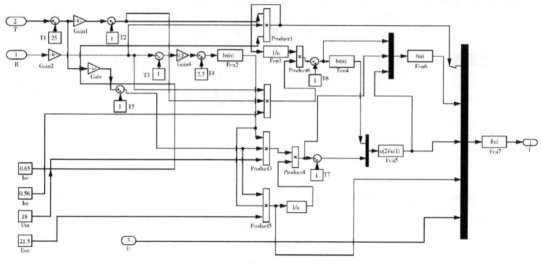

图 5-15　光伏电池仿真模型

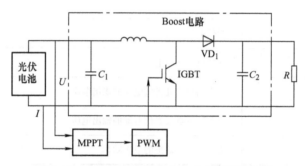

图 5-16　光伏发电系统最大功率点跟踪结构图

5.5.2　MPPT 的实现

1. MPPT 的原理

采用最大功率点跟踪算法的目的就是通过 DC/DC 变换电路和寻优控制程序，控制改变光伏阵列的输出电压或电流，使光伏阵列保持最大功率输出，无论外界温度、光照强度如何变化，始终工作在最大功率点上。常用的 DC/DC 变换电路主要有降压型（Buck）、升压型（Boost）和升降压型（Buck-Boost）三种拓扑结构。图 5-16 中点画线框中所示电路即为本文系统中所采用的 Boost 电路拓扑结构，C_1 为输入滤波电容，L 为储能电感，IGBT 为开关管，VD_1 为二极管，C_2 为输出滤波电容，R 为负载。Boost 电路的工作原理：当开关管 IGBT 导通时，输入电压对电感 L 充电，L 中电流上升；当开关管 IGBT 关断时，L 开始放电，此时 L 两端的电压与输入电源的电压相互叠加，从而使输出端电压高于输入端。

2. MPPT 控制算法

光伏电池在一定的温度和光照强度下，其输出的最大功率点是唯一的。实现 MPPT 最重要的就是要寻找到合适的控制算法，而扰动观察法是较常用的 MPPT 控制算法，因为扰动观察法具有检测参数少、原理简单以及在实际系统中的硬件结构也较为简单等优点，所以被广泛应用于 MPPT 控制器中。扰动观察法包括两种：电压型扰动观察法和电流型扰动观察法。电流型扰动观察法能够承受较大的温度变化，但剧烈的光照变化会使系统崩溃。电压型扰动观察法能承受较大的光照变化，但剧烈的温度变化会使系统崩溃。

常用的是电压型扰动观察法，工作原理是通过扰动光伏电池的端口电压，比较扰动前后光伏电池输出功率的变化方向，来决定下一步的电压扰动方向。通过反复比较，并依据比较结果进行实时调整，使光伏电池的输出功率逐渐逼近最大功率点处，从而实现最大功率跟踪。电压型扰动观察法的控制流程如图 5-4 所示，图中 U_{ref} 为电压参考值，ΔU 为电压调整步长，当功率与电压变化正负相同时，ΔU 为正，反之 ΔU 为负。

根据图 5-4 中扰动观察法的控制流程来建立 MPPT 的仿真模型，如图 5-17 所示，光伏电池的输出电流 I 和输出电压 U 为输入量，通过零阶保持器进行离散化后计算出功率值。其中，Sign 模块用来判断电压调整步长 ΔU 的正负，ΔU 为正时 Sign 模块输出为 1，ΔU 为负时则输出为 -1。输出参考电压 U_{ref} 作为输出量，用于产生 PWM 脉宽控制的输入信号。图 5-18 所示为 PWM 控制模块仿真模型，其输出产生的 PWM 脉冲信号用来驱动 Boost 电路中开关管的导通与关断。

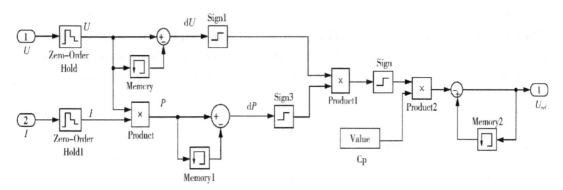

图 5-17　MPPT 仿真模型

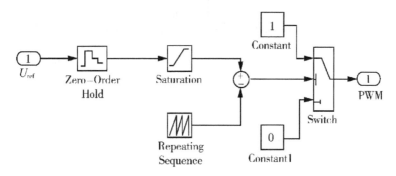

图 5-18　PWM 控制模块仿真模型

3. 仿真结果及分析

在分析了光伏电池等效电路模型和工程模型的基础上，运用电压型扰动观察法，在 Matlab/Simulink 环境中进行仿真，系统仿真参数设置为 $U_{OC} = 21.5V$，$I_{SC} = 0.65A$，$U_m = 18V$，$I_m = 0.56A$，则最大功率 $P_m = 10.08W$。Boost 电路相关参数为 $C_1 = 0.0001F$，$L = 0.1H$，$C_2 = 0.0003F$，$R = 20\Omega$。

在标准条件下，设置室温为25°C，初始光照强度为1000W/m²，当光照强度和环境温度都维持在恒定值时，仿真结果如图5-19所示。系统在0.05s达到稳定，光伏电池的输出电流和输出电压如图5-19a、b所示，均达到了该光伏电池设定的额定电流和电压值，图5-19c的输出功率也稳定在10W附近，与理论所得最大功率值相一致，说明系统的整体静态性能较好。

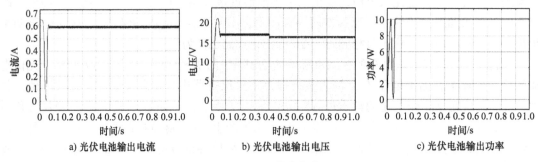

a) 光伏电池输出电流   b) 光伏电池输出电压   c) 光伏电池输出功率

图5-19　MPPT静态仿真结果

在标准环境温度下，设置脉冲函数在0.4s时光照强度由1000W/m²变为800W/m²，仿真结果如图5-20所示，由图5-20c可以看出，光伏电池输出功率在0.05s左右达到稳定后，能够平稳跟踪在10W附近，当在0.4s时光照强度由1000W/m²降为800W/m²后，功率也随之下降到8W，由此可见，该模型成功实现了在动态环境变化时跟踪最大功率点，动态性能良好。

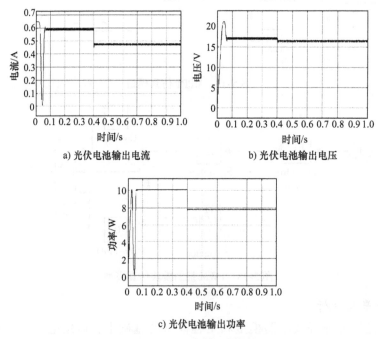

a) 光伏电池输出电流   b) 光伏电池输出电压

c) 光伏电池输出功率

图5-20　MPPT动态仿真结果

第6章

光伏发电技术与微电网

6.1 光伏发电技术与直流微电网

6.1.1 直流微电网的背景

作为一种新兴的电网形式，直流微电网不需要对电网的电压和频率进行追踪，系统的可控性和可靠性大大提高，更加适合分布式电源与负载的接入。此外，直流微电网减少了大量的电能转换环节，具有更高的系统转换效率；同时，其不需要考虑配电线路的涡流损耗和线路吸收的无功能量，线路损耗能够得到进一步降低。因此，探究直流微电网，对新能源发电技术的应用与普及非常有利，对缓解世界能源危机和环境污染也具有重要的意义。

6.1.2 直流微电网的特点

1）没有无功问题。直流系统中不存在无功电流分量，在提供同样有功功率的情况下，直流系统电流幅值及相应损耗较交流系统更小。没有无功问题也使电压分布与线路的电感、电容参数无关，从而更有利于电压控制。

2）没有相位问题。交流电网中的设备（主要是电源设备）切换与相位、相序、频率等交流电特征量密切相关，连接于直流微电网上的设备无须考虑相位问题，设备切换更容易，电压稳定性也得到增强。

3）直流系统结构简单，省略了许多变换环节，降低了换流损耗，由此也降低了冷却系统的投资与运行费用。

4）DC/DC 变换器多为高频开关过程，因此装置的功率密度远远大于工频变压器，设备体积更小。

5）供电可靠性高。与交流系统相比，直流系统结构更简单，省略了许多变换环节，因此供电可靠性更高。直流电网易于接入储能装置，更适于敏感负载供电。

6）有环保优势。直流电流不会产生交变的电磁场，因此电磁辐射小，更加环保。

当然，直流微电网也存在自身的缺点，如直流断路器实现过程复杂、成本较高。除此之外，直流电网通常必须通过 DC/AC 与交流电网互连，形成交直流微电网，这也增加了整体网络控制的复杂性。

6.1.3 直流微电网的发展与现状

直流微电网这个术语虽然是近年才提出的，但直流供电系统早已在工业领域获得应用。数据中心、通信控制中心通常采用直流方式连接主电源、负载及储能设备。半导体、纺织、造纸和化工等工业用电因为大量使用变频器，车间往往设立直流母线，为多个变频器提供直流电压支撑。在变电站、冶金等大功率用电场合，其控制、操作系统通常采用直流供电，多个设备间通过专设的直流线路连接。这些直流供电系统可以看作直流微电网的雏形，但还不能称为直流微电网。作为直流微电网，应该具备下述基本条件：

1）具有孤网及并网两种运行模式，并可实现两种模式的无缝切换。这就要求微电网中具备与储能连接的 DC/DC 变换器及与交流电网连接的 DC/AC 逆变器。

2）可全网优化与协调控制。具备针对全网的监控系统，全网设备信息可用，从而实现面向全网的能量优化及协调控制。

3）电源及负载的通用性好。以往直流供电系统通常是针对专用负载的，作为直流微电网，供电负载可能各式各样，且在不断发展。

4）电源及负载即插即用。作为通用电网，直流微电网必须支持直流微电网电源及负载设备的即插即用功能。设备的接入或退出，应不影响包括全局优化在内的协调控制。

5）供电负载比例足够高。一个企业或家庭的个别设备采用直流供电时不能称为微电网，微电网的形成需要通过微电网供电的负载容量达到较高的比例。

目前世界范围内已构建了大量微电网平台，并在此基础上展开研究。典型项目包括罗马尼亚布加勒斯特大学直流微电网系统、日本大阪大学低压双极直流微电网、加利福尼亚大学圣地亚哥校区微电网、爱知工业大学 AC/DC 微电网、丹麦 Aalborg 大学 Intelligent DC Living Lab、厦门大学集光伏发电与电动汽车快速充电功能于一体的直流微电网等。相关研究工作在直流微电网的设计运行与控制方面取得了一系列重要成果。

直流微电网也得到了工业、社区或家庭的示范应用，表 6-1 汇总了一些典型的微电网的建设示例。

表 6-1　一些典型的微电网的建设示例

项目名称	建设地点
大洼村区域 DC – Grid	日本秋田
Gnesta 市数据中心	瑞典 Gnesta 市
仙台市直流供电示范系统	日本仙台
DC House（松下电工、夏普）	日本福冈
舰船直流网络（ABB 公司）	Myklebusthaug 公司舰船
Intel DC Micro Grid	美国 Rio Rancho

6.1.4　光伏直流微电网的网络结构

1. 独立光伏直流微电网

独立光伏直流微电网系统主要应用于偏远山区及能源匮乏地区，产生的电能对当地居民供电，由于直流微电网系统中供电部分的能源类型多种多样，包括可再生能源、非可再生能源、储能单元，使得直流微电网的结构具有多样性，但其整体结构主要由分布式电源、储能装置、电力电子器件以及负载组成。其中，可再生能源包括光伏电池、风力发电机等，并作为直流微电网主要的分布式发电单元，通常非可再生能源有燃料电池、燃气轮机等，储能装置常见的有蓄电池、超级电容器，通过电力电子器件将上述供电单元与直流母线进行连接，形成一个网络结构，示例如图 6-1 所示。

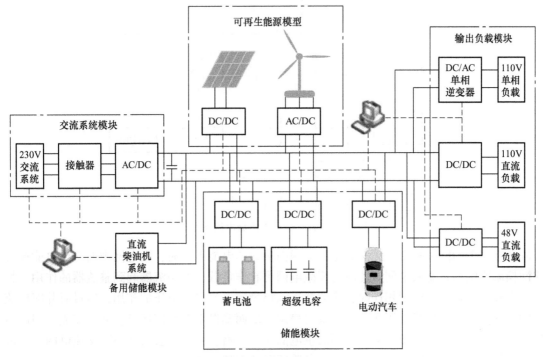

图 6-1 微电网示例

在可再生能源部分，此系统采用光伏电池，通过 DC/DC 变换器进行能量的传输。为了使微电网中能量平衡以及在夜间光伏电池停止工作时，系统能继续为负载供电，应安装储能装置。尤其是在微电网处于孤岛运行时，储能装置至关重要，它决定着系统能否安全运行，本系统采用铅酸电池作为储能装置，在直流母线与蓄电池两者之间通过连接双向 DC/DC 变换器去实现能量的流动。另外，储能装置在改善电能质量、提供短时供电、提供能量缓冲、优化微型电源的运行等方面也起到很重要的作用。非可再生能源采用燃料电池，当系统能量匮乏或在夜间时作为补充能源使用。通过催化剂将化学能转换为电能的化学反应来实现燃料电池的发电，该过程实现了能量的直接转换，利用效率比较高，除了此特点外，燃料电池发电还具有如下优点：

1）产物没有有害气体，只有水，为清洁能源。

2）燃料电池发电的原材料种类较多。

3）燃料电池输出功率以及电压的扩展，可通过多个单体电池的串并联来实现，可根据实际条件的需求安置在任意地点。

图 6-2 所示为一种独立光伏直流微电网系统。

2. 并网光伏直流微电网

图 6-2 中，直流微电网经由换流器连接至大电网，当微电网中的微源发出的能量过多，供给微电网内的负载并为蓄电池充电后仍有剩余时，利用换流器将微电网中剩余的直流电逆变成交流电，供给负载，此时直流微电网相当于一个电源，而换流器具有逆变器的功能；当

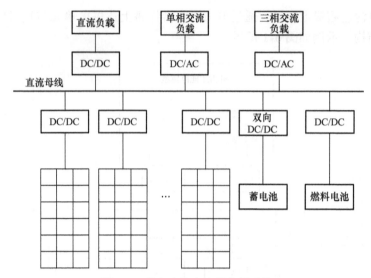

图 6-2　独立光伏直流微电网系统

直流微电网中的能量不足，无法满足微电网内负载的电能需求时，大电网中的交流电能通过并网换流器供给直流微电网，此时直流微电网可看作负载，而换流器起到整流器的作用。另外，当直流电网与大电网相连时，换流器还承担稳定直流母线电压的作用，通过对并网换流器的控制，系统的母线电压在一定范围内稳定，从而确保系统稳定运行。如果交流电网产生故障，即交流电网停电或者交流电网的供电品质不合格，系统就会自动断开交流电网，转成独立工作模式，由蓄电池和逆变器提供负载所需的交流电能。

图 6-3 所示为一种并网光伏直流微电网系统。

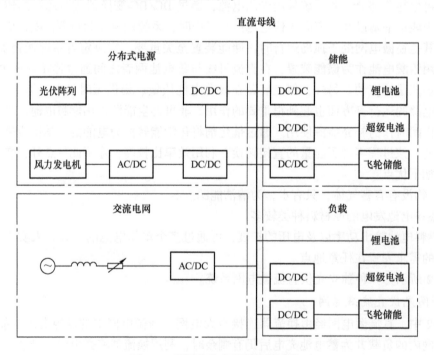

图 6-3　并网光伏直流微电网系统

6.1.5 直流微电网的电压水平

直流微电网的电压水平目前还未实现标准化。从目前开展的实验平台及工程示范来看，电压水平从48V、120V、170V、220V、300V、380V、750V，到1500V都有。依据IEC关于低压直流的相关标准，电压水平应不超过1500V。制订直流微电网电压标准已经迫在眉睫。

6.1.6 直流微电网的关键设备

1. DC/DC变换器

DC/DC变换器的关键技术包括：

1）采用合适的控制策略以提高变换器的控制性能。DC/DC变换器的控制目标是稳态下保证直流电压稳态输出误差满足要求；控制系统具有好的控制性能，对电路参数和外界环境的变化鲁棒性较强，具有好的动态负载响应。

2）采用软开关技术以减少变换器的开关损耗，提高换流效率，抑制电磁干扰。软开关技术是使功率变换器得以高频化的重要技术之一，它应用谐振的原理，使开关器件中的电流（或电压）按正弦或准正弦规律变化，当电流自然过零时，使器件关断（或电压为零时，使器件开通），从而减少开关损耗。它不仅可以解决硬开关变换器中的硬开关损耗、容性开通、感性关断及二极管反向恢复问题，而且还能解决由硬开关引起的电磁干扰等问题。

2. 直流断路器

直流断路器是直流系统中一种重要的开关电器设备，它具有通断直流电路的开关功能和可靠切断故障电流的保护功能，已广泛应用于直流输电、地铁牵引和船电系统等领域。在交流系统中，电流每周波有两次自然过零，交流断路器就是充分利用此时机熄灭电弧，完成介质恢复，而直流系统不存在自然过零点。因此，开断直流电路就要困难许多。直流开断的首要任务是熄灭电弧。其次，由于直流系统中电感的存在，系统储存了大量的能量，需要采取有效手段来耗散这些能量。同时需要抑制过电压，保证间隙完成介质恢复且保护系统设备免受损坏。

3. DC/AC逆变器

直流微电网通常与交流电网联合运行，因此从设计层面就应考虑直流微电网通过DC/AC逆变器与交流电网连接。对于较大区域的微电网，这种逆变器可能不只一台。设计这种逆变器应考虑下述因素：

1）在直流微电网并网方式下为微电网提供必需的能量及电压支撑。

2）直流微电网并网方式下与DC/DC变换器的协调控制。

3）直流微电网的孤网与并网运行方式的平稳转换。

4）直流微电网通过DC/AC逆变器为敏感交流负载供电。

5）满足交流电网的电能质量要求，包括电压波动、不平衡度和谐波等。

4. 直流电缆与交流电缆

直流电缆与交流电缆相比，有以下特点：

1）所用系统不同。直流电缆用于直流输电系统，交流电缆常用于工频电力系统。

2）与交流电缆相比，直流电缆在传输过程中电能损耗较小。直流电缆的电能损耗主要是导体直流电阻损耗，绝缘损耗部分较小（大小与整流后电流波动大小有关）。而低压交流电缆的交流电阻比直流电阻稍大，高压交流电缆则更加明显。原因主要是邻近效应和趋肤效应的存在，导致绝缘电阻的损耗占比较大。

3）输送效率高，线路损失小。

4）调节电流和改变功率传送方向方便。

5）虽然逆变设备价格比变压器要高，但直流电缆使用成本要比交流电缆低得多。直流电缆为正负两极，结构简单，交流电缆为三相四线制或五线制，绝缘安全要求高，结构较复杂，电缆成本是直流电缆的3倍多。

6）直流电缆使用安全系数高。

7）直流电缆的安装、维护简单，而且费用较低。

为了区分直流电与交流电，直流插座可以有专门的设计，如插孔的形状不同于交流插座的插孔，以方便用户使用。不同的插孔形状表示不同等级的直流电压。为了提高用电安全性，直流插座的绝缘性能应该予以特别考虑。

5. 直流负载

直流负载是直流微电网的主要组成部分，构建直流微电网的主要目的就是为各式各样的直流负载供电。直流微电网中的负载特性对直流微电网的控制至关重要。直流网络不存在频率问题，负载不会出现部分交流负载那样因频率响应所呈现的动态特性。通常可以依据负载的构成及特性描述为定电阻、定电流及定功率负载。直流微电网结构设计和控制运行可依据负载的上述特性进行。

6.1.7 直流微电网的控制与运行

直流微电网的控制包括单个设备的控制、设备间的协调控制及微电网系统层的控制。单个设备的控制主要针对基于储能的 DC/DC 变换器的控制及用于连接交流电网的 DC/AC 逆变器的控制。设备间的协调控制实现不同换流器之间的协调与切换。微电网系统层的控制主要实现整个微网系统的监控、优化及能量管理。

1. DC/DC 变换器控制策略

直流微电网中通常设置一台或多台 DC/DC 变换器，实现对直流微电网运行的支撑作用。

直流微电网与交流电网并网状态下，DC/DC 变换器的控制目标为实现储能状态管理，参与网络整体能量优化。变换器工作在定电流控制模式，在孤网状态下，储能电池应能起到稳定直流母线电压的作用。变换器需采用双闭环控制策略，图 6-4 所示为双闭环控制框图，内环为电流控制环，采用 PI 控制；外环为电压控制环，采用直流电压下垂控制。

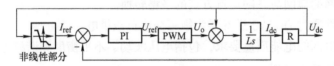

图 6-4　双闭环控制框图

图6-5 所示为典型电压外环直流母线电压 U_{dc} 和变换器输出电流参考值 I_{ref} 的下垂特性。下垂特性设计中，通常要考虑调节特性、设备容量、与 DC/AC 逆变器的配合及电流限值。

DC/DC 变换器可以通过检测本地电压来调节输出电流，从而实现并网及孤网状态下的控制功能。由于变换器之间不需要相互通信，所以控制灵活、可靠，并且降低了系统成本。该控制方法可使直流微电网储能单元具备"即插即用"的特性。

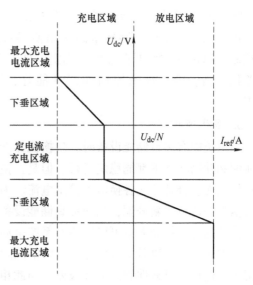

图6-5 DC/DC 变换器下垂特性

2. DC/AC 逆变器控制策略

DC/AC 逆变器是直流微电网连接交流电网的基本设备，其控制性能对直流微电网和交流电网的稳定运行及电能质量都有极大的影响。直流微电网可运行于孤网和并网两种模式。当直流微电网运行于孤网模式时，交流电网停电，DC/AC 逆变器的控制目标是为局部交流敏感负载供电，采用定交流电压、定频率控制。控制策略一般为采用 PI 控制器的交流电压外环、交流电流内环的双环控制，当交流负载中含有大量的非线性负载时，为保证交流电压的电能质量，采用重复控制策略。当直流微电网运行于并网模式时，DC/AC 逆变器的控制目标是维持直流微电网电压稳定，为直流微电网内的负载提供稳定可靠的供电，采用定直流电压、定交流电压（定交流侧无功）控制。交流侧三相电压不平衡时，为实现直流微电网与交流电网的有功功率交换可控且不含二倍频分量，保证直流微电网电压稳定，可采用基于正负序 (d, q) 旋转坐标系下电流环控制策略；为实现直流微电网与交流电网的有功功率和无功功率均可控且不含二倍频分量，可采用基于 $\alpha\beta$ 坐标系下瞬时功率的重复控制策略。DC/AC 逆变器的控制框图如图 6-6 所示。

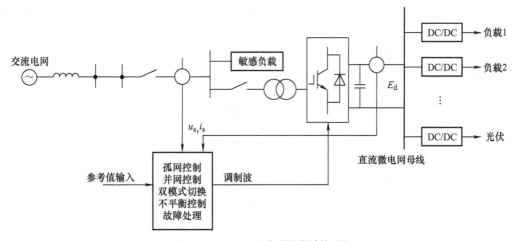

图6-6 DC/AC 逆变器的控制框图

国内外学者对于新型控制技术在 DC/AC 逆变器的应用有较多研究，并取得了一定成果：虚拟同步发电机控制技术的应用使得直流微电网可以参与交流电网的调压调频；滑模控制可以保证逆变器在参数不确定、外界存在干扰时仍能获得较好的稳态和动态性能；无差拍控制、模型预测控制动态性能好，波形畸变小，在 DC/AC 逆变器中也有较多应用。

3. 多代理控制

当系统中有多台储能设备时，各换流器能够根据本地信息调节输出电流，使直流微电网在孤网和并网状态下都能稳定运行。但是，换流器的效率和输出电流的大小有关，而单一的下垂控制无法合理分配各换流器输出电流。为了实现全局优化，各储能设备需要获得全局的电流信息并进行重新分配，从而提高储能设备的运行效率。

传统的主从控制方案可以实现对系统全局电流的感知，进而合理分配各个换流器的输出电流。但是单一的决策中心增加了系统的风险，并且当某一单元通信发生故障时，其优化过程将无法进行，可靠性和灵活性较差。与此相比，基于自律分散系统的多代理控制策略能够很好地解决这些问题。在多代理（Multi-agent）系统中，各相邻 agent 能够彼此通信以交换信息，并能够根据接收的信息决策自身的行为，从而实现控制目标。直流微电网中每套储能设备都可以视为单个 agent，各储能换流器结合自身及相邻 agent 的电流信息进行迭代计算，最终获得全局电流信息，实现全局优化。这种方式为微电网能量管理与运行提供了可靠的信息平台，灵活性也显著提高。

4. 直流微电网的能量管理

直流微电网的能量管理系统用于实现分布式电源、储能设备、负载及交流主电源间的能量优化与协调。其中，依据不同运行方式和电池荷电状态（SOC）对电池进行充放电管理成为能量管理的重要内容。直流微电网的能量管理系统通常采用两种方式：集中方式和分散方式。集中方式采用中心控制单位收集所有节点信息，统一分析和决策，这类系统具有设备安装简单、控制能力强的优点，但存在一个节点失效、整个系统崩溃，系统扩展困难等问题。分散方式的每个单元都具有自律性，通过与相邻节点的信息交流得到全局信息，自主做出分析和决策，这类系统具有不易出现系统性瓦解、易于扩展等优点。

能量管理系统应在电能质量得到保障的前提下，使风电、光伏实现最大出力。管理系统应使电池处于合理的荷电状态，不同电池组、不同储能方式间应实现协调控制。换流器并联出力的分配与系统的效率密切相关。能量管理也包括对并联运行的功率分配的控制，多代理方式已被用来实现这一控制。

6.1.8 直流微电网的故障行为与保护方式

直流微电网的故障检测与保护以及人身与设备安全，与接地方式密切相关。直流微电网接地电阻包括不接地、高阻接地和低阻接地，接地方式有双极方式接地和单极接地。双极方式接地电流大，易于检测与保护，故障及停运不影响正常极；单极接地（通常正极通过高阻接地，减小电蚀作用），接地电流小，电压波动小，对负载的影响小，但故障不易检测，发生停运故障时，所有负载停运。

对于低压直流系统，已开发出多种装置切除故障电流，包括熔断器、机械断路器和电力电子断路器等。由于直流电流无自然过零点，故装置必须具备足够的灭弧能力。虽然基于晶闸管、IGBT 的电力电子开关具有开断迅速、灭弧容易的特点，但存在正常运行过程中损耗大的问题。结合机械式与电力电子式开关各自特点的混合式低压直流断路器已经开发成功。

6.1.9 直流微电网的应用展望

在强调绿色环保的当今社会，电力生产的格局正在发生巨大变化，分布式、可再生能源发电逐渐成为重要发电方式。电力负荷的形态也在发生显著的变化，包括变频驱动、LED 照明、办公与家庭 IT 电源等的大多数负荷正在经历电力电子化的变革，特别是电动汽车的发展，无论在用电量方面还是供电方式方面，都对电网提出了新的要求。直流微电网的提出和推广应用，为上述问题的解决提供了可行方案。

6.1.10 光伏发电技术与直流微电网的应用

随着电动汽车的快速发展，灵活便捷的无线充电方式将获得广泛应用。电动汽车规模的快速增加，电网升级换代的压力将急剧增加，其充电的随机性也会增加电网运行的不确定性。此外，快速充电可能会给电网带来冲击。微电网是将可再生分布式电源、负载和储能装置结合在一起的小型发配电系统，建设微电网为电动汽车充电，可有效解决上述电动汽车充电给电网运行带来的问题。对于独立系统，采用直流微电网供电，由于其能量转换装置少、结构简单、系统稳定性高而更具优势，故直流微电网在海岛、偏远地区等获得更多应用。天津市科技支撑计划示范工程如图 6-7 所示，电动汽车无线充电如图 6-8 所示。

图 6-7　天津市科技支撑计划示范工程　　　　　图 6-8　电动汽车无线充电

图 6-9 所示为示范工程系统结构图，风光互补直流微电网为电动汽车无线充电提供电能。光伏发电（6 组串联，4 路并联）经过 DC/DC 变换器升压后接到 360V 直流母线，风力发电机经 AC/DC 整流器，再经过 DC/DC 变换器升压后接到 360V 直流母线，蓄电池经双向 DC/DC 变换器升压后接到 360V 直流母线，其在保证功率和电能供需平衡的同时，维持直流母线电压恒定。电动汽车通过高频逆变器（HFDC/AC）进行无线充电，充电功率为 6kW，并在直流母线留有负载备用端口。考虑本系统为独立供电系统，采用不间断供电系统（UPS）。

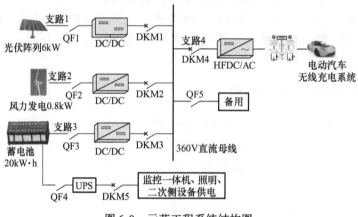

图 6-9　示范工程系统结构图

6.2　光伏发电技术与交流微电网

微电网能够最大化接纳分布式电源，解决了分布式电源的接入问题，克服了单独分布式电源并网的缺点，减少了单个分布式电源可能给电网造成的影响，并可以实现不同分布式电源的优势互补，有助于分布式电源的优化利用，提高能效。对于电网来说，微电网的构建可以减少发电备用需求，起到对电网削峰填谷的作用，节能降耗。另外，微电网可与中小型热电联产相结合，满足用户供电、供热、制冷和生活用水等多种需求，从而显著提高能源利用效率，优化能源结构，减少污染排放，实现节能降耗的目标。

6.2.1　交流微电网的特点

交流微电网不改变原有电网结构，适用于将原有电网改造为微电网网架结构。交流微电网是微电网的主要形式，不同类型的交流微电网的基本结构相似，大多采用辐射状网架，分布式电源、储能系统以及负载等直接或经换流装置接入系统。微电网通过 PCC 与外网连接，使其具有并网和孤岛两种稳态运行方式，且可在稳态运行方式间进行双向切换。

6.2.2　交流微电网的发展与现状

从目前已有的研究来看，一些发达国家已经完成了交流微电网理论层次的研究工作，而且建立了微电网的数学模型，开发了计算机仿真工具，验证了微电网的基本控制策略（如下垂控制），并在一些分布式资源丰富的地方建立了示范工程。而未来微电网的研究热点是，交流微电网中各分布式微源的协调控制策略，更加先进的控制算法；整合多个微电网系统与配电管理系统的相互作用，进行标准化设计，并设定相关规范；微电网对集中式电力系统运行和规划的影响的评估等。

6.2.3　交流微电网的结构

交流微电网在目前国内外所采用的微电网中仍为主流。正常情况下，微电网与大电网并联运行，当主网出现故障时，静态开关断开，微电网成独立运行的系统；当电网恢复正常以后，微电网又可与主网重连，恢复并网运行。交流微电网的结构示例如图 6-10 所示。

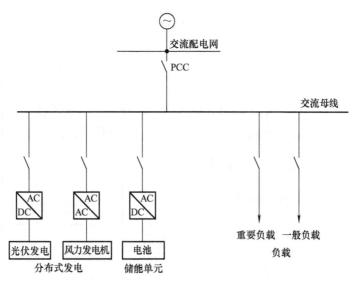

图 6-10　交流微电网的结构示例

微电网通过 PCC 与大电网相连，考虑微电网本身的能量自平衡要求，并网点处允许微电网与外部电网进行电量交换。

交流微电网的网架基本是辐射状网架，但也取决于负载的电能质量要求和微电源容量。根据容量，微电网通常分为系统级、工商业区级和偏远乡村级三级。

1. 系统级微电网

系统级微电网主要由呈辐射状的母线以及多条馈线组成，如图 6-11 所示。图中，微电网包含两条母线以及四条馈线，每条馈线上都有分布式电源；母线上是小型传统发电系统。故障时，PCC 跳开，微电网孤岛运行；恢复正常后，PCC 闭合，微电网并网运行。

系统级微电网有以下优点：

1）减小了新电源出力不稳定时对电网的影响。

2）减小了火电机组支撑负载的必要性，更加环保。

3）分散的电源与微电网范围内的负载构成小型微网系统，减少了电网阻塞。

4）微电网切换方式自由，提升了供电可靠性。

5）微电网可作为直接启动电源。

2. 工商业区级微电网

工商业区级微电网冗余性结构高，能够确保其重要及敏感负载有多类型电源供给电能，如图 6-12 所示。光伏、电池储能、三联供（CCHP）以及配电网均对负载供电。当配电网故障时，PCC1 动作，微电网以孤岛模式运行；当情况更为严重时，如微电网以孤岛模式运行时母线 A 出现永久性故障，此时 PCC2 跳开，但系统仍可确保一类负载的正常用电。因此，此结构的微电网能够确保重要负载的供电可靠性。

3. 偏远乡村级微电网

偏远乡村级微电网通常处于孤岛状态，为串并联形式网架结构，如图 6-13 所示。负载与分布式电源首先构成供用电系统，然后并联接入馈线。乡村级微电网负载的重要性相对不

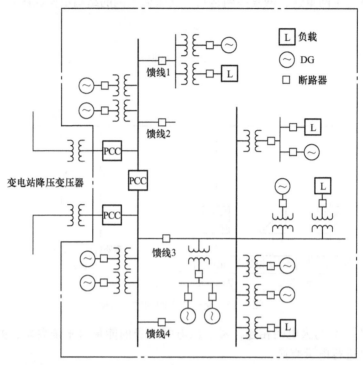

图 6-11　系统级微电网

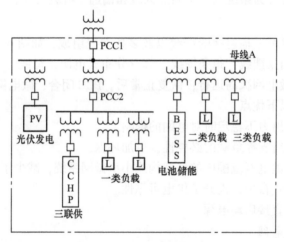

图 6-12　工商业区级微电网

高，串并联网架结构简明清晰，运行维护难度比较容易把控。

6.2.4　微电网的控制技术

　　微电源并网逆变器是连接分布式电源与微电网系统的关键部件之一，通过对逆变器的控制，将分布式电源发出的直流电逆变成并网标准所要求的交流电，并且在运行过程中可以根据微电网的运行状态自行切换控制方式，以满足微电网不同运行模式的需求。另外，可控微电源逆变器还应承担调节微电网系统中有功功率和无功功率平衡的任务，保证微电网系统安

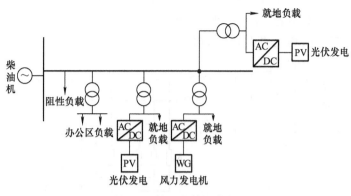

图 6-13　偏远乡村级微电网

全可靠的运行，因此，逆变器的控制技术是微电网技术中值得深入研究的一个重要问题。除了对单个逆变器控制策略进行研究之外，还应该考虑多个微电源逆变器互连时的功率分配和协调控制问题。

1. 微电源逆变器的控制方法

目前，微电网中逆变器的控制方法主要有 U/f 控制和 PQ 控制

（1）U/f 控制

U/f 控制的目标是维持微电网系统的电压和频率稳定，当微电网孤岛运行时，采用 U/f 控制的逆变器可以为采用其他控制方式的逆变器提供频率和电压参考。该方法采用了与传统发电机相类似的下垂特性，当微电网中的负载或者微电源输出功率发生变化时，采用该控制策略的逆变器可依据下垂特性对逆变器输出的有功功率和无功功率进行控制，使微电网中的功率保持平衡，从而稳定系统的电压和频率。

图 6-14 所示为微电源到交流母线的功率传输图及相量图。

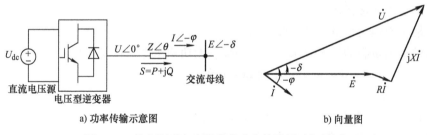

a) 功率传输示意图　　　　　　　　　　　b) 向量图

图 6-14　微电源到交流母线的功率传输图及相量图

（2）PQ 控制

PQ 控制的目标是使微电源逆变器按照设定的参考值输出恒定有功功率和无功功率。采用该控制方法的逆变器不受负载或者其他微电源输出功率变化的影响，因此特别适用于光伏发电系统和风力发电系统等新能源发电技术中。当有功功率设定为最大功率跟踪值时，可以最大限度地利用新能源进行发电，保证了可再生能源的最大利用率。但该方法需要电网或者其他采用 PQ 控制的微电源为其提供恒定电压和频率参考，因此这种方法在微电网并网运行时应用较多，而在微电网孤岛运行时则需要与其他控制方法配合使用。

PQ 控制的原理示意图如图 6-15 所示，其中微电源为直流源或经整流后的直流源。L_n、C_n 为三相滤波的电感和电容，u_{abc} 为滤波后逆变器的输出电压，i_{abc} 为馈线电流，P_{ref} 和 Q_{ref} 为设定的有功功率参考值和无功功率参考值。

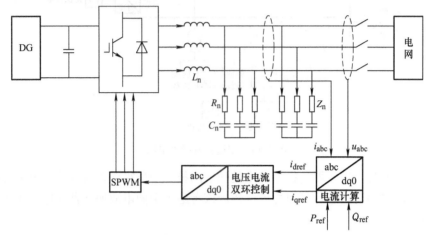

图 6-15　PQ 控制的原理示意图

2. 微电网综合控制方法

当微电网的运行模式发生改变，以及在孤岛模式下微电网中的负载或者微电源输出功率发生变化时，需要对微电网中的各个微电源进行有效的协调控制，以保证微电网在任何时刻都能为负载提供充足的电力供应，保证微电网安全可靠运行。微电网应该能够通过对微电网运行过程中的各种信息的检测做出自主反应，例如，当电力系统发生电压跌落或者短路故障时，能够实现从并网模式到孤岛模式的自动切换，同时及时协调微电网中各微电源的有功功率和无功功率的分配。因此，对微电网的控制提出了如下要求：

1）新的微电源的并网不会对当前系统造成影响。

2）能够自主地选择运行点。

3）能够平滑地与大电网并网或分离。

4）能够根据负载的动态要求对有功功率、无功功率进行独立控制。

目前，微电网的综合控制方法主要如下几种：

（1）主从控制

微电网通常包含多个微电源，这些微电源大都通过逆变器并入微电网，而每个逆变器又根据不同微电源的特性有着不同的控制方法和控制目标。主从控制就是在这些逆变器控制系统中选定一个逆变器作为主控制器，而其他逆变器为从控制器。主、从控制器之间要相互配合，并采用联络线进行通信，一旦通信失败，微电网将无法正常运行。一般情况下，作为主控制器的微电源都由可控微电源担任。主控制器可以有一种或者多种控制方式，能够根据微电网的不同运行模式进行快速无缝切换，在孤岛运行时，能够调节自身的输出功率，保持微电网中的功率平衡。

（2）对等控制

对等控制就是每个逆变器控制系统的地位相等，这种控制方法实现了微电网即插即用的功能。所谓即插即用，是指在能量可以保持平衡的条件下，微电网中的任何一个微电源接入或者断开，不影响其他微电源的正常工作，也不需要改变其他单元的设置。所以，采用对等控制策略的微电网，需要利用各微电源本地的变量对其逆变器进行控制，各微电源之间不需要通信联系，具有简单、可靠的特点。

（3）基于多代理技术的微电网控制

基于多代理技术的微电网控制是将多代理技术应用于微电网的综合控制系统中，通过微电网控制中心实现微电源之间的经济调度和功率协调分配。多代理系统的层次结构和相对自治性正好满足微电源逆变器位置分散而又彼此相互协调的特性需要，从而能使微电网系统协调管理各个微电源的功率输出及负载的功率需求，保证了微电网的经济优化运行。但是目前多代理技术多集中于对微电网的频率和电压进行控制，而对协调微电源的能量管理方面还有待深入研究。

6.2.5　交流微电网的总结与展望

首先，未来微电网的发展趋势会表现在微电网的结构形式上：高频交流微电网、直流微电网和混合微电网。例如在光伏、燃料电池、储能环节相对集中，直流负载和基于逆变器的交流电机负载聚集的地方，可以配置直流微电网；而在微电源和负载相对分散处，配置交流微电网；并在适当的地方安装耦合变换器，连接交流微电网和直流微电网，形成混合微电网。而该混合微电网一方面可以发挥直流微电网和交流微电网各自的优势，另一面，还可充分利用耦合变换器的协调作用，从而提高微电网效率，改善电能质量，增强微电网的鲁棒性。

在微电网中，许多负载通过逆变器或其他变换器与负载相连，在稳定运行状态下，该类负载普遍表现出恒功率负载行为。众所周知，恒功率负载呈负阻抗特性，而且一些大扰动所引起的频率和电压失稳较为常见，严重降低了系统的可靠性。因此，对微电网稳定性问题的分析和稳定化方法的构造，也将是微电网中非常重要的研究方向。

微电网系统的拓扑结构、分布式微电源类型和分布状况、与公共连接点的静态开关位置、混合微电网中耦合变换器的位置和容量、储能装置容量和分配以及系统运行方法均会影响微电网的可靠性、灵活性、鲁棒性、效率以及综合收益。因此，可重点研究以下几方面：

1）从元件和系统结构层面研究系统的可靠性，提出合理且方便量化的评估指标；

2）分析分布式微源污染排放代价，建立以气候、市场行为等概率因素为自变量的分布式微源的收益函数。

3）研究以分布式微源容量和位置、储能单元容量以及混合微电网中耦合变换器的位置、数目和容量为优化变量，以满足基本功率平衡为约束，以最大化综合收益、系统可靠性以及最小化污染物排放为优化目标的多目标优化问题，对混合微电网结构进行最优配置。

总之，微电网的优化配置和能量管理问题，也将成为未来微电网的研究热点之一。

最后，随着智能化概念的普及，未来电网系统的发展也应更加智能。信息技术、控制技术与电网设施有机结合，柔性交直流输电、智能调度、电力储备等技术的广泛使用，为未来电网的智能化发展奠定基础。微电网作为大电网的一种有益补充，也必将朝着智能化发展，成为世界电力工业的重要发展方向。

6.2.6　光伏发电技术与交流微电网的应用

西藏阿里地区原有电网为孤立型 35kV 电网，供电电源主要有狮泉河水电站和狮泉河柴油发电站。为缓解阿里地区供电紧张问题，该地建设了光储型微电网国家示范工程，如图 6-16

所示。该项目主要包括光伏、储能及部分负载的建设，同时光储型微电网接入阿里地区孤立型电网，为阿里地区提供重要的电力支撑。

图6-16　西藏阿里地区光储型微电网国家示范工程

西藏阿里地区光储型微电网接入的电网非传统配电网，而是含有水电站和柴油发电站的区域孤立型电网，此种类型的电网普遍存在于我国偏远地区，因此研究光储型微电网接入孤立型电网对于偏远地区的电力发展具有重要意义。西藏阿里地区电网的电源具体构成如下：

1）狮泉河水电站，装机容量为 $4 \times 1.6MW$，由于水库库容及流量限制，常年仅有一台或两台水轮发电机组发电。

2）狮泉河柴油发电站（两个），装机容量为 $4 \times 2.5MW$ 和 $4 \times 1.8MW$，受设备磨损、高原气候等因素制约，柴油发电机组实际运行的上限仅分别为 $4 \times 1MW$ 和 $4 \times 0.8MW$。

光储型微电网接入孤立型电网后形成的水光储柴型微电网，如图6-17所示，主要由光储型微电网、水电站、柴油发电站和负载组成，且该微电网属于孤立电网，与大电网无任何电气连接。微电网中所有电源点都直接与35kV中心变电站连接，35kV中心变电站有两台变压器，互为备用。负载则通过中心变电站辐射连接，整个电网为典型的辐射形拓扑结构。光储型微电网通过35kV双回架空线与中心变电站相连；水电站经6/35kV升压变压器通过双回架空线与中心变电站相连；柴油发电站经10/35kV升压变压器与中心变电站相连；负载则由多个10kV馈线组成。

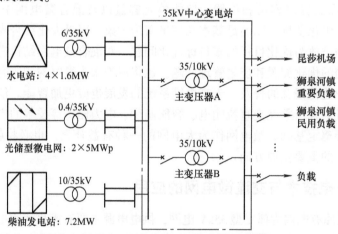

图6-17　水光储柴型微电网结构框图

当前，狮泉河水电站和柴油发电站年发电量约为 2400 万 kW·h，而电网年需电量约为 3800 万 kW·h，电量缺口高达 1400 万 kW·h。阿里地区太阳能资源丰富，多年平均太阳辐照度为 8366MJ/m²。本地区不仅辐照度非常高，日照时数也长达 10h。因此，考虑该地区环境保护的要求，适宜采用光伏发电解决地区用电紧张问题。阿里地区光储型微电网建设规模为 10MW，除供微电网自身负载使用外，主要接入阿里地区孤立型 35kV 电网，不仅解决了该地区供电不足问题，也减轻了柴油发电站的负担，减少污染、保护环境，大大降低了运行成本。

6.3 光伏发电技术与交直流混合微电网

6.3.1 交直流混合微电网的概念

交直流混合微电网是指由分布式电源、储能装置、能量变换装置、相关负载和监控、保护装置汇集而成的小型发配电系统，是一个能够实现自我控制、保护和管理的自治系统，如图 6-18 所示。电网通过微电网内分布式电源输出功率的协调控制，可保证微电网稳定运行；微电网能量管理系统可以有效地维持能量在微电网内的优化分配与平衡，保证微电网经济运行。微电网一般具有能源利用率高、供能可靠性高、污染物排放少、运行经济性好等优点。

图 6-18 交直流混合微电网

6.3.2 交直流混合微电网的背景

能源是人类社会生存和发展的基石，电力作为最直接且便利的应用形式，成为国民经济发展的动力之源。当前我国能源发展面临传统能源资源约束趋紧、能源利用效率低下、环境生态压力加大、能源安全形势严峻、应对气候变化责任加重等问题，大力发展分布式发电供能技术，一方面能有效提高传统能源的利用效率，同时又能充分利用当地的各种可再生能源，已成为世界各国保障自身能源安全、加强环境保护、应对气候变化的重要措施。分布式发电供能技术通常是指利用本地存在的分布式能源，包括可再生能源（太阳能、生物质能、风能等）和本地可方便获取的传统能源（天然气、柴油等）进行发电供能的技术。尽管采用分布式发电供能技术能有效利用各地丰富的清洁和可再生能源，但随着分布式电源并网发电渗透率的日益增加，其对传统大电网的运行管理也带来了新的挑战。而将本地分布式发电供能系统与负载等组织成微电网，作为一个可控单元接入本地电网，能更大程度地发挥分布式电源的效益，也能避免间歇式电源影响本地的电能质量，有助于当电网发生故障或遭遇灾变时向微电网内的重要负载持续供电。

6.3.3 交直流混合微电网的研究现状

随着环境危机的加剧与传统能源的日益短缺，分布式新能源的发展与整体入网调配日益受到重视。在能源互联网视角下，分布式新能源即为用户终端，不仅能够实现局域内部的电能输送调配，而且能够与集中式大电网进行能源互通，从而为中央能源供应系统提供支持和补充，也是未来能源互联网架构中的关键组成部分。而微电网是目前分布式新能源与新型用户的主要供电模式，符合节能减排、环境治理与产业升级转型三大主题概念。依据《国家中长期科学和技术发展规划纲要（2006—2020 年)》，以及国务院《能源发展战略行动计划(2014—2020 年)》《配电网建设改造行动计划（2015—2020 年）的通知》《中国制造 2025》和《关于积极推进"互联网＋"行动的指导意见》等文件精神，应积极促进分布式能源的发展、持续推动微电网技术创新、支撑能源消费革命，从基础研究、重大共性关键技术研究到典型应用示范全链条布局，实现微电网技术的快速发展。

交直流混合微电网在交流微电网的基础上，结合了直流微电网的优点，具有如下突出优势：

1）直流母线与交流母线的存在满足了交流或直流分布式发电与负载的需求，减少了 AC/DC 或 DC/AC 变流环节，缩减了电力电子器件的使用，从而抑制了谐波。

2）交直流混合微电网可以在交流微电网与直流微电网独立控制的同时又互为备用，提高了系统的可靠性。

3）交直流混合微电网有更好的延展性，应用更加广泛。在交直流混合微电网中，交流 DG（分布式电源）或者负载直接接入交流母线，直流 DG 或负载直接接入直流母线，交流母线与直流母线之间通过一个双向变换器实现功率流的平衡。交直流混合微电网由于具有更好的经济性、安全性、可靠性，受到国内外的广泛关注。

6.3.4 交直流混合微电网的拓扑结构

微电网从交流母线和直流母线的配置角度，可分为交流微电网、直流微电网和交直流混合微电网。交直流混合微电网因其兼备交流微电网与直流微电网的优势，能更好地促进 DG 的消纳，同时也可以提高经济效益，是微电网发展的趋势。交直流混合微电网的典型结构包括各自独立连接运行的直流微电网子系统和交流微电网子系统以及双向变流器，如图 6-19 所示。图中，DG 代表各类分布式电源，如光伏、风机、燃料电池、微型同步电机等；ESS 代表储能装置，如蓄电池、超级电容器等；各电力电子装置根据母线类型和控制要求进行选择。该交直流混合微电网内部由各单元在其交流子微网或直流子微网内按照各自原则并联构成，外部由四象限运行的变换器连接，整个混合微电网由交流母线通过馈线并入电网。本质上，交直流混合微电网是在交流微电网的基础上发展而来，其核心为交流微电网系统中的交流母线，承担整个系统的连接反馈作用。而直流微电网子系统可视为逆变器作用下的特殊 DG，其重点是维持直流母线电压稳定，以确保供电可靠。

考虑到传统交流与直流微电网的网架结构，交直流混合微电网可以设计为辐射形、双端

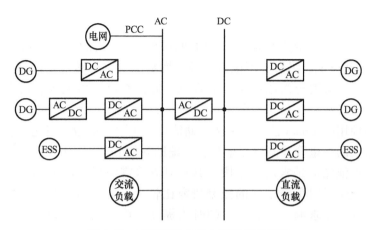

图 6-19　交直流混合微电网的典型结构

供电型、分段联络型、环形等拓扑结构。辐射形微电网结构简单,对控制保护要求低,但供电可靠性较低。两端供电型与辐射形微电网相比,当一侧电源发生故障时,可以通过操作联络开关,由另一侧电源供电,实现负载转供,提高整体可靠性。环形微电网相比两端供电型微电网,可实现故障快速定位、隔离,其余部分电网可像两端供电形运行,供电可靠性更高。构建交直流混合微电网网架时,根据供电可靠性与经济性的不同要求,选择最合适的网架结构,如图 6-20 所示。

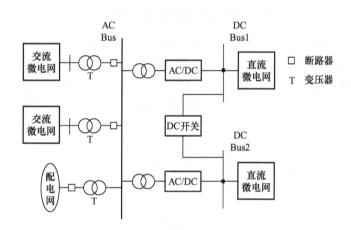

图 6-20　交直流混合微电网网架结构

　　交直流混合微电网运行方式相比单一系统的微电网而言,更加灵活,可以最大程度地满足就地消纳资源、响应负载需求等微电网规划设计的个性化需要,但同时对于技术要求偏高。现阶段而言,要将混合微电网模式大面积应用于实际电网市场,还需要很长的过程。

6.3.5　交直流混合微电网的电源管理系统

　　交直流混合微电网的运行控制相比单一直流微电网或交流微电网而言,除了复杂的发电单元、储能单元和交/直流负载单元的控制方法外,直流母线与交流母线之间双向变换器的功率流动也是研究重点。

1. 单元控制方法

单元控制方法主要是指交直流混合微电网中的 DG、储能装备和负载的控制运行方式。DG 主要有光伏电池、风机等不确定性源和燃料电池、小燃气轮机等稳定性源，电源的控制方式按照交直流混合微电网设计的理念，有提高可再生能源利用率的最大功率点跟踪控制，维持系统某一参数（如电压、频率）的 U/f 控制、PQ 控制，自主分配、自主管理能实现即插即用的 Droop 控制等方法。储能设备主要有电池、飞轮等，储能设备的控制方法往往与系统的能量管理方法相结合，以辅助其他 DG 协同工作。在交直流混合微电网现有研究中，电池储能是常用的手段，其控制方法需考虑蓄电池的充放电状态、电池的寿命等要素。现阶段对负载单元的控制研究比较少，主要集中在插入式电动汽车和电动飞机、负载特性、需求响应等方面，同时为提高可再生能源的利用率，主动负载响应的控制方法应运而生。

2. 电源管理系统

DG 间的协调控制策略是交直流混合微电网在并网模式与孤岛模式下良好运行的关键。在交直流混合微电网中，协调控制策略主要有能量管理和电源管理两种。两种管理方式在控制任务与时间长度上有所区别：前者是长期的电能输出以最优的方式满足需求；而后者则侧重于短期的电源、储能与负载之间的协调工作，实现电源之间的实时调度。

6.3.6 交直流混合微电网分布式电源容量配置

交直流混合微电网的拓扑结构是微电网设计之初考虑的问题，当微电网结构设计合理完备后，还需解决交直流混合微电网的容量配置问题。相比传统大电网，交直流混合微电网由于 DG 与储能装置的存在，容量配置问题更加复杂：DG 的随机性、波动性受地理环境影响较大；蓄电池的寿命增加了容量配置的约束条件。图 6-21 所示为交直流混合微电网能量管理系统。

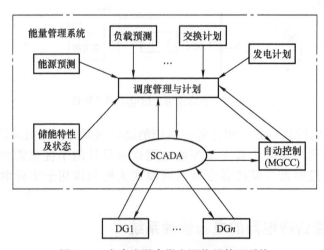

图 6-21　交直流混合微电网能量管理系统

交直流混合微电网的容量配置主要分为四部分：资源、负载、地理环境的调研与微电网网络结构的确定；设备型号与设备数量的选择；容量配置最优化模型的建立；容量配置最优化模型的求解。

容量配置最优化模型的建立主要分为目标函数的选取与约束条件的确定；目标函数主要分为可靠性指标与经济性指标两类；约束条件主要考虑系统运行约束、备用容量、蓄电池充放电约束等。容量配置最优化模型的求解方法主要有解析法和智能算法，智能算法具有计算简单、鲁棒性强、约束限制较少等优点，故目前被广泛采用，典型代表算法有遗传算法、粒子群优化算法和模拟退火算法。

目前，国内外针对微电网容量优化配置的研究主要集中在孤立微电网容量配置方面，重点研究容量配置优化模型的建立和智能算法的改进。同时，国外还开发了可用于研究微电网（太阳能/风能微电网）容量优化配置的软件，例如 Hybrid2 软件和 HOMER 软件。但是，近年来关于并网微电网的容量配置研究比较少，同时微电网容量配置问题的研究主要针对具体的情况，目标函数与约束条件纷繁错杂，未能形成统一的标准，因而缺少对交直流混合微电网整体的研究。

6.3.7　新能源接入交直流混合微电网的性能评估

1. 稳定性

电力系统的稳定性是指特定运行条件下的电力系统，在受到扰动后，重新恢复运行平衡状态的能力，根据性质不同主要分为功角稳定、电压稳定和频率稳定。相比传统电网，交直流混合微电网增加了直流子微网的稳定性问题，主要是电压稳定问题。同时，大量 DG 的不确定性影响和大量电力电子装置导致的低惯量性都导致交直流混合微电网的抗干扰能力减弱，系统稳定性问题更加复杂。

交直流混合微电网的稳定性问题可对并网运行模式和孤岛运行模式分别进行分析：并网模式下，由于大电网的支撑作用，主要考虑直流子微电网母线电压稳定问题，通过对应控制方法实现电压稳定；孤岛模式下，既要考虑直流子微电网的电压稳定问题，又要考虑交流子微电网的电压、频率、功角稳定问题。目前国内外对交直流微电网稳定性的综合研究较少，主要涉及微电网的小信号干扰稳定、暂态稳定，主要保持电压和频率的稳定。但是，国内外研究主要采用简化的 DG 和负载模型，忽略了 DG 的多样性和波动性以及非线性负载和感应电动势负载的影响，缺少对交直流混合微电网稳定性判据的建立。

2. 可靠性

电力系统的可靠性评估分为发电系统可靠性评估、输电系统可靠性评估和配电系统可靠性评估。与传统的电力系统相比，交直流混合微电网由于接入大量的 DG，其可靠性评估相比传统电力系统更加复杂，主要集中在发电系统可靠性评估和配电系统可靠性评估，以及可靠性评估指标等方面。

目前，国内外对交直流微电网的可靠性研究还处于起步阶段，主要集中在 DG 可靠性模型的建立，包括含 DG 微电网的可靠性评估、含 DG 的配电网可靠性评估以及新的可靠性指标的提出等。研究内容侧重于微电网中的 DG 和负载，缺少对微电网内部结构和大量复杂源、储、负载的考虑。同时，对于交直流混合微电网，交流子微电网和直流子微电网两个系统的互联也使可靠性的分析难度增大，国内外研究也相对较少。

3. 安全性

电力系统的安全性是指电力系统突然发生扰动（例如突然短路或非计划失去电力系统元件）时不间断地向用户提供电力和电量的能力。与传统电网相比，交直流混合微电网因其环境的复杂性、DG出力的不确定性、负载的随机性等因素，安全性评估在安全性影响因素的分析、评价指标（内部网架结构、容量、电压、频率，DG的出力等）的选择方面更加困难。

目前，国内外对于交直流混合微电网安全性研究的文章相当缺乏，少数涉及综合评价体系与独立微电网安全性分析。独立微电网的综合评价方法主要有主观赋权评价法（层次分析法、模糊综合评价法、德尔菲法等）、客观赋权法（熵权法、灰色关联度分析法、TOPSIS评价法、神经网络等）和组合方法。

交直流混合微电网的安全性研究是交直流混合微电网实现的必要条件，因此安全性评估仍需要大量的研究工作。

4. 经济性

交直流混合微电网除了要考虑稳定性、可靠性和安全性外，还需要分析经济性指标。经济性评估主要分为三方面：微电网规划设计阶段的经济性评估、微电网运行时的最优化管理和微电网优化调度。微电网规划设计阶段的经济性评估主要通过投入产出法、全生命周期和区间分析法来考虑成本指标（等年值设备投资费用、等年值运行维护费用等）和效益指标（利润净现值、投资回收期等）。微电网运行时的最优化管理主要通过目标函数（利润、最低成本等）和约束函数的建立，来管理系统的功率潮流。微电网的优化调度除了需要考虑发电成本，还需要考虑大电网的实时电价、DG的出力不稳定性和机组组合的环境效益，增加了电网调度的难度。

目前，国内外对微电网规划设计阶段的经济评估研究比较少，主要采用全生命周期分析法分析其规划效益；而交直流混合微电网优化管理与优化调度的研究相对比较丰富。优化调度主要涉及交直流混合微电网孤岛运行模式的经济调度、多目标问题的处理和约束条件的线性化、负载角度的优化等方面的研究，但其内容侧重于算法的改进与模型的搭建，所设计的网络结构也较为单一，未考虑交流微电网与直流微电网的互连等问题。

交直流混合微电网的性能评估如图6-22所示，根据不同的性能要求，设置合理的稳定

图6-22 交直流混合微电网性能评估

性、可靠性、安全性与经济性权重因子，来构建满足电力需求的交直流微电网。

6.3.8 交直流混合微电网存在的问题与展望

随着 DG、储能装置和直流负载的逐步渗透以及现有交流系统的广泛存在，交直流混合微电网将是今后发展的必然趋势。下面主要分析交直流混合微电网中现存的问题并对未来进行展望：

1) 现有的交直流混合微电网研究主要针对典型的交直流混合微电网结构，未来的交直流混合微电网中将包含多条不同等级的交流母线和直流母线，多条母线之间的协调控制与功率管理将是今后研究的热点问题。

2) 在未来的交直流混合微电网中，连接 DG 的电力电子装置、储能装置以及非线性负载等导致的电能质量问题将是一个重要课题。目前，谐波、三相不平衡和电压的凹陷/膨胀等问题在配电网中备受关注，不久的将来电能质量问题将更加严峻。因此，辅助装置（如无功补偿、电压不平衡补偿、谐波补偿、功率因数校正等）在交直流混合微电网中的应用研究将是未来研究的新方向。

3) 经济性能是交直流混合微电网设计与运行的重要指标，虽然相比传统电网，微电网在某些地区由于成本更高、用电需求多变等因素，经济性欠佳，但是随着大电网的支持作用与辅助装置成本的降低，交直流混合微电网具有更大的发展前景。不过，经济风险仍是大规模微电网渗透所需解决的必要问题。

4) 电源管理系统与单元控制策略需要确保交直流混合微电网在并网、孤岛与瞬时切换三种状态下都能稳定运行，尤其是并网和孤岛运行模式之间的过渡应该无缝且光滑。其次，需求侧响应与大电网的多时段电价等市场条件都会对交直流混合微电网的运行产生不同的影响。目前的研究主要针对某一方面，实际的微电网运行是一个长期的综合过程，因此未来的研究应充分考虑多种因素。

5) 交直流混合微电网的自治管理离不开相应的通信系统。目前，已有的交直流混合微电网都采用简单的集中通信或分布式通信系统，但对其通信系统未深入探讨。通信系统的可靠性、安全性、鲁棒性和经济性是选择通信技术和设计通信拓扑时需进一步考虑与研究的课题。

6) 交直流混合微电网的应用离不开保护装置的成熟应用，然而现阶段交直流混合微电网的保护技术研究处于起步阶段，开发具有灵活可靠的直流断路器成为未来研究的重点。

6.3.9 光伏发电技术与交直流混合微电网的应用

为支撑能源结构清洁化转型和能源消费革命，国家重点研发计划启动实施"智能电网技术与装备"重点专项，为提升分布式能源的充分消纳和利用效率，设置了多能源互补的分布式供能与微电网技术方向。作为该项技术的重要实践，2016 年年初，国网江苏电力与连云港边防支队通力合作，在连云港的车牛山岛规划建设了"交直流混合"的海岛智能微电网，2017 年 12 月投入试运行，并于 2018 年 4 月 25 日通过验收正式投运。该项目配备了国内首个交直流混合、三端口变流器，为外海岛屿的高品质用电提供了有效解决方案。

截至 2018 年 4 月，车牛山岛微电网共发电 5.76 万 kW·h，净化淡水 61t，供电供水实现自给自足，改变了靠补给船定期运送柴油发电的历史。该项目是"基于电力电子变压器的交直流混合分布式可再生能源技术研究"的成功初探，也是对国家重点研发计划实施项目的实质推进，对全国所有"高海边无"（高海拔、海岛、边防、无人区）地区的持续可靠用电具有重要意义。

目前，我国面积在 500m² 以上的岛屿有 6536 座，其中有人居住的有 400 多座，大多为远离陆地的中小型岛屿，对这些岛屿来说，持续、稳定的电力供应一直是个奢求。

车牛山岛位于连云港东北方向，距离陆地 47.5km，总面积 0.06km²。岛上的移动通信基站、海事信号站和边防部队长期依靠柴油机、光伏等供应电能，与国内其他远离陆地的岛屿一样，存在供电稳定性不足、自动化水平低和饮用水短缺等问题，且平时的给养保障全部依靠陆运，用水用电极为不便。为了解决这一问题，岛上安装了基于风力发电机组和光伏发电的智能微电网，供电、供水问题得到了有效解决，空调、电热水器等大功率电器的使用基本没有问题，使岛上居民可以享受跟陆地同样的生活，如图 6-23 所示。

图 6-23　光伏发电技术与交直流混合微电网的应用

车牛山岛微电网项目充分运用了基于电力电子变压器的交直流混合分布式可再生能源技术，三端口变流器是该工程的最大亮点，有了它，岛上的微电网就具备了可以思考的"大脑"，能够对岛上的风电、光伏、蓄电池等电能进行智能调度，使得岛上用电稳定、可靠。

车牛山岛的智能微电网建成后，岛上各个电源点和用电设备之间实现了互联互通，在不同天气条件下，不同用户间的电能可以互济互补，实现了岛上 50kW 风机、30kW 光伏、100kW 柴油机以及 450kW·h 储能的海岛能源综合利用，利用能源管理系统，精确协调控制发电、储能和用电，灵活调配各用户的连接方式，实现了"源-网-荷-储"协调控制和经济运行。

作为交直流混合智能型微电网的核心，三端口变流器还让海岛电网具备了远程运维的"遥控器"，远在数十千米之外的电网专业运维人员足不出户就可对岛上的电网和用电设备进行实时监控和远程诊断，有效解决了海岛因缺乏专业电网运维人员，海岛电网无法实时监控和及时运维等问题。

目前，国网江苏电力正在研发国内首个四端口微电网路由器，该技术处于世界领先水平，将在苏州同里新能源小镇进行试点运用，构建"以清洁为方向、以电为中心、以电网为平台、以电能替代为重点，多种能源协同互补"的现代能源体系，引领现代城市能源发展方向。

第 **7** 章
光伏发电系统设计原理与方法

7.1 光伏发电系统设计参数分析方法

7.1.1 参数分析法的基本公式

由于太阳时刻变化，光伏发电系统的输入能量（太阳能）是不规则变化的，其累计数值也是变化的，所以，光伏发电系统的设计相当复杂。本节就光伏发电系统的设计，给出一种不直接处理不规则事项，而采用定型化经验公式的方法，即参数分析法。

参数分析法又分为基于负载和日射量的方法（独立光伏发电系统等设计）以及基于允许面积的方法（屋顶并网光伏发电系统等设计）。

在设计光伏发电系统时，为了确定光伏组件等系统构成部件的容量（以供给预定负载所需的电力），可以使用下列计算公式。

1. 光伏组件容量的计算

（1）负载一定的情况

图 7-1 所示为主要设计参数的关系示意图。

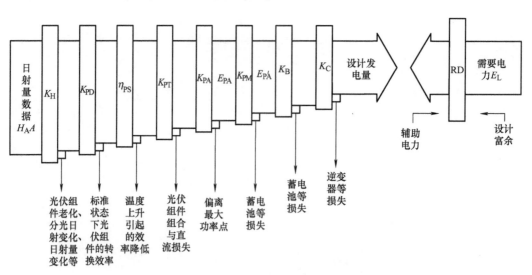

图 7-1　主要设计参数的关系示意图

在所供给电力的负载及其使用的电力量和负载类型确定的情况下，若将图 7-1 表示的能量流公式化，则可得

$$H_A A \eta_{PS} K = E_L DR \tag{7-1}$$

$$\eta_{PS} = P_{AS}/G_S A \tag{7-2}$$

式中，H_A 为某期间光伏组件得到的太阳辐射量（$kW \cdot h/m^2$）；A 为光伏组件面积（m^2）；η_{PS} 为标准状态下光伏组件的转换效率；K 为综合设计系数（综合系统效率）；E_L 为某期间负载需要的电量（$kW \cdot h$）；D 为光伏发电对负载的供电保证率；R 为设计富余系数（安全系数）；P_{AS} 为标准状态下光伏组件的出力（容量）（kW）；G_S 为标准状态下的太阳辐照度（kW/m^2）。

联立式(7-1) 和式(7-2)，可得满足负载要求的光伏组件容量 P_{AS} 为

$$P_{AS} = \frac{E_L DR}{(H_A/G_S)K} \tag{7-3}$$

供电保证率和辅助电能为

$$D = E_P/(E_P + E_U) \tag{7-4}$$

$$E_U = E_{UF} - E_{UT} \tag{7-5}$$

式中，E_P 为某一期间光伏发电系统的发电量（$kW \cdot h$）；E_U 为（辅助）电能（$kW \cdot h$）；E_{UF} 为来自系统的电能（$kW \cdot h$）；E_{UT} 为输入系统的电能（$kW \cdot h$）。

安全系数为

$$R = R_S R_L \tag{7-6}$$

式中，R_S 为设计安全系数（弥补系统设计中全体不确定的地方）；R_L 为设计富余系数（含负载能量需要的富余）；

（2）光伏组件面积一定的情况

同住宅用光伏发电系统一样，若不考虑组件的转换效率，可按如下公式计算光伏发电系统向负载或系统输送的发电量。

$$E_P = P_{AS}(H_A/G_S)K \tag{7-7}$$

$$P_{AS} = \eta_{PS} A G_S \tag{7-8}$$

计算光伏发电系统相关参数时，还存在如下几个参数：

$$E_P = P_{AS} Y_P = P_{AS} \times 8760 F_C \tag{7-9}$$

$$Y_P = (H_A/G_S)K = Y_I K = 8760 F_C \tag{7-10}$$

$$F_C = Y_P/8760, \quad Y_I = H_A/G_S \tag{7-11}$$

式中，Y_P 为等价系统运行时间（h）；F_C 为某期间系统利用率；Y_I 为等价日照时间（h）。

通常将 K 称为系统的出力系数，其他参数在评价光伏发电系统的实际运行特性时也很适用。

2. 蓄电池容量的计算

（1）稳定的负载系统

在负载的用电量较为均衡时，可用式(7-12) 计算蓄电池容量：

$$B_{kW \cdot h} = (E_{LBd} N_d R_B)/(C_{BD} U_B \delta_{BD}) \tag{7-12}$$

式中，$B_{kW \cdot h}$ 为蓄电池容量（$kW \cdot h$）；E_{LBd} 为负载每天由蓄电池的供电量（$kW \cdot h/d$）；N_d 为无日照连续天数（d）；R_B 为蓄电池设计余量；C_{BD} 为容量降低系数（若以规定的放电时间率给出，则取 $C_{BD} = 1$）；U_B 为蓄电池可以利用的放电范围；δ_{BD} 为蓄电池放电时的电压下降率。

由于 E_{LBd} 是以蓄电池输出端定义的 [见式(7-13)]，所以有必要计算功率调节回路修正系数。

$$E_{LBd} = \frac{\eta_{BA}\gamma_{BA}/K_C}{1 + \eta_{BA}\gamma_{BA} - \gamma_{BA}}E_{Pd} \tag{7-13}$$

式中，E_{Pd} 为系统发电量（kW·h/d）。

（2）按照辐照度控制负载容量的系统

雨天或者夜间的用电量最低，一般设计为不停电运行方式。此时，在上述无日照连续天数期间，蓄电池容量仅向负载供给最低电力，即

$$B_{kW·h} = [E_{LE} - P_{AS}(H_{AI}/G_S)K](N_dR_B)/(C_{BD}U_B\delta_{BD}) \tag{7-14}$$

式中，E_{LE} 为负载需要的最低电力量（kW·h）；H_{AI} 为无日照连续天数期间光伏组件所得到的平均太阳辐射量 [kW·h/(m²·d)]。

蓄电池容量因放电时间率的不同而不同，放电时间率越小，放电电流越大，则蓄电池的容量就越小。因此，要根据负载的大小及系统运行的时长决定蓄电池的放电时间率，再决定蓄电池的容量。

（3）混合系统

混合系统指的是设置辅助发电机的光伏发电系统，发电机根据系统的要求可以立刻起动。对于配有大功率柴油发电机组的混合系统，式(7-12) 通常选定 $N_d = 2$（d）来计算。具体来说，有必要按照模拟等方法进行专门的研究，因为涉及的计算推演比较复杂，这里不做介绍。

3. 逆变器容量的计算

（1）独立运行系统

独立运行系统逆变器容量为

$$P_{IN} = P_{LAmax}R_{RUSH}R_{IN} \tag{7-15}$$

式中，P_{IN} 为逆变器容量（kV·A）；P_{LAmax} 为预计增设的负载最大功率容量（最大视在功率）（kV·A）；R_{RUSH} 为冲击电流率；R_{IN} 为设计富余系数（也称安全系数，通常选用值为 1.5~2.0）。

冲击电流率要考虑起动电动机等对负载带来的最大冲击电流，以在电动机依次起动的条件下最后起动的最大容量的电动机来计算，即若设最大容量时的稳定电流为 I_a，最大容量的电动机定常电流为 I_b，最大容量的电动机冲击电流为 I_m，则

$$R_{RUSH} = (I_a - I_b + I_m)/I_a \tag{7-16}$$

（2）混合运行系统

逆变器要有最大的电力跟踪控制功能，以便尽可能多地将光伏组件所发的电能输送到系统中去：一方面，因逆变器负载率低而使效率降低；另一方面，又因为价格随容量上升。考虑到这些因素，理应避免容量过大。粗略思考，当日射光照强度接近最大值时，光伏电池温度上升，光伏组件出力下降，逆变器效率也就随之下降，故逆变器容量可以小于光伏组件的容量，即

$$P_{IN} = P_{AS}C_A \tag{7-17}$$

式中，C_A 为光伏组件容量的衰减系数，通常取 0.8~0.9。

7.1.2 设计参数的定义

在光伏组件容量的设计计算中所定义的综合系数，要分解成多个阶层构成的设计参数，这些参数在设计中最终可以以乘积的形式加以利用［见式(7-18)］。设计的基本公式是对发电量的表示，有关的设计参数也是为发电量给出的。必须算出所计测的日射光照强度和发电量等在某一个期间的累计值，该期间至少要有 1 年。

$$K = K_H K_P K_B K_C \text{ 或 } K = K_H^* K_P K_B K_C \tag{7-18}$$

式中，K_H 为入射量修正系数（以光伏组件入射量为基准）；K_H^* 为入射量修正系数（以水平全天日射量为基准），$K_H^* = K_{HB} K_H$，K_{HB} 为由水平面日射量向光伏组件日射量的换算系数；K_P 为光伏电池转换效率修正系数；K_B 为蓄电池回路修正系数；K_C 为功率调节器回路修正系数。

式(7-18) 中，入射量修正系数为

$$K_H = K_{HD} K_{HS} K_{HC} \text{ 或 } K_H^* = K_{HG} K_{HD} K_{HS} K_{HC} \tag{7-19}$$

式中，K_{HD} 为日射量年变化修正系数；K_{HS} 为遮阴修正系数；K_{HC} 为入射有效系数；K_{HG} 为光伏组件日射量增加的主要因素，通常要大于 1。

式(7-19) 中，入射有效系数为

$$K_{HC} = K_{HCD} K_{HCT} \tag{7-20}$$

式中，K_{HCD} 为法面直射日射系数；K_{HCT} 为平面跟踪增益系数。

式(7-18) 中，光伏电池转换效率修正系数为

$$K_P = K_{PD} K_{PT} K_{PA} K_{PM} \tag{7-21}$$

式中，K_{PD} 为经时变化修正系数；K_{PT} 为温度修正系数；K_{PA} 为光伏组件回路修正系数；K_{PM} 为负载整合修正系数。

式(7-21) 中，经时变化修正系数为

$$K_{PD} = K_{PDS} K_{PDD} K_{PDR} \tag{7-22}$$

式中，K_{PDS} 为污渍修正系数；K_{PDD} 为老化修正系数；K_{PDR} 为发光电响应变化修正系数。

式(7-22) 中，发光电响应变化修正系数为

$$K_{PDR} = K_{PDRS} K_{PDRN} \tag{7-23}$$

式中，K_{PDRS} 为分光响应变化修正系数；K_{PDRN} 为非线性响应变化修正系数。

式(7-21) 中，光伏组件回路修正系数为

$$K_{PA} = K_{PAU} K_{PAL} \tag{7-24}$$

式中，K_{PAU} 为光伏组件回路组合修正系数；K_{PAL} 为光伏组件回路损失修正系数。

式(7-18) 中，蓄电池回路修正系数为

$$K_B = (1 - \gamma_{BA}) \eta_{BD} + \gamma_{BA} \eta_{BA} \tag{7-25}$$

式中，γ_{BA} 为蓄电池允许放电率；η_{BD} 为旁路能量效率；η_{BA} 为蓄电池端部能量储存效率，$\eta_{BA} = K_{B,OP} \eta_{BTS}$，其中 η_{BTS} 为蓄电池组合试验效率；$K_{B,OP}$ 为蓄电池运行综合效率修正系数，其值为

$$K_{B,OP} = K_{B,Sd} K_{B,ur} K_{B,au} \eta_{BC} \tag{7-26}$$

式中，$K_{B,Sd}$ 为自由放电系数；$K_{B,ur}$ 为非平衡充电系数；$K_{B,au}$ 为辅机动力降低系数；η_{BC} 为充放电控制装置的效率。

式(7-18) 中，功率调节器回路修正系数为

$$K_C = \gamma_{DC} K_{DD} + (1 - \gamma_{DC}) K_{IN} \tag{7-27}$$

式中，γ_{DC} 为直流放电率；K_{DD} 为 DC/DC 变换器回路修正系数，见式(7-28)；K_{IN} 为逆变器回路修正系数，见式(7-29)。

$$K_{DD} = \eta_{DDO} K_{DDC} \tag{7-28}$$

式中，η_{DDO} 为变换器效率；K_{DDC} 为 DC/DC 变换器输出回路修正系数。

$$K_{IN} = \eta_{INO} K_{AAC} \tag{7-29}$$

式中，η_{INO} 为逆变器效率；K_{AAC} 为逆变器 AC 回路修正系数，见式(7-30)。

$$K_{AAC} = K_{INAU} K_{ACTR} K_{ACFT} K_{ACLN} K_{ACSA} \tag{7-30}$$

式中，K_{INAU} 为逆变器输出辅助回路的效率；K_{ACTR} 为变压器效率；K_{ACFT} 为滤波器效率；K_{ACLN} 为逆变器输出到负载的交流线路效率；K_{ACSA} 为逆变器输出系统辅助电源的能效。

入射量修正系数 K_H 是考虑到由气象观察数据算出的光伏组件日射量减少的主要因素。而 K_{HG} 则是光伏组件日射量增加的主要原因，通常大于 1。光伏电池转换效率修正系数 K_P，是考虑到在标准状态下测定的光伏组件输出的功率，在现场条件下会有各种因素使其数值有所降低。

蓄电池回路修正系数 K_B，是考虑到蓄电池自身能量储存效率和充放电控制回路等的效率，以某一定时间内的能量效率来定义的。

一般而言，能量效率定义式［式(7-31)］中各个设计参数的定义，如图 7-1 所示的原理，为输出功率、输入功率之比，是某个期间内（τ_P）的能量之比，即 E_{out}/E_{in}，这一点要特别注意。

$$\frac{E_{in}}{P_{in}} \to K_x \frac{E_{out}}{P_{out}} \qquad K_x = \frac{\int_{\tau_P} P_{out} d\tau}{\int_{\tau_P} P_{in} d\tau} \tag{7-31}$$

式中，K_x 为逆变器各个设计参数；P_{in} 为输入功率（kW）；E_{in} 为输入能量（kW·h）；P_{out} 为输出功率（kW）；E_{out} 为输出能量（kW·h）。

7.2 光伏发电系统容量设计与计算

7.2.1 设计基本思路

1. 设计基本内容

太阳能光伏发电系统容量设计与计算的主要内容有两部分：光伏组件功率和阵列构成的设计与计算；蓄电池的容量与蓄电池组合的设计与计算。下面介绍光伏组件与蓄电池的设计与计算方法，并提供几种计算公式，以不同的太阳能辐射资源参数为依据进行计算。

对独立光伏发电系统来说，光伏组件的设计原则是要满足平均天气条件（太阳辐射量）下负载每日用电量的需求。也就是说，光伏组件的全年发电量要略大于或等于负载全年用电量。因为天气条件有低于和高于平均值的情况，所以设计光伏组件时要满足光

照最差、太阳能辐射量最小季节的需要。如果只按平均值去设计，势必造成全年1/3多时间的光照最差季节蓄电池的连续亏电。蓄电池长时间处于亏电状态，将造成蓄电池的极板硫酸化，使蓄电池的使用寿命和性能受到很大影响，整个系统的后续运行费用也将大幅度增加。设计时也不能考虑为了给蓄电池尽可能快地充满电而将光伏组件功率设计得过大，否则在一年中的绝大部分时间里，光伏组件的发电量会远远大于负载的用电量，造成光伏组件的浪费和系统整体成本的过高。因此，光伏组件设计的最好办法就是使光伏组件发电功率能基本满足光照最差季节的需要，就是在光照最差的季节，蓄电池也基本上能够天天充满电。

在有些地区，最差季节的光照强度远远低于全年平均值，如果还按最差情况设计光伏组件的功率，那么在一年中其他时间的发电量就会远远超过实际所需，造成浪费。这时只能考虑适当加大蓄电池的设计容量，增加储存电能，使蓄电池处于浅放电状态。弥补光照最差季节发电量不足对蓄电池造成的伤害。有条件的地方还可以考虑采取风力发电与太阳能发电互相补充（简称风光互补）及市电互补等措施，达到系统综合成本效益最佳。

2. 设计基本步骤

光伏发电系统的设计步骤如图 7-2 所示。

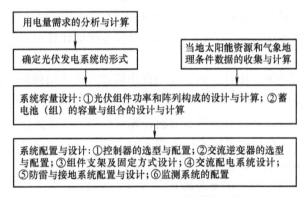

图 7-2　光伏发电系统的设计步骤

7.2.2　光伏组件及阵列的设计方法

由于光伏组件的设计就是满足负载年平均日用电量的需求。所以，确定光伏组件功率大小的基本方法就是用负载平均每天所需要的用电量（单位为 W·h 或 A·h）为基本数据，以当地太阳能资源参数（如峰值日照时数、年辐射总量等）为参照数据，并结合相关因素数据或系数进行综合计算。

在设计和计算光伏组件或光伏阵列时，一般有两种方法：一种方法是根据上述各种数据直接计算出光伏组件或光伏阵列的功率，根据计算结果选配或定制相应功率的组件，进而得到光伏组件的外形尺寸和安装尺寸等，这种方法适用于中小型光伏发电系统的设计；另一种方法是先选定尺寸符合要求的光伏组件，相据该组件峰值功率、峰值工作电流和日发电量等数据，结合上述数据进行设计计算，在计算中确定光伏组件的串并联数及总功率，这种方法适用于中大型光伏发电系统的设计。下面以第二种方法为例介绍一个常用的光伏组件设计的计算方法，其他计算方法在后文介绍。

1. 基本计算方法

用负载日平均所消耗的电量（A·h）除以选定的光伏组件在一天中的平均发电量（A·h），计算算出整个系统需要并联的光伏组件数量。这些组件的并联输出电流就是系统负载所需要的电流，具体公式为

$$光伏组件的并联数 = \frac{负载日平均用电量(A·h)}{组件日平均发电量(A·h)} \quad (7-32)$$

式中，组件日平均发电量＝组件峰值工作电流（A）×峰值日照时数（h）。

再将系统的工作电压除以光伏组件的峰值工作电压，就可以算出光伏组件的串联数量。这些光伏组件串联后，就可以产生系统负载所需要的工作电压或蓄电池组的充电电压，具体公式为

$$光伏组件的串联数 = \frac{1.43 \times 系统工作电压(V)}{组件峰值工作电压(V)} \quad (7-33)$$

系数 1.43 是光伏组件峰值工作电压与系统工作电压的比值。例如，为工作电压 12V 的系统供电或充电的光伏组件的峰值电压是 17～17.5V，为工作电压 24V 的系统供电或充电的峰值电压为 34～34.5V 等。为方便计算，用系统工作电压乘以 1.43，表示该组件或整个阵列的峰值电压近似值。例如，假设某光伏发电系统工作电压为 48V，选择峰值工作电压为 17V 的光伏组件，光伏组件的串联数＝48V×1.43÷17V≈4.03≈4（块）。

计算出光伏组件的并联数和串联数后，就可以很方便地计算出这个光伏组件或阵列的总功率了，计算公式为

光伏组件(阵列)总功率＝组件并联数×组件串联数×选定组件的峰值输出功率　(7-34)

2. 相关因素的考虑

上面的计算公式完全是理想状态下的书面计算，根据上述公式计算出光伏组件容量，在实际应用中是不能满足光伏发电系统的用电需求的。为了得到更准确的数据，就要把一些相关因素和数据考虑进来并纳入计算中。

与光伏组件发电量相关的主要因素如下：

（1）光伏组件的功率衰降

在光伏发电系统的实际应用中，光伏组件的输出功率（发电量）会因为各种内外因素的影响而衰减或降低。例如，灰尘的覆盖、组件自身功率的衰降、线路的损耗等各种不可量化的因素，在交流光伏发电系统中还要考虑交流逆变器的转换效率因素。因此，设计时要将造成光伏组件功率衰降的各种因素按 10% 的损耗计算；如果是交流光伏发电系统，考虑交流逆变器转换效率的损失，按 10% 计算。这些实际上都是光伏发电系统设计时需要考虑的安全系数。设计时为光伏组件留有合理余量，是系统长期正常运行的保证。

（2）蓄电池的充放电损耗

在蓄电池的充放电过程中，光伏电池产生的电流在转换储存的过程中会因为发热、电解水蒸发等产生一定的损耗，也就是说，蓄电池的充电效率根据蓄电池的不同而不同，一般为 90%～95%。因此，在设计时也要根据蓄电池的不同将光伏组件的功率增加 5%～10%，以抵消蓄电池充放电过程中的耗散损失。

3. 实用的计算公式

用负载日平均用电量除以蓄电池的充电效率，这样便增加了每天的负载用电量，实际上

给出了光伏组件需要负担的真正负载；用光伏组件的损耗系数乘以组件的日平均发电量，这样就考虑了环境因素和组件自身衰降造成的组件发电量的减少，有了一个符合实际应用情况下的太阳电池发电量的保守估算值。综合考虑以上因素，得出计算公式如下：

$$光伏组件的并联数 = \frac{负载日平均用电量(A \cdot h)}{组件日平均 \times 充电 \times 组件 \times 逆变器}{发电量(A \cdot h) \quad 效率系数 \quad 损耗系数 \quad 效率系数} \qquad (7-35)$$

$$光伏组件的串联数 = \frac{1.43 \times 系统工作电压(V)}{组件峰值工作电压(V)} \qquad (7-36)$$

$$光伏组件(阵列)总功率 = 组件并联数 \times 组件串联数 \times 选定组件的峰值输出功率 \qquad (7-37)$$

在进行光伏组件设计时，还要考虑季节变化对系统发电量的影响。因为计算得出的组件容量一般都是以当地太阳能辐射资源的参数（如峰值日照时数、年辐射总量等）为参照数据，这些数据都是全年平均数据，参照这些数据计算出的结果，在春、夏、秋季一般都没有问题，冬季可能就会有点欠缺。所以在有条件或设计比较重要的光伏发电系统时，最好以当地全年每个月的太阳能辐射资源参数分别计算各个月的发电量，进而推算出光伏组件的数量，其中的最大值就是一年中所需的光伏组件数量。例如，某地计算出冬季需要的光伏组件数量是8块，但在夏季可能有5块就够了，为了保证该系统全年的正常运行，必须按照冬季的数量确定系统的容量。

举例：某地建设一个为移动通信基站供电的太阳能光伏发电系统，该系统为直流负载，负载工作电压为48V，用电量为每天150A·h，该地区最低的光照辐射是1月份，其倾斜面峰值日照时数是3.5h，选定125W光伏组件，其主要参数为峰值功率125W、峰值工作电压34.3V、峰值工作电流3.65A，计算光伏组件使用数量并进行光伏阵列的组合设计。

根据上述条件，确定组件损耗系数为0.9，充电效率系数也为0.9。因该系统是直流系统，所以不考虑逆变器的转换效率系数。

$$光伏组件并联数 = \frac{150A \cdot h}{3.65A \times 3.5h \times 0.9 \times 0.9} \approx 14.49$$

$$光伏组件串联数 = \frac{1.43 \times 48V}{34.3V} \approx 2$$

根据以上计算数据，采用"就高不就低"的原则，确定光伏组件并联数是15块，串联数是2块。也就是说，每2块光伏组件串联连接，15串光伏组件再并联连接，共需要125W光伏组件30块，构成光伏阵列，如图7-3所示。该阵列总功率为15×2×125W = 3750W。

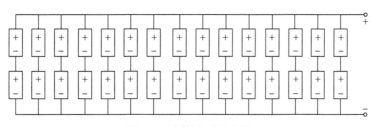

图7-3　光伏阵列示意图

7.2.3 蓄电池组的设计方法

蓄电池的任务是在太阳辐射量不足时，保证系统负载的正常用电，为此需要在设计时引入一个气象条件参数：连续阴雨天数。这个参数在前面已经做了介绍，一般计算时都取当地最大连续阴雨天数，但也要综合考虑负载对电源的要求。对于不太重要的负载（如太阳能路灯等），可根据经验或需要在3~7天内选取；对于重要的负载（如通信、导航、医院救治等），则在7~15天内选取。另外，还要考虑光伏发电系统的安装地点，如果在偏远地区，蓄电池容量要设计得较大些，因为维护人员到达现场需要很长时间。实际应用中，有的移动通信基站由于山高路远，去一次很不方便，除了配置正常蓄电池组外，还要配备一组备用蓄电池组，以备不时之需，这种发电系统把可靠性放在第一位，不可单纯考虑经济性。

蓄电池的设计主要包括蓄电池容量的设计和蓄电池组串并联组合的设计。在光伏发电系统中，大部分使用的都是铅酸电池，这考虑的主要是技术成熟和成本等因素，因此下面介绍的设计方法也主要以铅酸电池为主。

1. 基本计算公式

先将负载每天需要的用电量乘以根据当地气象资料或实际情况确定的连续阴雨天数，即可得到初步的蓄电池容量。然后，将得到的蓄电池容量除以蓄电池允许的最大放电深度系数（由于铅酸电池的特性，在确定的连续阴雨天内，绝对不能100%放电而把电用光，否则蓄电池会在很短的时间内损坏，大大缩短使用寿命，所以需要除以最大放电深度系数），得到所需要的蓄电池容量。最大放电深度的选择需要参考蓄电池生产厂家提供的性能参数资料。一般情况下，浅循环型蓄电池选用50%放电深度，深循环型蓄电池选用75%放电深度。蓄电池容量的计算公式为

$$蓄电池容量 = \frac{负载日平均用电量(A \cdot h) \times 连续阴雨天数}{最大放电深度} \tag{7-38}$$

2. 相关因素的考虑

式(7-38) 只是对蓄电池容量的基本估算，在实际应用中还有一些性能参数会对蓄电池的容量和使用寿命产生影响，其中主要的两个因素是蓄电池的放电率和使用环境温度。

(1) 放电率对蓄电池容量的影响

所谓放电率，也就是放电时间和放电电流与蓄电池容量的比率，一般分为20小时率（20h）、10小时率（10h）、5小时率（5h）、3小时率（3h）、1小时率（1h）、0.5小时率（0.5h）等。大电流放电时，放电时间短，蓄电池容量会比标称容量缩水；小电流放电时，放电时间长，实际放电容量会比标称容量增加。比如，容量为100A·h的蓄电池，用2A的电流放电能放50h，但要用50A的电流放电，则放电时间不到2h，实际容量不到100A·h。蓄电池的容量随着放电率的改变而改变，这样就会对容量设计产生影响。当系统负载放电电流大时，蓄电池的实际容量会比设计容量小，造成系统供电量不足；而系统负载工作电流小时，蓄电池的实际容量就会比设计容量大，造成系统成本的无谓增加，特别是在光伏发电系统中应用的蓄电池，放电率一般都较小，差不多都在50小时率以上，而生产厂家提供的蓄电池标称容量一般是10h放电率下的容量。因此，在设计时要考虑到光伏发电系统中蓄电池放电率对容量的影响，并计算光伏发电系统的实际平均放电率，根据生产厂家提供的该型号

蓄电池在不同放电率下的容量，就可以对蓄电池的容量进行校对和修正了。当没有详细的容量放电率资料时，也可对慢放电率 50~200h 光伏发电系统蓄电池的容量进行估算，一般比蓄电池的标准容量提高 5%~20%，相应的放电率修正系数为 0.8~0.95。光伏发电系统的平均放电率计算公式为

$$平均放电率(h) = \frac{连续阴雨天数 \times 负载工作时间}{最大放电深度} \tag{7-39}$$

对于有多路不同负载的光伏发电系统，负载的工作时间需要用加权平均法来进行计算，加权平均负载工作的时间计算方法为

$$负载工作时间 = \frac{\sum(负载功率 \times 负载工作时间)}{\sum 负载功率} \tag{7-40}$$

根据式(7-39) 和式(7-40)，可以计算出光伏发电系统的实际平均放电率，根据蓄电池生产厂商提供的该型号蓄电池在不同放电率下的蓄电池容量，就可以对蓄电池的容量进行修正。

（2）环境温度对蓄电池容量的影响

蓄电池的容量会随着蓄电池温度的变化而变化，当蓄电池的温度下降时，蓄电池的容量会下降，温度低于 0℃ 时，蓄电池容量会急剧下降；当温度升高时，蓄电池的容量略有升高。蓄电池的标称容量一般都是在环境温度为 25℃ 时标定的，随着温度的降低，0℃ 时的容量下降到标称容量的 83%~85%，−10℃ 时下降到标称容量的 73%~75%，20℃ 时下降到标称容量的 93%~96%，所以必须考虑蓄电池的使用环境温度对其容量的影响。当最低温度过低时，还要对蓄电池采取相应的保温措施，如地埋、移入房间，或者改用价格更高的胶体型铅酸电池等。蓄电池温度与放电容量关系曲线如图 7-4 所示。

当光伏发电系统安装地点的最低温度很低时，设计时需要的蓄电池容量就要比正常温度范围的容量大，这样才能保证光伏发电系统在最低温度时也能提供所需的电量。因此，在设计时应参考蓄电池生产厂家提供的蓄电池温度-容量修正曲线图，从中查到对应温度蓄电池容量的修正系数，并将此修正系数纳入计算公式，对蓄电池容量的初步计算结果进行修正。如果没有相应的蓄电池温度-容量修正曲线图，也可根据经验确定温度修正系数，一般 0℃ 时的修正系数可在 0.9~0.95 之间选取，−10℃ 时可在 0.8~0.9 之间选取，−20℃ 时可在 0.7~0.8 之间选取。

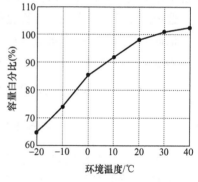

图 7-4 蓄电池温度与放电容量关系曲线

另外，过低的环境温度还会对最大放电深度产生影响。当环境温度在 −10℃ 以下时，循环型蓄电池的最大放电深度应由常温时的 50% 调整为 35%~40%，深循环型蓄电池最大放电深度应由常温时的 75% 调整到 60%。这样既可以提高蓄电池的使用寿命，减少蓄电池系统的维护费用，同时系统成本也不会太高。

3. 实用的蓄电池容量计算公式

上面介绍的只是理论计算，在考虑各种因素的影响后，将相关系数代入计算中，得出实

用的蓄电池容量计算公式，即

$$蓄电池容量 = \frac{负载日平均用电量(A \cdot h) \times 连续阴雨天数 \times 放电率修正系数}{最大放电深度 \times 低温修正系数} \quad (7\text{-}41)$$

当确定了所需的蓄电池容量后，就要进行蓄电池组的串并联设计了。蓄电池有标称电压和标称容量，如 2V、6V、12V 和 50A·h、300A·h、1200A·h 等，为了达到系统的工作电压和容量，就需要把蓄电池串并联起来给系统和负载供电，蓄电池串并联数的计算公式为

$$蓄电池串联数 = \frac{系统工作电压}{蓄电池标称电压} \quad (7\text{-}42)$$

$$蓄电池并联数 = \frac{蓄电池总容量}{蓄电池标称容量} \quad (7\text{-}43)$$

蓄电池单体的标称容量可以有多种选择，例如，假如计算出来的蓄电池容量为 600A·h，那么可以选择 1 个 600A·h 的单体蓄电池，也可以选择 2 个 300A·h 的蓄电池并联，还可以选择 3 个 200A·h 或 6 个 100A·h 的蓄电池并联。从理论上讲，这些选择都没有问题，但是在实际应用中，要尽量选择大容量的蓄电池以减少并联的数目。这样做的目的是尽量减少蓄电池之间的不平衡所造成的影响。并联的组数越多，发生蓄电池不平衡的可能性就越大，一般要求并联的蓄电池数量不得超过 4 组。

举例：某地建设一个移动通信基站的太阳能光伏供电系统，该系统为直流负载，负载工作电压为 48V。该系统有两套设备负载：一套设备工作电流为 1.5A，每天工作 24h；另一套设备工作电流为 4.5A，每天工作 12h。该地区的最低气温是 -20℃，最大连续阴雨天数为 6 天，选用深循环型蓄电池，计算蓄电池组的容量和串并联数量，并设计连接方式。

根据上述条件，确定最大放电深度系数为 0.6，低温修正系数为 0.7。

为求得放电率修正系数，先计算该系统的平均放电率：

$$加权平均负载工作时间 = \frac{1.5A \times 24h + 4.5A \times 12h}{1.5A + 4.5A} = 15h$$

$$平均放电率 = \frac{6(天) \times 15h}{0.6} = 150h \ 放电率$$

150h 放电率属于小放电率，在此可以根据蓄电池生产厂商提供的资料查出的该型号蓄电池在 150h 放电率下的蓄电池容量进行修正；也可以按照经验进行估算，150h 放电率下的蓄电池容量会比标称容量增加 15% 左右，在此确定放电率修正系数为 0.85。负载日平均用电量为

$$负载日平均用电量 = 1.5A \times 24h + 4.5A \times 12h = 90A \cdot h$$

蓄电池容量为

$$蓄电池容量 = \frac{90A \cdot h \times 6 \times 0.85}{0.6 \times 0.7} \approx 1092.86A \cdot h$$

根据计算结果和蓄电池手册参数资料，可选择 2V/600A·h 蓄电池或 2V/1200A·h 蓄电池，这里选择 2V/600A·h 蓄电池。

$$蓄电池串联数 = \frac{48V}{2V} = 24 \ 块$$

$$蓄电池并联数 = \frac{1092.86A \cdot h}{600A \cdot h} \approx 1.82 \ 块 \approx 2 \ 块$$

蓄电池组总块数 = 24 × 2 块 = 48 块

根据以上计算结果，共需要 2V/600A·h 蓄电池 48 块构成蓄电池组，其中每 24 块串联后，再 2 串并联，如图 7-5 所示。

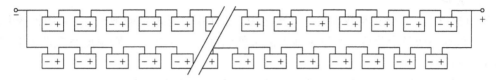

图 7-5　蓄电池组串并联示意图

和本例一样，目前很多光伏发电系统都采用两组蓄电池并联模式，目的是万一当一组蓄电池因故障不能正常工作时，可以将该组蓄电池断开进行维修，而另一组蓄电池还能维持系统正常工作一段时间。总之，蓄电池组的串并联设计需要根据不同的实际情况做选择。

7.2.4　蓄电池容量的简易设计方法

除了上面介绍的设计方法之外，在实际应用中也可以使用简易设计方法，下面分别介绍，供读者根据实际情况进行参考。

1. 以峰值日照时数依据的简易计算方法

该方法常用于小型独立太阳能光伏发电系统的快速设计与计算，也可用来对其他计算方法进行验算，其主要参照的太阳能辐射参数是当地峰值日照时数，公式为

$$光伏组件功率 = \left(\frac{用电器功率 \times 用电时间}{当地峰值日照时数}\right) \times 损耗系数 \tag{7-44}$$

$$蓄电池容量 = \left(\frac{用电器功率 \times 用电时间}{系统电压}\right) \times 连续阴雨天数 \times 系统安全系数 \tag{7-45}$$

式 (7-44) 和式 (7-45) 中，光伏组件功率和用电器功率的单位是瓦（W）；用电时间和当地峰值日照时数的单位是小时（h）；蓄电池容量单位为安时（A·h）；系统电压是指蓄电池或蓄电池组的工作电压，单位是伏（V）。

损耗系数主要包括线路损耗、控制器接入损耗、光伏组件玻璃表面脏污及安装倾角不能兼顾冬季和夏季等因素，可根据需要在 1.6 ~ 2 之间选取。

系统安全系数主要是为蓄电池放电深度（剩余电量）、冬天时蓄电池放电容量减小、逆变器转换效率等因素所加的系数，计算时可根据需要在 1.6 ~ 2 之间选取。

2. 以太阳能年辐射总量为依据的简易计算方法

以太阳能年辐射总量为依据的计算公式为

$$光伏组件（阵列）功率 = \frac{K \times (用电器工作电压 \times 工作电流 \times 用电时间)}{当地太阳能年辐射总量} \tag{7-46}$$

$$\begin{aligned}蓄电池容量 = {} &蓄电池放电容量修正系数 \times 用电器工作电流 \\ &\times 用电时间 \times 连续阴雨天数 \times 低温系数\end{aligned} \tag{7-47}$$

式中，光伏组件（阵列）功率的单位是瓦（W）；用电器工作电压的单位是伏（V）；工作电流的单位是安（A）；用电时间的单位是小时（h）；蓄电池容量的单位为安时（A·h）；太阳能年辐射总量的单位是千焦每平方厘米（kJ/cm²）。

式(7-46) 中的 K 为辐射量修正系数，单位是千焦每平方厘米小时 $[kJ/(cm^2 \cdot h)]$。对于不同的运行情况，K 可以适当调整，当光伏发电系统处于有人维护和一般使用状态时，K 取 230；当系统无人维护且要求可靠时，K 取 251；当系统无法维护、环境恶劣且要求日常可靠时，K 取 276。

蓄电池放电容量修正系数和安全系数之积，采用碱性蓄电池时取 1.5，采用铅酸电池时取 1.8。低温系数是指若蓄电池放置地点的最低温度达到 $-10℃$，则温度系数取 1.1；若达 $-20℃$，则取 1.2。

3. 以太阳能年辐射总量和斜面修正系数为依据的简易计算方法

该方法常用于独立光伏发电系统的快速设计与计算，也可以用来对其他计算方法进行验算。其主要参照的太阳能辐射参数是当地太阳能年辐射总量和斜面修正系数。

首先根据各用电器的额定功率和每日平均工作的小时数，计算出总用电量：

$$负载总用电量(W \cdot h) = \sum (用电器功率 \times 日平均工作时间) \qquad (7-48)$$

$$光伏组件(阵列)的功率(W) = \frac{5618 \times 安全系数 \times 负载总用电量}{斜面修正系数 \times 水平面年平均辐射量} \qquad (7-49)$$

为方便计算，系数 5618 是将充放电效率系数、光伏组件衰降系数等因素，经过单位换算及简化处理后，得出的系数。安全系数是根据使用环境、有无备用电源、是否有人值守等因素确定的。一般在 1.1 ~ 1.3 之间选取。水平面年平均辐射量的单位是 $kJ/(m^2 \cdot d)$。

蓄电池容量的计算与当地连续阴雨天数关系很大，一般遇到的连续阴雨天为 3 ~ 5 天，恶劣的可能达到 7 天以上。这个期间的平均日照量只能达到正常日照量的 15% 左右，即缺少 85% 的日照量所能储存的电能。照此计算，无日照系数为 7 天 × 85% = 5.95 天，也就是说，全天阴雨天数也有 6 天。在其他公式里，一般都是按照当地最大连续阴雨天数计算蓄电池容量，对系统的正常运行考虑得多，对蓄电池运行寿命考虑得少。如果考虑延长蓄电池的使用寿命，那么按实际连续阴雨天数来设计蓄电池容量就有问题。图 7-6 所示为蓄电池放电深度与循环寿命曲线图，

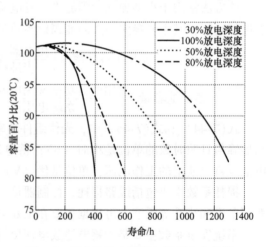

图 7-6 蓄电池放电深度与循环寿命曲线

因为蓄电池的放电深度越浅，其寿命越长，由图 7-6 可知，放电深度 100% 与 30% 的蓄电池寿命将相差 4 倍左右。蓄电池容量大，则放电深度浅，寿命将延长。假设以 20 天无日照来设计蓄电池容量，理论上蓄电池的寿命可以达到 10 年甚至更长。但在实际设计中，又不得不综合考虑初期投资和后期追加维护费用的关系，因此综合考虑两方面情况，得出一个计算蓄电池容量的简单实用的经验公式：

$$蓄电池容量 = \frac{10 \times 负载总用电量}{系统工作电压} \qquad (7-50)$$

式中，系数 10 为无日照系数，该公式对于连续阴雨天数不过 5 天的地区都是适用的。

4. **以峰值日照时数为依据的多路负载计算方法**

当光伏发电系统要为多路不同的负载供电时，就需要先把各路负载的日耗电量计算出来并计算出总耗电量，然后再以当地峰值日照时数为参数进行计算。统计总耗电量时，要对临时负载的接入及预期负载的增长有预测，留出 5% ~ 10% 的裕量。具体的计算步骤如下：

1) 根据总耗电量，计算出光伏组件（阵列）需要提供的发电电流：

$$光伏组件(阵列)发电电流 = \frac{负载日耗电量}{系统直流电压 \times 峰值日照时数 \times 系统效率系数} \quad (7\text{-}51)$$

式(7-51)中，系统直流电压是指蓄电池或蓄电池组串联后的总电压。系统直流电压的确定要根据负载功率的大小以及交流逆变器的选型。确定的原则是：①在条件允许的情况下，尽量采用高电压，以减少线路损失及逆变器转换损耗，提高转换效率；②系统直流电压的选择要符合我国直流电压的标准等级，即 12V、24V、48V、110V、220V 和 500V 等。

系统效率系数包括：蓄电池的充电效率，一般取 0.9；交流逆变器的转换效率，一般取 0.85；光伏组件功率衰降、线路损耗、尘埃遮挡等的综合系数，一般都取 0.9。这些系数可以根据实际情况进行调整。

2) 根据光伏组件的发电电流，利用式(7-52)计算其总功率：

$$光伏组件总功率 = 光伏组件发电电流 \times 系统直流电压系数 1.43 \quad (7\text{-}52)$$

系统直流电压系数 1.43 是光伏组件峰值工作电压与系统工作电压的比值。光伏组件功率 = 组件峰值电流 × 组件峰值电压，因此为方便计算，用系统工作电压乘以 1.43 表示该组件或整个光伏阵列的峰值电压近似值。

3) 计算蓄电池容量：

$$蓄电池容量 = \frac{负载日耗电量}{系统直流电压} \times \frac{连续阴雨天数}{逆变器效率 \times 蓄电池放电深度} \quad (7\text{-}53)$$

逆变器效率可根据设备选型在 80% ~ 93% 之间选择，蓄电池放电深度可根据其性能参数和可靠性要求在 50% ~ 75% 之间选择。

根据计算出的光伏组件的电流、电压、总功率及蓄电池容量等参数，参照光伏组件和蓄电池生产厂家提供的规格尺寸和技术参数，结合光伏组件（阵列）设置安装位置的实际情况，就可以确定构成阵列所需光伏组件的规格尺寸和蓄电池组的容量及串并联电池数。

5. **以峰值日照时数和两段阴雨天间隔天数为依据的计算方法**

在考虑连续阴雨天因素时，还要考虑两段连续阴雨天之间的间隔天数，以防止有些地区第一个连续阴雨天到来时使蓄电池放电后，电池还没有来得及补充足，就又来了第二个连续阴雨天，使系统根本无法正常供电。因此，在连续阴雨天比较多的南方地区，设计时要把光伏电池和蓄电池的容量都考虑得稍微大些。本计算方法将两段阴雨天之间的最短间隔天数也作为计算依据纳入计算公式中，这种计算方法也是先选定尺寸符合要求的光伏组件，根据该组件峰值功率、峰值工作电流和日发电量等数据，结合上述数据进行设计计算，在计算中确定蓄电池的容量和光伏组件的串并联数及总功率等数据。

(1) 系统蓄电池组容量的计算

系统蓄电池容量的计算公式为

$$蓄电池容量(A \cdot h) = \frac{安全系数 \times 负载日平均耗电量(A \cdot h) \times 最大连续阴雨天数 \times 低温修正系数}{蓄电池最大放电深度系数}$$

$$(7\text{-}54)$$

式中，安全系数根据情况在 1.1 ~ 1.4 之间选取；低温修正系数在环境温度为 0℃ 以上时取 1，−10 ~ 0℃ 时取 1.1，−20 ~ −10℃ 时取 1.2；蓄电池最大放电深度系数，浅循环蓄电池取 0.5，深度循环蓄电池取 0.75，碱性镍镉电池取 0.85。

蓄电池组的组合设计和串并联计算等按照前面介绍的方法计算即可。

（2）光伏组件的设计与计算

1）光伏组件的串联数的计算公式为

$$光伏组件的串联数 = \frac{系统工作电压(V) \times 1.43}{选定组件峰值工作电压(V)} \tag{7-55}$$

2）光伏组件平均日发电量的计算公式为

$$\begin{aligned}光伏组件平均日发电量 = &选定组件峰值工作电流 \times 峰值日照时数 \times \\ &倾斜面修正系数 \times 组件衰降损耗修正系数\end{aligned} \tag{7-56}$$

式中，峰值日照时数和倾斜面修正系数都是指光伏发电系统安装地的实际数据，无法获得实际数据时也可参照我国各主要城市太阳能资源数据，选择接近地区的数据进行参考计算；组件衰降损耗修正系数主要指由组件组合、组件功率衰减、组件灰尘遮盖、充电效率等造成的损失，一般取 0.8。

3）两段连续阴雨天之间的最短间隔天数需要补充的蓄电池容量的计算公式为

$$补充的蓄电池容量(A \cdot h) = 安全系数 \times 负载日平均耗电量(A \cdot h) \times 最大连续阴雨天数 \tag{7-57}$$

4）在光伏组件并联数的计算公式中，纳入了两段连续阴雨天之间的最短间隔天数的数据，这是本方法与其他计算方法的不同之处，具体公式为

$$光伏组件的并联数 = \frac{补充的蓄电池容量 + 负载日平均耗电量 \times 最短间隔天数}{组件平均日发电量 \times 最短间隔天数} \tag{7-58}$$

式中，负载日平均耗电量为

$$负载日平均耗电量 = \frac{负载功率}{负载工作电压 \times 每天工作小时数} \tag{7-59}$$

并联的光伏组件在两段连续阴雨天之间的最短间隔天数内所发电量，不仅要提供负载所需正常用电量，还要补足蓄电池在最大连续阴雨天内所亏损的电量。两段连续阴雨天之间的最短间隔天数越短，需要提供的发电量就越大，并联的光伏组件数就越多。

5）光伏阵列功率的计算公式为

$$光伏阵列功率 = 选定光伏组件的峰值输出功率 \times 光伏组件的串联数 \times 光伏组件的并联数 \tag{7-60}$$

6. 光伏微电网发电系统容量的设计与计算

小型光伏微电网的结构如图 7-7 所示，其发电系统以电网储存电能，一般没有蓄电池容量的限制，即使有备用蓄电池组，一般也是为防灾等特殊情况而配备的。在进行光伏并网系统的设计时，没有独立光伏发电系统那样严格，注重考虑的应该是光伏阵列在有效的占用面积里，实现全年发电量的最大化。条件允许的情况下，光伏组件的安装倾斜角也应该是全年能接收到最大太阳辐射量所对应的角度。

设计光伏微电网发电系统的容量时，除了可以采用上面介绍的几种方法外，还可以按照下面介绍的方法计算：一是通过光伏阵列的计划占用面积计算系统的年发电量，并确定出光

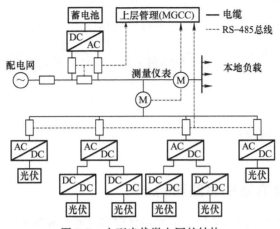

图 7-7　小型光伏微电网的结构

伏阵列的容量；二是通过用电负载的耗电量计算出光伏阵列的占用面积，确定光伏阵列的容量。该方法以当地年太阳能辐射总量为计算参数。

（1）光伏阵列年发电量的计算

光伏阵列年发电量计算公式为

$$\text{年发电量}(\text{kW} \cdot \text{h}) = \text{当地年总辐射}(\text{kW} \cdot \text{h/m}^2) \times \text{光伏阵列面积}(\text{m}^2) \times$$
$$\text{光伏组件转换效率} \times \text{修正系数}$$

即
$$P = HA\eta K \tag{7-61}$$

式中，光伏阵列面积不仅指占地面积，也包括光建筑一体化并网发电系统占用的顶、外墙立面等在内的总面积；光伏组件转换效率 η，单晶硅组件取 13%，多晶硅组件取 11%；修正系数 K 为

$$K = K_1 K_2 K_3 K_4 K_5 \tag{7-62}$$

式中，K_1 为光伏电池长期运行性能衰降修正系数，一般取 0.8；K_2 为灰尘遮挡玻璃及温度升高造成组件功率下降修正系数，一般取 0.82；K_3 为线路损耗修正系数，一般取 0.95；K_4 为逆变器效率修正系数，一般取 0.85，也可根据逆变器生产商提供的技术参数确定；K_5 为光伏阵列朝向及倾斜角修正系数，见表 7-1。

表 7-1　光伏阵列朝向及倾斜角的修正系数

朝向	光伏阵列与地面倾斜角			
	0°	30°	60°	90°
东	0.93	0.90	0.78	0.55
东南	0.93	0.96	0.88	0.66
南	0.93	1	0.91	0.68
西南	0.93	0.96	0.88	0.66
西	0.93	0.90	0.78	0.55

同一系统有不同方向和倾斜角的光伏阵列时，要根据各自条件分别计算发电量。

（2）根据负载耗电量计算光伏阵列的面积

理论上讲，负载全年消耗的电能应该与光伏发电系统全年的发电量相等，因此在统计和计算出负载全年耗电量后，利用上述公式就可以计算出光伏阵列的面积。

$$光伏阵列面积 = \frac{年耗电总量}{当地年总辐射 \times 电池组件转换效率 \times 修正系数}$$

即

$$A = \frac{P}{H\eta K} \tag{7-63}$$

7.3 LOLP 设计方法

7.3.1 LOLP 设计方法的思路和特点

光伏组件发出的电力是到达入射板的光照强度与其面积和效率的乘积，光伏组件发电量不仅随每日循环、季节循环等气候条件的变化而变化，同时由于负载所要求的电力和光照模型并不一致，所以必须要有蓄电池作为缓冲。系统设计者应预料光照的变化，对光伏组件与蓄电池容量进行优化组合，以满足向用户供电的可靠性，这种可靠性的水平就叫作负载失电率（Loss Of Load Probability，LOLP）。LOLP 表示系统满足负载要求的水平，可在 0~1 之间设定。当 LOLP = 0 时，则意味着系统能完全满足负载的要求；而当 LOLP = 1 时，则表示系统完全不能满足负载的要求。选择世界上有代表性的 20 个日射情况，采用 LOLP 模拟的模型，由计算出的蓄电池容量导出计算图表。太阳电池板大小以 5 种设置的倾斜角绘制成图表，以各自的纬度为参数作为平均水平面日射量的函数给出。设计者可以根据这一图表决定受光面日射量的最大倾斜角。用这样的计算图表，可分别选择 4 组进行计算。

7.3.2 LOLP 设计方法的基本公式

基本公式为

$$A = E_L / (POA_0 \eta_{in} \eta_{out}) \tag{7-64}$$

$$B = (E_L s) / \eta_{out} \tag{7-65}$$

式中，A 为光伏组件面积（m^2）；B 为蓄电池容量（$kW \cdot h$）；E_L 为负载电力量（$kW \cdot h/d$）；POA_0 为设计对象的月平均水平面日射量的设计值 $[kW \cdot h/(m^2 \cdot d)]$；$\eta_{in}$ 为从日射量到蓄电池的效率；η_{out} 为从蓄电池到负载的效率；s 为蓄电天数。

但是，POA_0 与地点的纬度和架台的倾角相关；可由与月平均水平面日射量有关的图表上读取；蓄电天数作为 LOLP 的函数，也可由图表读得。

LOLP 设计方法参数的确定方法如下：

1）纬度为组件设置地点的纬度。

2）月平均水平面日射量为北半球 12 月、南半球 6 月的值。

3）负载电力量为相应于月平均水平面日射量的月负载电力量（每月变化在 10% 以内）。

4）LOLP 可通过模拟计算，基于大致的值推定其可靠性。

5）η_{in} 为从日射量到蓄电池的效率（光伏组件最大电力跟踪装置、充电控制、蓄电池充电）。但是，为计算光伏组件效率，必须知道光伏电池效率、温度修正系数、组件温度、组件基准温度，$\eta_{in} = \dfrac{日间对蓄电池的充电量}{日间光伏组件平均接收的日射量（POA）\times 电池板面积(A)}$

6）η_{out}为从蓄电池到负载的效率（蓄电池放电、直流控制、逆变器），且 $\eta_{out} = \dfrac{E_L}{\text{每月从蓄电池取得的能量}}$。

7）E_L为平均日间负荷电力量。

7.3.3 LOLP 设计方法的计算流程

图 7-8 所示为 LOLP 设计方法的计算流程。

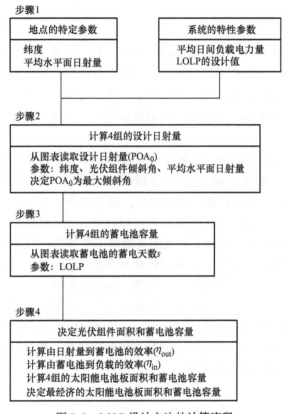

图 7-8　LOLP 设计方法的计算流程

第 **8** 章

光伏发电系统建模与仿真

8.1 仿真软件

Simulink 是 MATLAB 中的一种可视化仿真工具，是一种基于 MATLAB 的框图设计环境，实现动态系统建模、仿真和分析的一个软件包，被广泛应用于线性系统、非线性系统、数字控制及数字信号处理的建模和仿真中。它提供了一个动态系统建模、仿真和综合分析的集成环境。在该环境中，无须大量书写程序，只需要通过简单直观的鼠标操作，就可构造出复杂的系统。

Simulink 可以用连续采样时间、离散采样时间或两种混合的采样时间进行建模，它也支持多速率系统，即系统中的不同部分具有不同的采样速率。为了创建动态系统模型，Simulink 提供了一个建立模型方块图的图形用户接口，创建过程只需单击和拖动鼠标即可，它提供了一种更快捷、直观明了的方式，而且用户可以立即看到系统的仿真结果。

Simulink 是用于动态系统和嵌入式系统的多领域仿真和基于模型的设计工具。对各种时变系统，包括通信、控制、信号处理、视频处理和图像处理系统，Simulink 提供了交互式图形化环境和可定制模块库来对其进行设计、仿真、执行和测试。

构架在 Simulink 基础之上的其他产品，扩展了 Simulink 多领域建模功能，也提供了用于设计、执行、验证和确认任务的相应工具。Simulink 与 MATLAB 紧密集成，可以直接访问 MATLAB 大量的工具来进行算法研发、仿真的分析和可视化、批处理脚本的创建、建模环境的定制以及信号参数和测试数据的定义。

Simulink 具有以下特点：

1）丰富的可扩充的预定义模块库。

2）交互式的图形编辑器来组合和管理直观的模块图。

3）以设计功能的层次性来分割模型，可实现对复杂设计的管理。

4）通过 Model Explorer 导航、创建、配置、搜索模型中的任意信号、参数、属性，生成模型代码。

5）提供 API 用于与其他仿真程序的连接或与手写代码集成。

6）使用 Embedded MATLAB™模块在 Simulink 和嵌入式系统执行中调用 MATLAB 算法。

7）使用定步长或变步长运行仿真，根据仿真模式(Normal、Accelerator、Rapid Accelerator)来决定以解释性的方式或以编译 C 代码的形式来运行模型。

8）图形化的调试器和剖析器来检查仿真结果、诊断设计的性能和异常行为。

9）可访问 MATLAB，从而对结果进行分析与可视化、定制建模环境、定义信号参数和测试数据。

10）模型分析和诊断工具来保证模型的一致性，确定模型中的错误。

8.2 建模与仿真分析

8.2.1 系统建模

表8-1给出了光伏电池主要的性能参数。

表8-1 光伏电池主要的性能参数

性能指标	参数
开路电压 U_{OC}/V	36.30
短路电流 I_{SC}/A	7.86
最大功率点电压 U_{mp}/V	29.00
最大功率点电流 I_{mp}/A	7.35

根据5.5节光伏电池的等效电路模型分析，可在MATLAB/Simulink仿真平台中搭建光伏电池的工程实用模型，如图8-1所示。可以看到，该模型中可调节的参数有辐照度、温度（该参数在光伏电池内部调节）。所以接下来将为大家展示光伏电池随着辐照度与温度变化的特性。

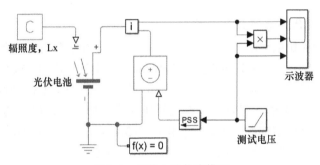

图8-1 光伏电池仿真模型

8.2.2 仿真及分析

1. I-U 及 P-U 特性

在标准条件下，对光伏电池工程实用模型进行仿真，得到其 I-U、P-U 特性曲线，如图8-2所示。

由图8-2a所示 I-U 特性曲线可知，光伏电池不是恒压源，也不是恒流源，只是一个非线性的直流电源。当光伏电池的输出电压小于峰值电压时，可近似视为恒流源。当输出电压达到峰值后，输出电流随输出电压的增加迅速减小，直至到零，在此过程中，电流变化迅速，电压变化较缓慢，可近似视为恒压源。由图8-2b所示 P-U 特性曲线可知，随着电压的

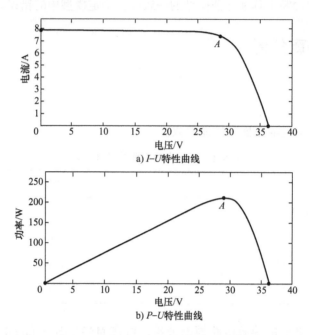

a) I–U特性曲线

b) P–U特性曲线

图 8-2 光伏电池 I–U、P–U 特性曲线

增加，功率近似线性增加，当输出功率达到最大值后，功率又随着电压的增加而迅速减小。由此可以判断出，当温度和光照强度一定时，光伏电池只有一个最大功率点，如图 8-2 中的 A 点。

2. 光照强度对光伏电池特性的影响

光照强度是影响光伏电池输出特性的主要因素之一，为分析光照所产生的影响，令输入温度 $T = 25℃$ 保持不变，分别在光照强度为 $1kW/m^2$、$0.8kW/m^2$、$0.6kW/m^2$、$0.4kW/m^2$ 情况下进行仿真测试，得到光伏电池的 I–U、P–U 特性曲线，如图 8-3 所示。

由图 8-3a 可知，在温度一定时，随着光照强度的增加，光伏电池的短路电流会有较大幅度的增加，而开路电压增加的幅度较小；由图 8-3b 可知，光伏电池输出的最大功率随光照强度的增加而增加，且幅度较为明显。因此，光伏电池的 I–U 和 P–U 特性曲线与光照强度之间存在强烈的非线性联系，且光照强度对光伏电池短路电流和峰值功率的影响很大，对开路电压的影响相对较小。

3. 温度对光伏电池特性的影响

电池温度也是影响光伏电池输出特性的主要因素之一。当光照强度为 $1kW/m^2$ 并保持不变时，分别在温度为 $10℃$、$25℃$、$35℃$、$45℃$ 情况下进行仿真测试，得到光伏电池的 I–U、P–U 特性曲线，如图 8-4 所示。

由图 8-4a 可知，在光照强度一定时，随着温度的升高，光伏电池的开路电压随之减小，但短路电流略有增加；由图 8-4b 可知，光伏电池输出的最大功率随温度的增加而减小，但变化不明显，且在最大功率点处的电压值也逐渐变小。因此，温度对光伏电池开路电压的影响很大，对短路电流和峰值功率的影响相对较小。

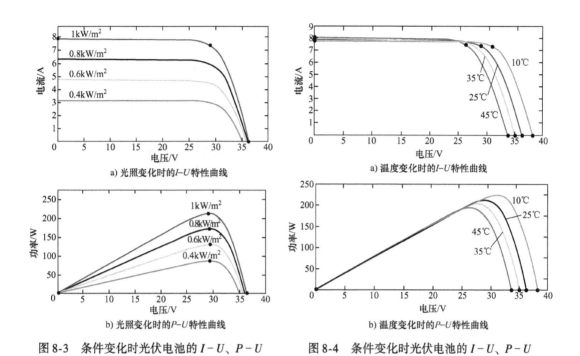

图 8-3 条件变化时光伏电池的 $I\text{-}U$、$P\text{-}U$
特性曲线 1

图 8-4 条件变化时光伏电池的 $I\text{-}U$、$P\text{-}U$
特性曲线 2

8.3 DC/DC 变换器仿真

8.3.1 DC/DC Boost 变换器仿真

1. 仿真模型

Boost 变换器属于并联型开关变换器，又称升压变换器，与降压变换器相对，其电路实现升压功能，输出电压与输入电压的极性一致。该电路输入端的电流波动较大，电路不能够空载，Boost 变换器的优点是结构较为简单，输入电流连续，对电源的干扰较小；缺点是输入端电压较低，在相同功率下会因电流过大造成线路损耗。

小型的太阳能光伏发电系统输出电压通常在 50V 左右，很明显不能满足实际生活的使用，为了提高电路效率，满足系统的需求，采用 Boost 电路作为直流斩波电路，下面将通过模型仿真分析。

图 8-5 所示为 DC/DC Boost 变换器的 MATLAB 仿真模型，该模型中输入电压为直流 24V，采用 Mosfet 与二极管配合进行升压，工作方式为电流续流工作方式，PWM 发生器的占空比设置为 0.5，理论上输出的电压 Vout = 24V/（1 - 0.5）= 48V。

下面将通过改变输入电压与占空比，对波形进行观察与分析，验证 DC/DC Boost 是否满足电压升高到指定值的要求。

2. 仿真及分析

图 8-6 所示为该模型的仿真图，仿真参数为占空比 $D = 0.5$，输入电压为 24V。

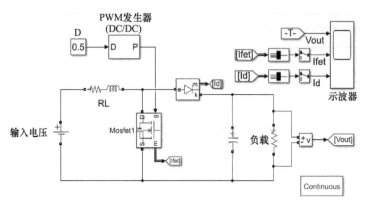

图 8-5　DC/DC Boost 变换器仿真模型

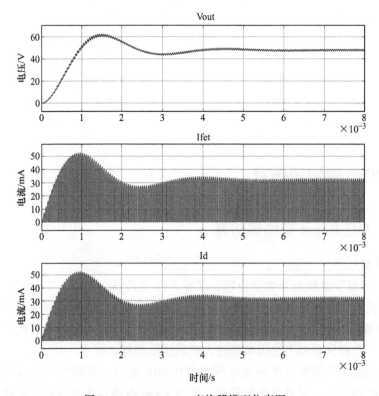

图 8-6　DC/DC Boost 变换器模型仿真图 1

从仿真图 8-6 可以看到，输出电压 Vout 在仿真时间过了大致 4×10^{-3}s 后，基本趋于稳定，这时的稳定电压与理论电压值（48V）基本吻合。还有截止电流 Ifet 与二极管电流 Id 都是在过了 4×10^{-3}s 后趋于稳定。接下来将对仿真参数进行修改，观察仿真图是否满足要求。

修改输入电压为 50V，占空比为 0.25，这时的理论输出电压 Vout = 50V/（1 - 0.25）≈ 66.67V，仿真图如图 8-7 所示。

从图 8-7 可以看到，输出电压 Vout 最后稳定在 66.67V 左右，这说明该 DC/DC Boost 变换器是具有将电压升到指定值的功能的，在光伏发电系统中，它具有很重要的作用。

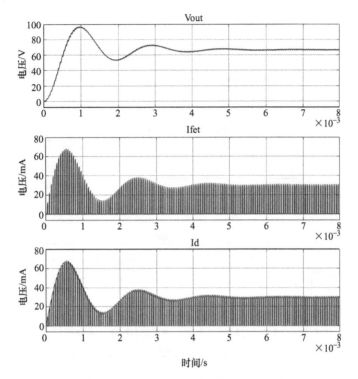

图 8-7 DC/DC Boost 变换器模型仿真图 2

8.3.2 DC/DC Buck 变换器仿真

1. 仿真模型

在 DC/DC 变换器中，除了 Boost 电路，还有 Buck 电路以及 Boost-Buck 电路两种主要电路。Buck 电路的功能是降低电压，此类变换器适用于输出值比输入值低的场合。Buck 电路有很多优点，单元电路简便可行，而且有着较好的动态性能，在实际应用中是比较常见的基础电路；缺点是如果输入电流有波动，则会对电源产生不小的干扰，所以电路中通常需要在输出端加入滤波电容。此外，开关管的源极不与大地相连，这使驱动电路会比较烦琐。

图 8-8 所示为 DC/DC Buck 变换器的 MATLAB 仿真模型，该模型中输入电压为直流 24V，采用 Mosfet 与二极管配合进行降压，工作方式为电流续流工作方式，PWM 发生器的占空比设置为 0.5，理论输出电压 Vout = 0.5 × 24V = 12V。

2. 仿真及分析

图 8-9 所示为该模型的仿真图，仿真参数为占空比 D = 0.5，输入电压为 24V。

从仿真图 8-9 可以看到，输出电压 Vout 在仿真时间过了大致 $3 × 10^{-3}$s 后，基本趋于稳定，这时的稳定电压与理论电压值（24V）基本吻合。还有截止电流 Ifet 与二极管电流 Id 都是在过了 $3 × 10^{-3}$s 后，趋于稳定。与 Boost 变换器模型仿真图对比，其稳定的要快一点，而且输出电压 Vout 的波动也没有 Boost 电路那么大，Buck 电路工作时更加稳定。

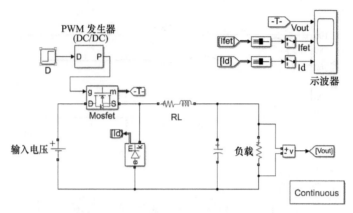

图 8-8　DC/DC Buck 变换器仿真模型

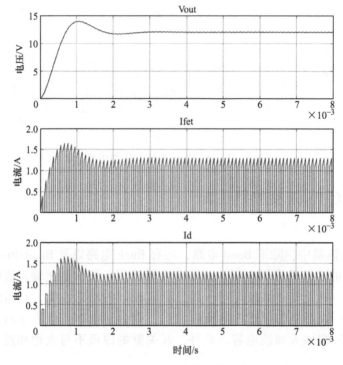

图 8-9　DC/DC Buck 变换器模型仿真图

8.3.3　双向 DC/DC 变换器仿真

1. 仿真模型

双向 DC/DC 变换器拓扑为非隔离型双向 Buck-Boost 结构，其在系统中的拓扑结构如图 8-10 中点画线框内所示。其中，VT_1、VT_2 为两个开关管；VD_1、VD_2 分别为其反向并联的续流二极管；二极管 VD_3 在光伏阵列与后级电路之间，防止电流反向流入光伏阵列对其造成损害；VD_4 在双向变换器与负载之间，同 VD_3 功能相似，防止电流反向损坏开关管；电感 L 为双向 Buck-Boost 变换器的储能元件，是实现电压升降的重要环节；电容 C_b 为蓄电池 U_b 的滤波电容；电容 C_0 为负载 R_0 的稳压电容；U_S 是母线电压，作为双向 Buck-Boost 型变换器在降压变换时的输入电压，也即双向 Buck-Boost 变换器升压变换的输出电压。

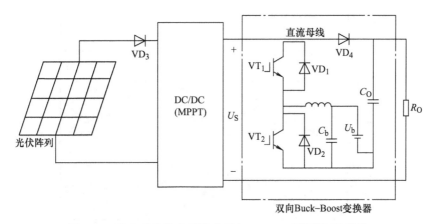

图 8-10   独立光伏发电系统中双向 DC/DC 变换器拓扑结构

图 8-11 所示为双向 DC/DC 变换器的 MATLAB 仿真模型，该模型中输入电压为直流 24V，采用 Mosfet、二极管和电感（L1、L2）配合进行升降压，PWM 发生器的占空比设置为 0.4，理论上输出的电压 Vout = $-D/(1-D)$ Vin = $-0.4/(1-0.4) \times 24V = -16V$，先对其进行降压仿真。

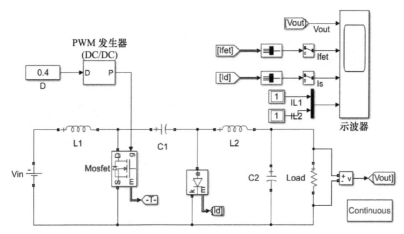

图 8-11   双向 DC/DC 变换器模型

2. 仿真及分析

图 8-12 所示为该模型的仿真图，仿真参数为占空比 $D = 0.4$，输入电压为 24V。

从仿真图 8-12 可以看到，输出电压 Vout 在仿真时间过了大致 5×10^{-3}s 后，基本趋于稳定，这时的稳定电压与理论电压值（-16V）基本吻合。还有截止电流 Ifet 与二极管电流 Id 都是在过了 5×10^{-3}s 后趋于稳定的。从中也可以观察到电感 L1 与 L2 的电流。所以双向 DC/DC 变换器是可以实现降压功能的，但是稳定时间相对 Buck 电路来说要慢一点。

接下来将对占空比 D 进行修改，使双向 DC/DC 变换器实现升压功能。修改占空比 D 为 0.6，这时的理论输出电压 Vout = $-D/(1-D)$ Vin = $-0.6/(1-0.6) \times 24V = -36V$，仿真图如图 8-13 所示。

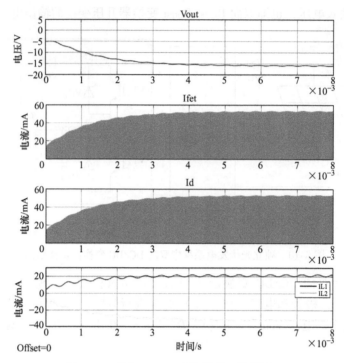

图 8-12　双向 DC/DC 变换器模型仿真图 1

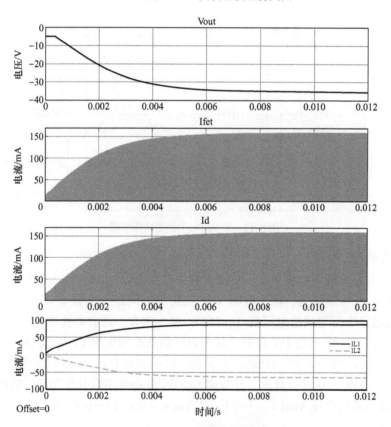

图 8-13　双向 DC/DC 变换器模型仿真图 2

从图 8-13 可以看到，输出电压 Vout 在仿真时间过了大致 0.008s 后，基本趋于稳定，这时的稳定电压与理论电压值（-36V）基本吻合。还有截止电流 Ifet 与二极管电流 Id 都是在过了 0.008s 后趋于稳定的。从中也可以观察到电感 L1 与 L2 的电流。所以双向 DC/DC 变换器是可以实现升压功能的，但是稳定时间相对 Boost 电路来说要长一点。

8.3.4　MPPT 模型仿真

前文已介绍 MPPT 技术是光伏发电系统中不可或缺的部分，本节主要构建 MPPT 模型并对其进行分析。图 8-14 所示为 MPPT 仿真模型，图中涉及光伏阵列和 DC/DC Boost 电路，下面将根据 MPPT 模型的仿真波形进行观察分析。

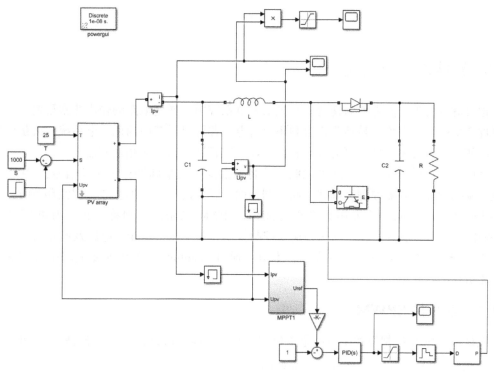

图 8-14　MPPT 仿真模型

在 0.1s 时给出一个干扰信号，并对该模型进行仿真，观察其波形变化，图 8-15 所示为其仿真波形。

从仿真图 8-15 中的波形可以看到，仿真刚开始时，经过了 0.02s 的上下起伏变化，功率最终稳定在 320W 左右。0.1s 时给出了一个扰动信号，可以看到此时功率骤降，在经过了大约 0.005s 后，功率趋于另外一个稳定值，这就是 MPPT 的作用。

但是，从仿真图可以看出，波形变化的幅度是比较大的，这是 MPPT 可以改进的一个方面，可以通过改进算法和其他方面，对 MPPT 进行改进，使得在有干扰信号后，波形变化幅度不至于过大，并且提升趋于稳定的时间和精度。

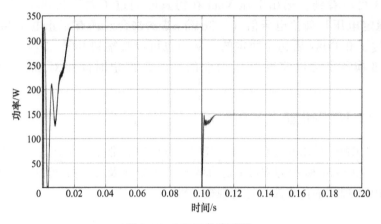

图 8-15　MPPT 仿真波形

8.4　光伏逆变器仿真

把直流电变为交流电称为逆变。在光伏发电系统中，逆变电路的作用非常重要，它将光伏组件产生的可变直流电转换为市电频率交流电，并可以反馈回商用输电系统，或是供离网的电网使用。按其输出相数可分为单相逆变器、三相逆变器和多相逆变器。

其中，单相逆变器的开关脉冲调制方法将宽度变化的窄脉冲作为驱动信号，PWM 技术的理论基础为面积等效原理，即将形状不同但面积相等的窄脉冲加上线性惯性环节时，得到的输出效果基本相同。若采用标准正弦波作为 PWM 调制波，则称为正弦脉冲宽度调制（SPWM），其是目前应用较多的一种逆变控制技术。关于光伏逆变器电路及脉宽载波调制技术的理论知识已在第 4 章有详细介绍，本节将通过 Simulink 对单相逆变电路中常用的几种 SPWM 仿真进行介绍。

8.4.1　双极性 SPWM

双极性 SPWM 控制模式采用的是正负交变的双极性三角载波 U_c 与调制波 U_r，如图 8-16 所示。在这种调制方式下，每个开关周期内，输出电压波形都会有正负两种电平，因此称之为双极性 SPWM。

为进行双极性 SPWM 方式下的单相全桥逆变电路的仿真，首先需要建立主电路仿真模型。第一步，在 Simulink 的 "Electrical Sources" 库中选用 "DC Voltage Source"，设置输入电压为 300V。第二步，搭建全桥电路：使用 "Universal Bridge" 模块，选择桥臂数为 2，开关器件选带反并联二极管的 IGBT/Diodes，构成单相全桥电路。第三步，使用 "Series RLC Branch" 设置阻感负载为 1Ω、2mH，并在 "Measurement" 选项中选择 "Branch Voltage and Current"，利用 "Multimeter" 模块观察逆变器的输出电压和电流。电路如图 8-17 所示。

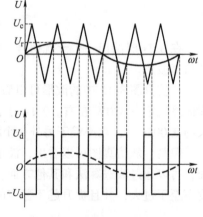

图 8-16　双极性 SPWM 示意

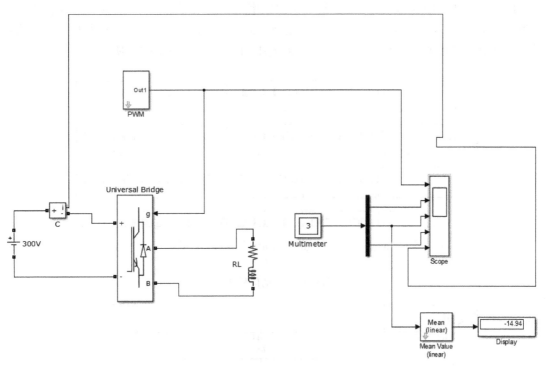

图 8-17　单相全桥逆变电路

　　然后，构建图 8-18 所示双极性 SPWM 控制信号的信号发生器电路。在 Simulink 的 "Source" 库中选择 "Clock" 模块，由 "Clock" 模块提供仿真时间 t，乘以 $2\pi f$ 后再通过 "sin" 模块即为 $\sin\omega t$，乘以调制深度 m 后可得所需的正弦调制信号；选择 "Source" 库中的 "Repeating Sequence" 模块产生三角载波，设置 "Time Values" 为 $[0\ 1/f_c/4\ 3/f_c/4\ 1/f_c]$，设置 "Output Values" 为 $[0\ -1\ 1\ 0]$，生成频率为 f_c 的三角载波。调制波和载波通过 Simulink 的 "Logic and Bit Operations" 库中的 "Relational Operator" 模块进行比较后得到四路开关信号。图 8-18 中，"Boolean" 和 "Double" 由 "Data Type Conversion" 模块进行设置后得到，"NOT" 则使用 "Logic and Bit Operations" 库中的 "Logical Operator" 模块。

　　为使仿真界面简单，参数易修改，可对图 8-18 所示部分进行封装。选择 "Mask Subsystem" 将信号发生器进行封装，设置 m、f、f_c 三个参数，双击该模块可以更改参数值。

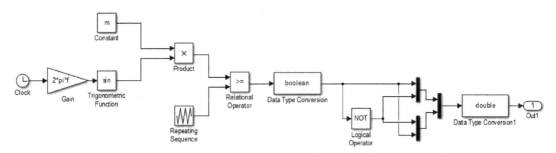

图 8-18　双极性 SPWM 控制信号的信号发生器电路

最后，将调制深度 m 设为 0.5，输出基波频率为 50Hz，载波频率为 750Hz，将仿真时间设为 0.06s，在"powergui"中设置为离散仿真模式，采样时间为 10^{-5}s。运行后得到仿真结果，驱动信号波形如图 8-19 所示，输出交流电压和电流波形如图 8-20 所示。

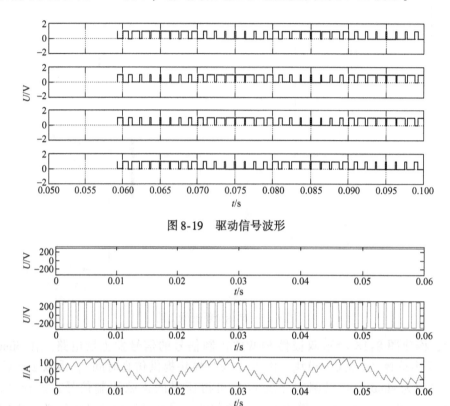

图 8-19　驱动信号波形

图 8-20　双极性 SPWM 单相全桥逆变器输出交流电压及电流波形

输出电压为双极性 SPWM 型电压，脉冲宽度符合正弦变化规律。直流电流中除含有直流分量外，还含有两倍基频的交流分量以及与开关频率有关的更高次谐波分量。其中的直流部分向负载提供有功功率，其余部分使直流电源周期性吞吐能量，为无功电流。

对输出的交流电压进行 FFT 分析，可得频谱如图 8-21 所示。其中最严重的 15 次谐波分量达到基波的 2.12 倍，值得考虑的最低次谐波为 13 次，幅值为基波的 18.78%，最高分析频率为 3.5kHz 时的 THD，达到 263.29%。当载波比为奇数时，不含偶次谐波。由于感性负载的滤波作用，负载上交流电流的 THD 为 27.57%。

8.4.2　单极性 SPWM

单极性 SPWM 因其在每个开关周期内逆变输出电压只有零电平和一个正或负电平而得名，它不适用于半桥电路，而双极性 SPWM 在半桥、全桥电路中都可以使用。

单极性 SPWM 仍采用正弦波为调制波，三角波为载波，但调制波每半个周期对调制波本身或载波进行一次极性反转，本书采用载波反转的分析模型，载波为单极性不对称三角波，其单极性 SPWM 波形如图 8-22 所示。载波比和调制深度的定义与 8.4.1 节相同。

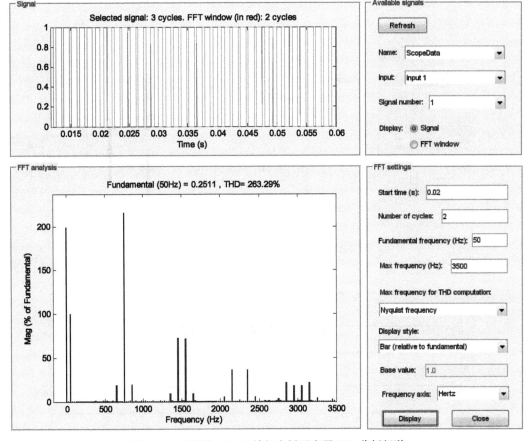

图 8-21　双极性 SPWM 单相全桥逆变器 FFT 分析频谱

　　为进行单极性 SPWM 方式下的单相全桥逆变电路的仿真，需要建立仿真模型。主电路的仿真模型与双极性的相同，只需要把双极性 SPWM 发生模块改为单极性 SPWM 发生模块即可，单极性 SPWM 的载波信号较为复杂，可根据 Simulink 提供的模块组合而成，单极性 SPWM 信号发生器电路如图 8-23 所示。

　　设置调制深度 m 为 0.5，输出基波频率为 50Hz，载波频率为 750Hz，将仿真时间设为 0.06s，在"powergui"中设置为离散仿真模式，采样时间为 10^{-5}s，输出交流电压和电流波形如图 8-24 所示。

　　输出电压为单极性 SPWM 型电压，脉冲宽度符合正弦变化规律。直流电流中除含有直流分量

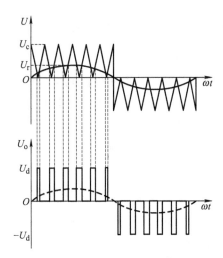

图 8-22　单极性 SPWM 波形

外，还含有两倍基频的交流分量以及与开关频率有关的更高次谐波分量。但负载电流以开关频率向直流电源回馈的情况较双极性调制时大大减少，因此直流电流的开关次谐波大大小于

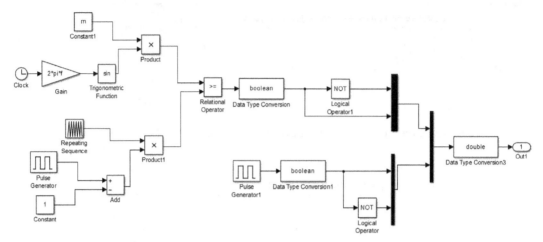

图 8-23　单极性 SPWM 信号发生器电路

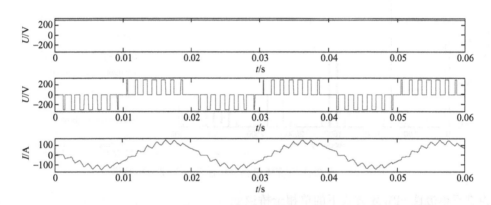

图 8-24　单极性 SPWM 单相全桥逆变器输出交流电压及电流波形

双极性情况。

对输出的交流电压进行 FFT 分析，可得频谱如图 8-25 所示。谐波分布较双极性情况有明显不同，不再含有开关频次即 15 次谐波，14 次和 16 次谐波为基波的 72% 左右，值得考虑的最低次谐波为 12 次，幅值为基波的 9.51%，最高分析频率为 3.5kHz 时的 THD 达到507.63%，负载上交流电流的 THD 为 13.35%。可见，单极性 SPWM 的谐波性能要优于双极性 SPWM。

8.4.3　PI 控制下的单相逆变器并网仿真

为检验第 4 章对并网光伏逆变器控制策略设计的正确性，本节通过 PI 控制下的单相逆变器并网仿真验证。

仿真所用的单相逆变器并网系统模型如图 8-26 所示，PI 控制器内部结构如图 8-27 所示。用直流电压源来等效实际的微源，微源发出的功率经过单相全桥逆变器后，经滤波器再通过馈线送往远方的负载。仿真具体参数设置见表 8-2。

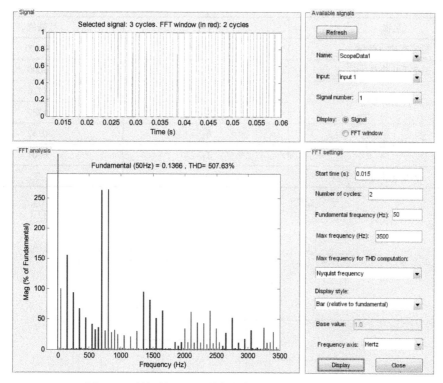

图 8-25　单极性 SPWM 单相全桥逆变器 FFT 分析频谱

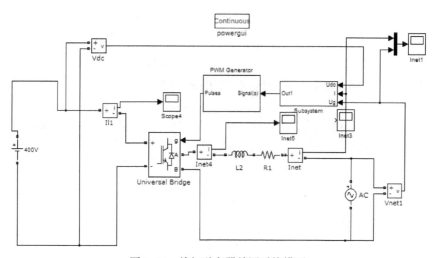

图 8-26　单相逆变器并网系统模型

表 8-2　单相逆变器仿真具体参数设置

名称	符号	数值
直流侧电压/V	U_{dc}	400
开关频率/Hz	f_s	5000
额定频率/Hz	f_n	50

（续）

名称	符号	数值
额定有功功率/W	P_n	30000
额定无功功率/var	Q_n	3000
PI 控制器参数	K_P	12.6
	K_I	1289
馈线参数/Ω	R_L	0.32
	X_L	0.04
滤波电感/mH	L	3

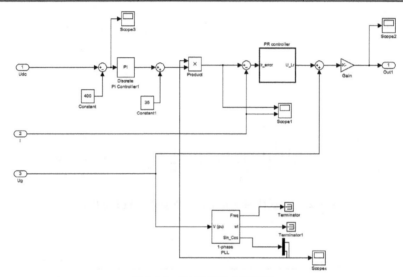

图 8-27　PI 控制器内部结构

基于 PI 控制的并网电流和并网电压波形如图 8-28 所示。

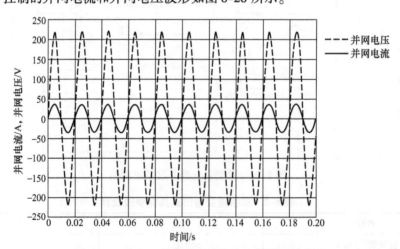

图 8-28　基于 PI 控制的并网电流和并网电压波形

把电网的电压看作前馈环节，然后再将其加入系统的闭环中，电网的电压和电流之间会保持着同相同频，且其输出电流的 THD 为 3.89% 左右。

如果不加电网电压前馈环节，其输出的电流和参考电流之间必定会存在小幅度的误差，波形对比如图 8-29 所示。图 8-29 验证了 PI 控制对正弦波信号无法完成无静差的跟踪。

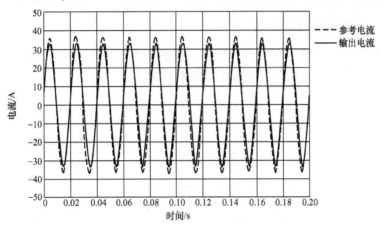

图 8-29　基于 PI 控制的输出电流和参考电流的波形对比

图 8-30 所示为 PI 控制的系统波形，从图 8-30a、b 可以看出，前 0.3s 逆变器输出的有功功率为 29450W，输出的无功功率为 3000var，后 0.3s 由于负载的加入，有功功率增加到 46500W，无功功率增加到 5900var，可见 PI 控制可以较为精准地跟踪负载功率。图 8-30c 中，在前 0.3s 系统带额定负载，系统频率稳定在 50Hz 左右，从 0.3s 开始，系统负载加重，由于 PI 控制的作用，系统为了维持功率的平衡和系统的稳定，增加微电源输出的功率，随之而来的是系统频率下降，下降到 49.98Hz；同时，负载端电压幅值也由原来的 305V 下降至 301.5V。

从以上结果可以得出，该控制策略可以很好地稳定逆变器的输出电压，但由于馈线阻抗的存在，在负载端有明显的电压降落，且随着负载的加重，馈线上传输的电流增大，电压降落更为明显。由此可见，PI 策略可以在微网孤岛运行时维持系统频率和电压的稳定，同

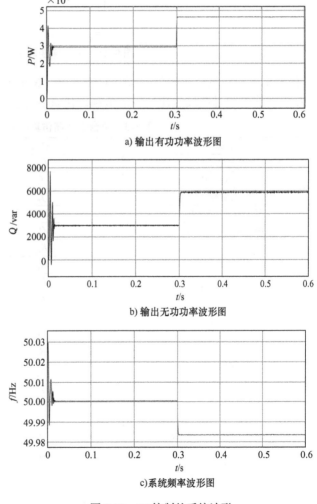

a) 输出有功功率波形图

b) 输出无功功率波形图

c) 系统频率波形图

图 8-30　PI 控制的系统波形

时，如果系数选取得当，可以将逆变器输出频率和电压波动控制在合理范围内，保证系统的电能质量。

8.4.4 单台逆变器的仿真设计

前文已验证光伏并网单相逆变器的功能，现基于 MATLAB 的 Simulink 进行三相逆变器的仿真验证。仿真所用的三相逆变器拓扑如图 8-31 所示。

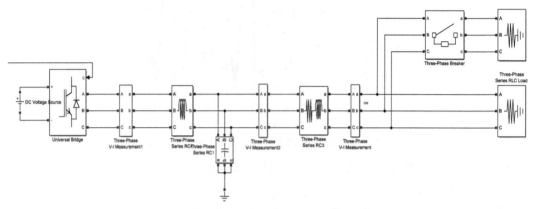

图 8-31 三相逆变器仿真拓扑

仿真中用直流电压源来等效实际的微电源，微电源发出的功率经过三相全桥逆变器后，经 LC 滤波器再通过馈线送往远方的负载。仿真具体参数见表 8-3。

表 8-3 单台逆变器仿真具体参数设置

名称		符号	数值
直流侧电压/V		U_{dc}	800
开关频率/Hz		f_s	5000
额定频率/Hz		f_n	50
额定有功功率/W		P_n	30000
额定无功功率/var		Q_n	3000
电压外环参数		K_{up}	10
		K_{ui}	1
电流内环参数		K_{ip}	5
		K_{ii}	1
下垂系数		m	1×10^{-6}
		n	3×10^{-6}
馈线参数/Ω		R_L	0.32
		X_L	0.04
负载1	/W	P_1	30000
	/var	Q_1	3000
负载2	/W	P_2	18000
	/var	Q_2	3000
滤波电感/mH		L	3
滤波电容/μF		C	1200

8.4.5 仿真控制模型的设计

1. 功率计算模块的设计

根据瞬时功率的计算公式(8-1)，通过采样系统引入三相滤波电容电压和输出馈线电流，计算出瞬时有功功率和无功功率，下垂控制方程见式(8-2)。具体模块如图8-32所示。

$$\begin{cases} P = \dfrac{3}{2}(u_{od}i_{od} + u_{oq}i_{oq}) \\ Q = \dfrac{3}{2}(u_{oq}i_{od} - u_{od}i_{oq}) \end{cases} \tag{8-1}$$

$$\begin{cases} f = f^* - m(P - P^*) \\ E = E^* - n(Q - Q^*) \end{cases} \tag{8-2}$$

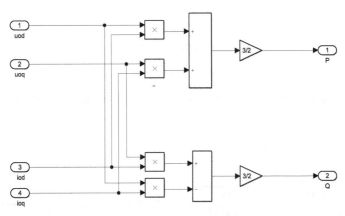

图 8-32　功率计算模块

2. 下垂控制器的设计

根据下垂控制方程式(8-2)，可以得到相应的下垂控制器模块，如图8-33所示：

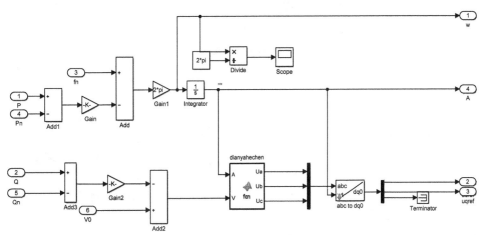

图 8-33　下垂控制器模块

3. 电压电流双环控制器的设计

根据之前解耦得到具体的电压电流双环控制器模块，如图8-34所示。

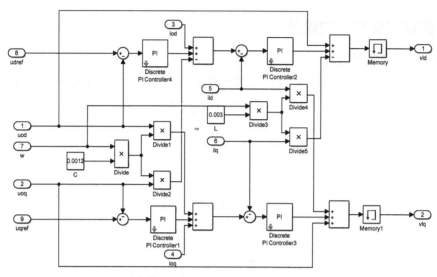

图 8-34　电压电流双环控制器模块

4. SVPWM 模块设计

根据之前对 SVPWM 实现方式的详细介绍，可以得到 SVPWM 模块框图，如图 8-35 所示。

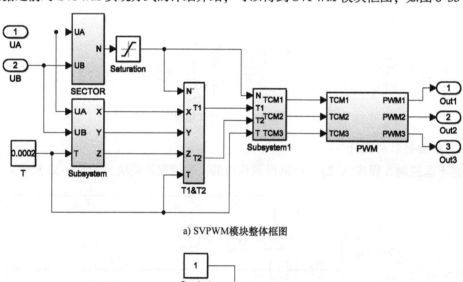

a) SVPWM 模块整体框图

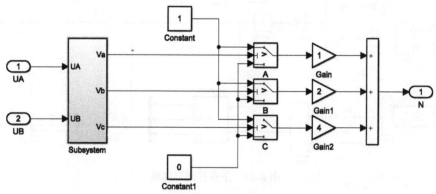

b) 扇区计算模块框图

图 8-35　SVPWM 模块框图

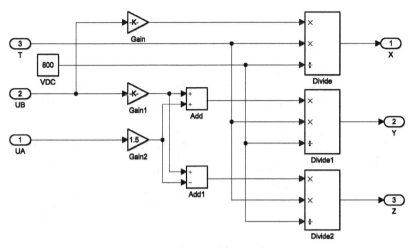

c) 中间变量计算模块框图

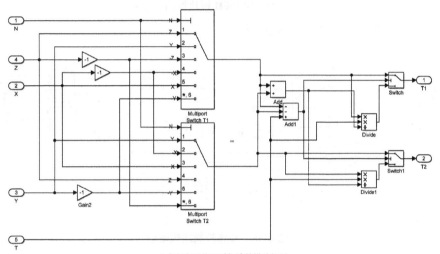

d) 空间矢量作用时间计算模块框图

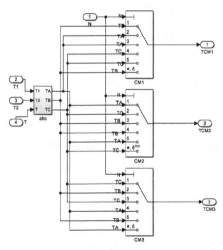

e) 矢量切换点计算模块框图

图 8-35　SVPWM 模块框图（续）

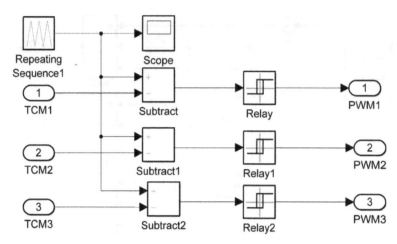

f) 桥臂PWM输出模块框图

图 8-35　SVPWM 模块框图（续）

最终的整体控制结构模型如图 8-36 所示。

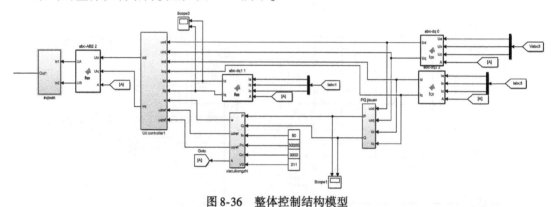

图 8-36　整体控制结构模型

8.4.6　单台逆变器仿真结果分析

仿真运行 0.6s，前 0.3s 仅投入负载 1，后 0.3s 将负载 2 也投入运行，具体的仿真结果如图 8-37 所示。

从图 8-37a、b 可以看出，前 0.3s 逆变器输出的有功功率为 29450W，输出的无功功率为 3000var，后 0.3s 由于负载 2 的投入，有功功率增加到 46500W，无功功率增加到 5900var，可见下垂控制可以较为精准地跟踪负载功率。图 8-37c、d 中，在前 0.3s 系统带额定负载，系统频率稳定在 50Hz 左右，从 0.3s 开始，系统负载加重，由于下垂控制的作用，系统为了维持功率的平衡和系统的稳定，增加微电源输出的功率，随之而来的是系统频率下降，下降为 49.98Hz；同时，负载端电压幅值也由原来的 305V 下降至 301.5V。图 8-37e 为滤波电容电压波形图，可以发现在负载投入前后，电压幅值基本没有变化，始终稳定在 311.5V。图 8-37f 为逆变器输出电流波形图。

从以上结果可以得出，该控制策略可以很好地稳定逆变器的输出电压，但由于馈线阻抗的存在，负载端有明显的电压降落，且随着负载的加重，馈线上传输的电流增大，电压降落更为明显。

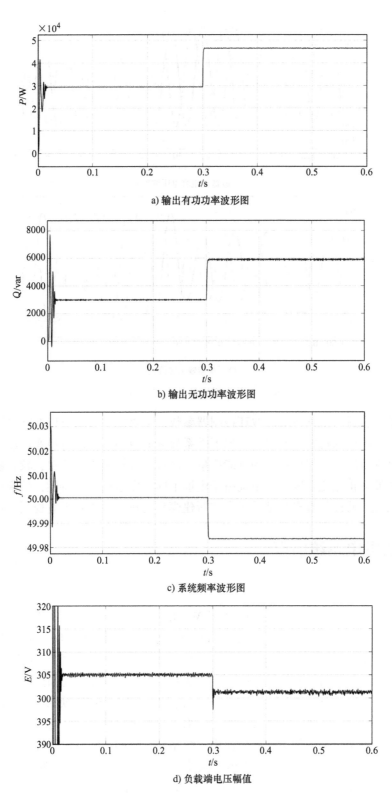

a) 输出有功功率波形图

b) 输出无功功率波形图

c) 系统频率波形图

d) 负载端电压幅值

图 8-37　单台逆变器仿真波形图

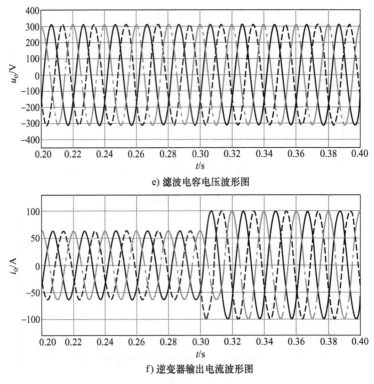

e) 滤波电容电压波形图

f) 逆变器输出电流波形图

图 8-37　单台逆变器仿真波形图（续）

由此可见，合适的下垂系数和双环控制器参数，下垂控制策略可以在微电网孤岛运行时维持系统频率和电压的稳定；同时，如果下垂系数选取得当，可以将逆变器输出频率和电压波动控制在合理范围内，保证系统的电能质量。而且下垂控制方法简单，较容易实现，输出电压和电流的波形正弦化程度高，系统由于模拟了同步发电机的外特性，较为稳定，抗干扰能力较强。因此，通过仿真充分证明了本文所建模型的正确性以及下垂控制的可行性。

8.5　光伏发电系统仿真

1. 仿真模型

图 8-38 所示为家庭光伏并网发电系统 MATLAB/Simulink 仿真模型，主电路由规格为 $600W/m^2$ 的光伏组件、DC/DC Boost 变换器、DC/AC 逆变器、双向 DC/DC 变换器和蓄电池组成。DC/AC 逆变器主要完成稳定直流母线电压控制，DC/DC Boost 变换器主要完成升压和最大功率点跟踪（MPPT），双向 DC/DC 变换器主要进行电能转换以便于蓄电池存储和蓄电池的放电。

该系统主要有三条电能传输线路：线路一，光伏组件将太阳能转换为电能，再经过 DC/DC Boost 变换器将电压升高至需求电压，再经过 DC 总线传递电能，最后经过 DC/AC 逆变器将直流电转换为工频交流电，供个体用户使用；线路二，电网中的高电压经过杆状变压器变压后，电压降低至 220V，供个体用户使用；线路三，光伏组件将太阳能转换为电能，经过 DC/DC Boost 变换器将电压升高至需求电压，再经过 DC 总线、双向 DC/DC 变换器后将电能存储于蓄电池中。

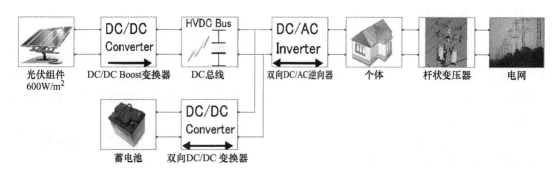

图 8-38　家庭光伏并网发电系统 MATLAB/Simulink 仿真模型

整个仿真的流程如下：第一步，蓄电池未连接到系统，两个负载尚未启用，通过 MPPT 控制，光伏发电系统在额定功率 5kW 时几乎保持恒定，并反馈电网；第二步，负载 1（3kW）投入，消耗光伏发电系统一半以上的电力，剩余的电力反馈电网；第三步，负载 2 投入，负载 1、2 的总耗电功率为 6kW，光伏发电系统不能提供足够的电力，因此由电网补充电力；第四步，断开负载 1 和 2，并将蓄电池连接到系统，然后按照与上述顺序重新连接负载 1 和 2，管理系统现在可以与电网断开连接，因为光伏发电和蓄电池的组合足以提供总负载需求。

2. 仿真及分析

图 8-39 所示为家庭能源管理系统整体运行模式仿真图（纵轴 1 代表开启，0 代表关闭），在 0.5～1.5s、2.5～3.5s 时，个体用户中的负载 1 处于工作区间；在 1～1.5s、3～

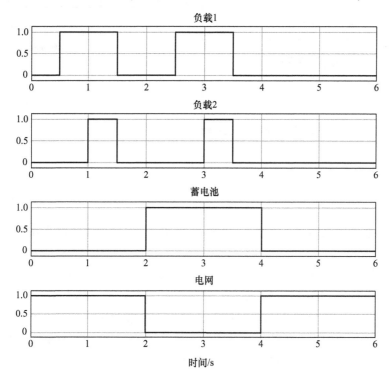

图 8-39　家庭能源管理系统整体运行模式仿真图

3.5s 时，个体用户中的负载 2 处于工作区间。通过仿真图可以看到，在 0~2s 时，电网进行电力吸收，光伏发电系统的电力全部送给电网，这时蓄电池处于未工作状态；在 2~4s，蓄电池开启，电网未吸收光伏发电系统电力，此时光伏发电系统多余的电力全部送入蓄电池存储，则在 2~4s 之间若有负载运行，则靠蓄电池与光伏发电系统进行供电。整个供电过程依靠光伏发电系统、电网、蓄电池的有序配合，大大提高了光伏发电系统电能的利用率，尤其在用电高峰期，可大大减少电网的压力。

图 8-40 实时显示了在整个仿真过程中，电网、蓄电池、负载 1、负载 2、光伏发电系统的功率值，可将其分为 8 个工作阶段：

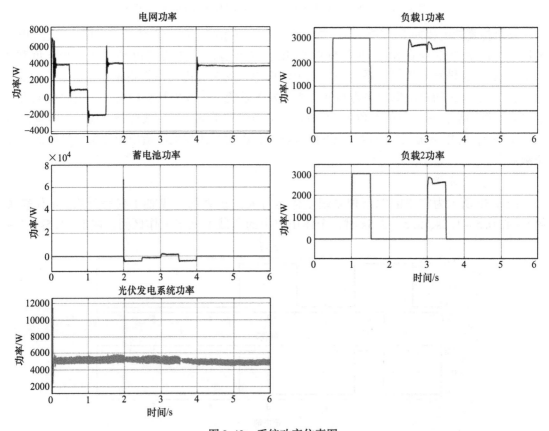

图 8-40　系统功率仿真图

阶段 1：0~0.5s。负载 1、负载 2、蓄电池未运行。光伏发电系统发出的功率（5kW 左右）全部由电网吸收。

阶段 2：0.5~1s。负载 2、蓄电池未运行。负载 1 投入，需要功率为 3kW，此时光伏发电系统发出的功率中有 3kW 提供给负载 1，剩余的功率继续输送给电网。

阶段 3：1~1.5s。蓄电池未运行。负载 2 投入，需要功率为 3kW，很明显仅靠光伏发电系统发出的功率是不够的，所以需要从电网中抽出 1kW，提供给负载 1 与负载 2。

阶段 4：1.5~2s。负载 1、负载 2、蓄电池未运行。此时光伏发电系统发出的功率全部由电网吸收。

阶段 5：2~2.5s。负载 1、负载 2 未运行，电网未供电。这时光伏发电系统发出的功率全部由蓄电池吸收并存储。

阶段6：2.5～3s。负载2未投入，电网未供电。负载1投入，需要3kW功率，由光伏发电系统提供，光伏发电系统剩余功率存储于蓄电池中。

阶段7：3～3.5s。电网未供电。负载2投入，此时光伏发电系统发出的功率不能同时满足负载1与负载2的消耗，所以蓄电池参与供电。

阶段8：3.5～4s。负载1、负载2未投入，电网未供电。此时光伏发电系统发出的功率全部由蓄电池吸收并存储。

阶段9：4～6s。负载1、负载2、蓄电池未运行。和阶段1一样，光伏发电系统发出的功率全部由电网吸收。

这就是整个系统的运行流程，可以看到，光伏发电系统发出的功率可以供给电网，也可以直接给负载供电，还可以存储于蓄电池中，太阳能的利用率非常高，也没有造成光伏发电系统发出的电能溢出。

从电网与光伏发电系统电压电流仿真图8-41可以看到，主电网的电压波形与光伏发电系统的电压波形都是比较稳定的，呈正弦波状，也说明了光伏发电系统发出电能的电压质量是比较高的。很明显，光伏发电系统发出电能的电压幅值相对于电网来说，低了很多，毕竟光伏发电系统只是一个小型的发电系统，供电范围比电网小太多。从电流图中可以看到，电流呈现出不规则正弦波状，这是因为在整个过程中，负载在切换与变化，导致电流不稳定。

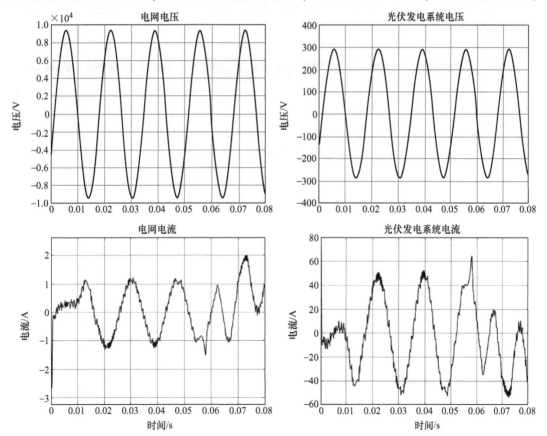

图8-41　电网与光伏发电系统电压电流仿真图

图 8-42 所示为家庭能源管理系统仿真图，图中，光伏发电系统的电压和电流在过了零点几秒后，在 MPPT 的作用下，趋于稳定，但是电压还是在 200V 上下小幅度反复波动，而电流一直处于 25.7A 的水平线，比较稳定。

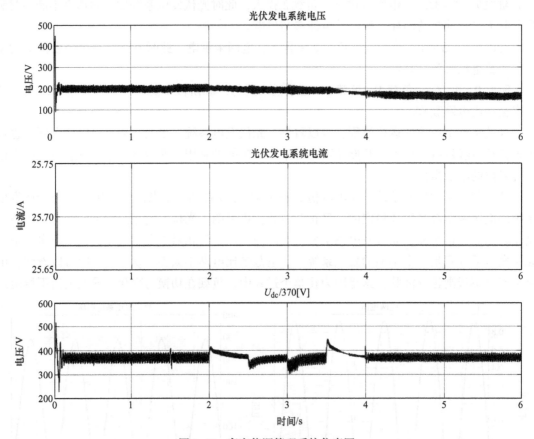

图 8-42　家庭能源管理系统仿真图

第9章
光伏发电系统典型工程应用案例

9.1 分布式屋顶光伏发电系统——三峡大学校园 50kW 光伏发电系统

9.1.1 微电网实验平台系统配置

三峡大学校园 50kW 光伏发电系统位于宜昌市三峡大学西苑校区，该微电网系统主要包括分布式电源（风电、光伏）、储能设备、能量变换装置、模拟可控负载以及微电网 SCADA 监控系统等，微电网系统结构如图 9-1 所示。

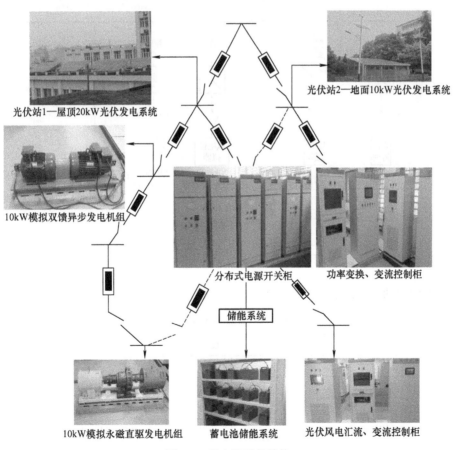

图 9-1 微电网系统结构

实验系统可应用于新能源直流发电系统、关键设备检测及微电网控制系统等科学研究的实验，主要由以下几个部分组成：20kW 光伏发电系统；20kW@40kW·h 储能系统模拟器（磷酸铁锂电池）；20kW 双馈风电模拟器（对拖平台 + AC/DC）；2 台 20kW 储能双向 DC/DC 变换器（双向 DC/DC 模块）；1 台 50kW 储能双向变流器；1 台 20kW 负载用 DC/AC 逆变器；1 台可编程 30kW 直流负载；1 台可编程 20kW 交流负载；1 台直流开关柜；1 台并网控制柜；微电网集中管理系统（中央控制器与能量管理与调度控制软件）；微电网中央控制器。微电网系统电气示意图如图 9-2 所示，其中电信号采集模块主要用于数据采集和系统保护。微电网中央控制器为系统核心设备，为整个微电网提供控制策略，上位机能量管理与调度软件为系统指令下发单位，实时与历史数据库联网，还具备与远程调度通信的作用。

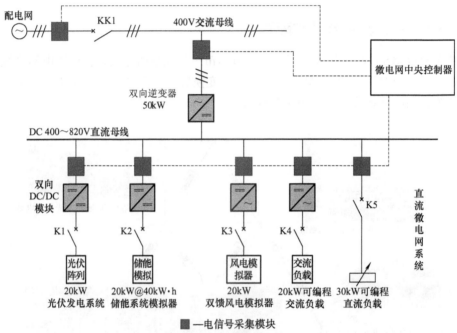

图 9-2 微电网系统电气示意图

9.1.2 系统容量配置说明

表 9-1 给出了系统设备配置表。

表 9-1 系统设备配置表

序 列	名 称	数 量	备 注
1	光伏发电系统	1	20kW
2	汇流箱	1	8 路汇流 + 监视
3	储能双向变流器	1	双向、功率 50kW
4	储能系统模拟器	1	20kW@40kW·h，包括柜体与 BMS
5	双向 DC/DC 模块	2	输出功率为 20kW，双向能量控制，其中一台限制反向控制

（续）

序 列	名 称	数 量	备 注
6	双馈风电模拟器	1	20kW 对拖平台 + AC/DC 控制器
7	负载用 DC/AC 逆变器	1	20kW 交流负载用
8	可编程交流负载	1	模拟交流负载，0～20kW
9	可编程直流负载	1	模拟直流负载，0～30kW
10	直流控制柜	1	
11	并网控制柜	1	并离网切换控制
12	微电网中央控制器	1	检测管理各单元，与上位机及各设备之间的通信、监控、保护与集中管理等功能
13	微电网通信屏与主控屏	2	微电网通信控制核心与数据采集本地存储
14	微网运行监控与综合试验控制管理系统软件	1	集中监测与控制软件

9.1.3 微电网系统的功能

光伏发电系统的测试包括：光伏电池发电基础理论及其特性曲线测定；光伏发电系统最大功率点跟踪控制理论及运行测试；光伏发电系统的数据采集和远程监控技术；光伏电站能量调度与群控技术（多台可实现）；光伏电站的故障诊断与防火安全；光伏发电系统工程经济效益评估与优化配置。

储能双向变流器的测试包括：直流侧稳压精度；直流侧稳流精度；直流侧纹波系数；有功和无功调节测试；并/离网切换测试；离网工况下电能质量测试；三相负载不平衡控制能力；灵活接收电网的调度指令能力。熟悉锂电池、风力发电等新型能源发电理论，通过该实验平台可以研究如下内容：各种新能源的电气特性、应用范围；新能源与传统电气设备、电力电子产品的匹配机理；各新能源互补特性的研究；各种新能源对电网的影响等。

利用微电网实验平台，可研究在并网、离网不同状态下，多直流发电设备的联合控制、直流母线电压的控制、直流负载的控制以及直流高压的保护等（需要增加其他设备）；分布式电源规划与容量配置；基于现场总线技术的数据采集与网络监控；分布式电源与配电网交互影响机理研究；微电网多工作模式的快速平滑切换；开发智能型直流斩波器、储能双向变流器的高级保护控制策略；能量双向流动的情况下，微电网继电保护程序开发及验证实验。

利用微电网实验平台可进行平抑波动、削峰填谷、时移、改善电能质量、孤岛运行等各种功能的研究。利用微电网实验平台，可进行微电网分层控制研究、多微电网协调控制研究、能量管理与调度、微电网实验平台远程监控系统的建设与运行、微电网系统经济性等研究；基于多智能 Agent 的微电网协调控制技术研究（需要增加其他设备）；基于能量预测的微电网实时优化调度；复合储能装置的互补优化控制技术；微电网系统发电预测，用电负载预测，负载优化管理与控制。以上是直流微电网实验平台主要可以实现的研究功能，另外，更多功能可以通过不同组合实现。

9.1.4　微电网实验室平台的主要组成部分

根据效率及现有技术成熟度，推荐采用多晶硅光伏组件，其峰值功率为240W或250W，设计容量为20kW，光伏组件功率为250W。具体参数如下：本系统接入DC/DC模块，DC/DC模块输入电压范围初步设计为DC 200~300V。计算可得：采用250W光伏组件，考虑到温度系数，共需要80块，每10块串联，8串并联。

考虑采用非隔离型双向斩波器，其双向DC/DC模块示意图如图9-3所示。DC/DC电压输入范围为200~300V，输出范围设计为DC360~820V。

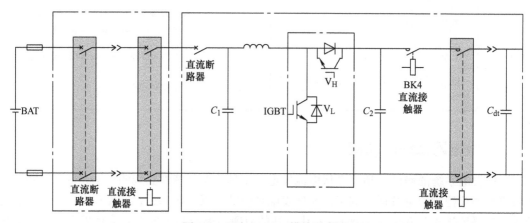

图9-3　双向DC/DC模块示意图

其功能具备：

1）能量双向控制功能：储能双向DC/DC可根据直流母线电压或控制指令进行能量双向控制，可以向电池充电或向直流母线放电。

2）储能双向DC/DC直流侧电能质量要求，储能双向DC/DC对电池充电时满足电池对电能质量的要求。恒流充电时，稳流精度≤1（在20%~100%输出额定电流时），电流纹波≤1%；输出电压控制稳压精度不超过±0.5%；输出纹波有效值系数不超过±0.5%，纹波峰值系数不超过±1%。

9.1.5　负载简介

可编程直流负载为模拟直流负载，功率等级为30kW。采用专用的直流负载，其功能如下：设备带有远程控制软件、RS-485通信接口等，具备就地、远程控制功能，具备模拟各种电动汽车动力电池充电全过程的能力，如恒流模式、恒阻模式、恒功率模式等；功率调整范围是0~30kW，调整步幅≤10W；可以设定最大带载电流保护值。恒流放电可以设定放电电流（步进0.1A）、时长、存储间隔等参数，加载分几次渐进到达设定值。恒流波段放电可以设定放电电流范围、段数（最多120段）、间隔时长等参数。恒阻放电可以设定：加载电阻范围、时长、存储间隔等参数，加载分几次渐进到达设定值。恒阻波段放电可以设定放电电阻范围、段数（最多120段）、间隔时长等参数。恒功率波段放电可以设定放电功率范围、段数（最多120段）、间隔时长等参数。远程PC控制功能可以实现全部自动控制部分的功能。

PC 软件可以打印电压、电流、功率、电阻等曲线图以及数据表格；具备安全警报功能及自动保护功能，冷却风扇故障时要求放电负载能自动停止加载；具备极性接反等误操作报警提示；具备多项安全自动保护功能，短路、过电流、过载、过热等自动保护，保证仪表在长时间大电流放电过程中的安全稳定；设备带有继电保护、短路保护、软件保护等装置。采用高效能合金材料，符合 UL 安全规格，放电时负载不产生红热现象。带有电压、电流校准修正功能，可以随时对仪表的测量值进行校准修正，保证仪表长时间使用的测量精度。

9.1.6　储能系统

储能系统用于实现电池与电网间能量双向交换，可工作在蓄电池充电模式和蓄电池能量回馈电网模式。主要由 1 套 40kW·h@20kW·h 磷酸铁锂电池组成，储能系统示意图如图 9-4 所示。

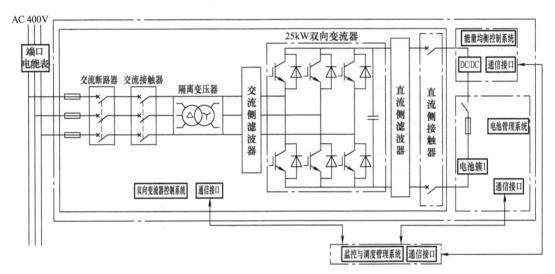

图 9-4　储能系统示意图

能量控制装置 PCS 控制器通过通信接收后台控制指令，根据功率指令的符号及大小控制变流器对电池进行充电或放电，实现对交流电网有功功率及无功功率的调节。PCS 控制器通过 CAN 接口与电池管理系统通信，获取电池组状态信息，可实现对电池的保护性充放电，确保电池运行安全。PCS 也可采集电网信息，参与电网的电压/无功控制，实现防孤岛保护，或作为应急电源使用等功能。

AC/DC 模块采用三相高频 SPWM 整流（逆变）电路，主功率回路由三相逆变桥、驱动电路、直流电容、电抗器、控制电路等组成。如图 9-5 所示，交流输入装置设置有软起动电路，装置起动前，首先通过软起动电阻对直流侧充电，当电压建立后再闭合主接触器，随后装置并网运行。AC/DC 模块可四象限运行，当电池充电时，将网侧交流电整流成直流电给蓄电池充电；当电池放电时，则将直流电逆变成交流电回馈到电网。

IGBT 采用高速低损耗型 IGBT，额定功率 50kW 对应的交流侧输入额定电流为 76A，具备短时 1.5 倍电流过载能力，选用 EUPEC 公司的相关 IGBT 作为开关器件。AC/DC 交流输入侧安装三只单相电抗器，由于输入交流电流中存在开关频率成分的高频交流分量，为提高效率，选用适合高频应用的电抗器。

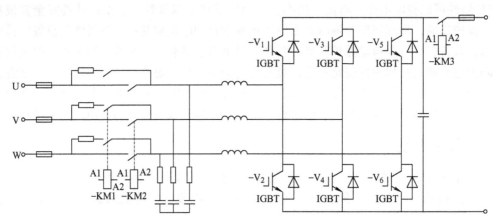

图9-5　AC/DC 三相高频 SPWM 整流电路电气原理图

交流进线侧和直流侧均安装熔断器，用于短路故障的保护。

表9-2 给出了储能变流器主要技术参数要求。

表9-2　储能变流器主要技术参数要求

名　称		要　求　值	提　供　值	备　注
储能变流器参数	功率/kW	≥50	满足	
	柜体外形尺寸（约） （长×深×高）/（mm× mm×mm）	1000×800×18	满足	
	重量/kg	500	满足	
	防护等级（户内）	IP3X	满足	
	冷却方式	风冷	满足	
	交流接线方式	三相四线制	满足	带有 PE 保护
	并网充放电模式			
	额定交流电压	380（三相）	满足	允许范围：DC 310～450V
	交流电压精度（%）	±5	满足	
	功率因素	≥0.99	满足	
	连续调节范围	−0.6～0.6	满足	加入无功时，最大 容量为50kV·A
	交流侧频率/Hz	50	满足	47～51.5Hz 可设定
	电流波形畸变率	符合 GB/T 14549— 1993《电能质量 公用电 网谐波》要求	满足	
	电压波动和闪变	符合 GB/T 12326— 2008《电能质量 电压波 动和闪变》要求	满足	

（续）

名　称		要　求　值	提　供　值	备　注
储能变流器参数	有功响应时间/ms	<5	满足	不含通信时间
	无功响应时间/ms	<5	满足	不含通信时间
	孤岛运行模式			
	输出额定电压/V	AC 380	满足	孤岛运行
	输出电压失真度（%）	3	满足	线性负荷
	输出频率/Hz	50	满足	
	电压过度波动范围	10%以内	满足	线性负载 0%~100%
	输出过电压保护	有	满足	
	输出欠电压保护	有	满足	
	直流侧参数			
	额定直流电压/V	DC 360~820	满足	
	最大输入电流/A	120	满足	
	稳压精度（%）	±1	满足	
	稳流精度（%）	±2	满足	
	直流电流纹波（%）	≤5	满足	
	其他			
	平均无故障时间	—	满足	
	待机损耗（%）	≤3	满足	
	噪声/dB	<75	满足	
	110%过电流能力/min	10	满足	
	120%过电流能力/min	1	满足	
	效率（%） （交流-直流）	最高效率	>95.5	满足	
		加权平均效率	>94	满足	
	效率（%） （直流-交流）	最高效率	>95.5	满足	
		加权平均效率	>94	满足	

9.1.7　设备组成及工作原理

本设备内置精密 RLC 负载，由连续可调电阻（电感、电容）负载系统、电气参数测试系统、自动控制系统、软件分析系统组成，可以模拟三相负载不平衡、负载突加突卸、不同功率因数超前或滞后等各种电力工况。

本设备可用于光伏并网逆变器、储能双向变流器防孤岛效应保护功能；在微电网试验平台与能量管理系统程序研发试验中，可以模拟一、二、三级负荷；与模拟负载协调控制器相配合，预先设置负载运行的状态及时间，可编程交流负载根据预先设定的负载曲线自动加载运行，也可通过上位机软件实时加载运行；设备内置元器件采用无源元件，在任何功率段输出测试时，绝不会产生谐波与干扰影响试验结果。

设备内置多通道的电气参数采集模块，能够精确测量显示三相 *RLC* 各个通道的电压、电流、有功功率、无功功率等电气参数；内置的阻性负载、感性负载及容性负载最小标准功率为 $0.001\mathrm{kV\cdot A}$，步进幅度 $0.001\mathrm{kV\cdot A}$，负载功率连续可调，可精确模拟交流谐振发生并满足逆变器防孤岛保护功能检测需要；新型功耗组件功率密度高，无红热现象，阻性负载采用合金电阻元件，测试过程不会由于阻性负载元件发热而引起阻抗值的热漂移；A、B、C三相阻性负载、感性负载、容性负载的功率，可以分相独立控制及调节，满足三相电压不平衡条件下仍可精确调节交流谐振点的要求（用于孤岛检测），其可编程微电网负载模拟器电气原理如图 9-6 所示。

设备具备寄生量自动补偿功能；设备带有自动谐振点加载功能，能根据逆变器的输出有功、无功功率值，预置加载点，自动加载到位，并显示加载后各项电气参数（用于孤岛检测）；设备满足不同品质因数测试的需要，可以根据要求设定不同的品质因素 Q_f，控制软件自动计算需要加载

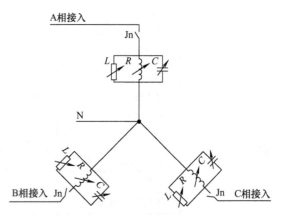

图 9-6　可编程微电网负载模拟器电气原理图

的 *RLC* 功率，达到预定的谐振测试要求（用于孤岛检测）；主机采用电子电路控制，具有温度过热自动报警保护功能；由于特殊原因出现过热、过电流时，可自动切断负载；可以通过远程 PC 设置相应的功率，任意组合、设定加载 *RLC* 功率，即可远程控制并调节 *RLC* 功率，将测量数据上传到 PC，实现对检测过程中测试数据的实时记录存储，并配合后台分析软件将测试数据导成 Excel 格式的检测报告。

9.1.8　微电网专用智能配电系统和中央控制器

微电网接入柜（多功能配电柜）用于将分布式电源、负载及电网连接起来，保证在外部电网失电时实现由分布式电源和储能系统对重要负载的不间断供电。多功能配电柜由交流并网回路、馈线回路两部分组成，并网回路主要包括计量电能表、电能质量在线监测装置、并网各路开关、电压、电流互感器、保护输出端子排、微电网供电母线，并网回路通过穿过电流互感器与外部供电电路及微电网相连；馈线回路由抽屉式模块组成，每个模块包含断路器、接触器、电流互感器、数字式电能表等，每个模块与母线相连。智能配电系统可作为产品测试平台，也可作为系统应用平台。

微电网智能中央控制器是整个微电网的中央核心控制设备，其为一款嵌入式微电网主机（兼操作员站），能全面监视整个微电网一次设备的运行情况，实时分析微电网的运行情况并获得整个微电网优化和调整策略并快速自动执行，同时可作为实时数据库服务器，是微电

网能量管理系统的核心部件。其具备如下功能：①具备自动组网功能；②通信信道冗余，保证通信可靠性；③兼容各类通信、发电设备，可完成各种数据协议转换；④采集微电网内部各关键设备信息，包括电池 Pack、BMS、智能配电柜、储能变流器、并网变流器、PCC 点等；⑤采用高级电能表专用计量芯片，准确采集各路电量信息；⑥统计各级负荷用电情况，便于计量能量内部流动情况；⑦具备并网防逆流控制；⑧与外部上位机监控软件进行通信或接收外部电网调度指令处理与响应；⑨完成其他算法，算法主要是由中央控制单元完成，扩展性较强。

以微电网中央控制器为核心的微电网控制系统分为三个层级：

1）配网级，包括配电网控制器和市场控制器。

2）微电网级，包括微电网中央控制器。

3）单元级，包括各个单元以及负荷的就地控制器。

配网级主要控制一个或多个微电网的区域，市场控制器用于控制包含负责各个特定区域内电力市场的功能。这两种控制器属于微电网上一层次的系统，实现主网配网级别的调度功能。微电网级是主网与微电网间的接口，一方面与配网级交互信息，另方面与下层各单元级交互信息。单元级对微电网内部的发电单元以及可控负载进行控制、协议转换，监控系统电压和频率，有利于微电网系统的稳定运行。另外，未来微电网级中央控制单元还具备微电网功率预测、负荷预测等，能够制定周密的用电计划，以便系统能稳定、高效、经济运行。

9.1.9 能量管理与调度软件

微电网集中管理系统经过与中国电力科学院联合开发，已经成功投入第一代产品。下面重点介绍几个重点界面。整个软件由系统总览、运行控制、能量管理、系统分析、系统管理几个部分组成。图9-7所示为启动界面。

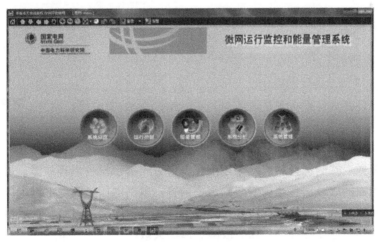

图9-7 启动界面

光伏发电监控可实时显示光伏发电系统的当前发电总功率、日总发电量、累计总发电量、累计 CO_2 总减排量以及每天发电功率曲线图。可查看每台光伏逆变器的运行参数，主要包括直流电压、直流电流、直流功率、交流电压、交流电流、逆变器机内温度、时钟、频率、功率因数、当前发电功率、日发电量、累计发电量、累计 CO_2 减排量、每天发电功率曲线图。负荷预测控制界面如图9-8所示，通信控制界面如图9-9所示。

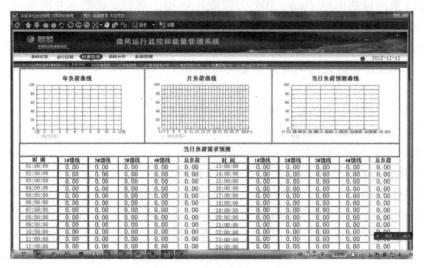

图9-8　负荷预测控制界面

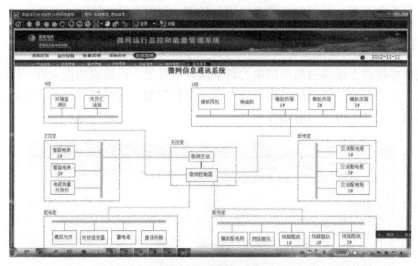

图9-9　通信控制界面

可监控所有逆变器的运行状态，采用声光报警方式提示设备出现故障，可查看故障原因及故障时间，监控的故障信息至少应包括以下内容：电网电压过高；电网电压过低；电网频率过高；电网频率过低；直流电压过高；直流电压过低；逆变器过载；逆变器过热；逆变器短路；散热器过热；逆变器孤岛；DSP 故障；通信失败。

可实时对并网点电能质量进行监测和分析，能集成环境监测功能，主要包括日照强度、风速、风向、室外温度、室内温度和电池温度等参量。最短每隔 5min 存储一次光伏重要运行数据，包括环境数据，故障数据需要实时存储。

微电网综合监视与统计，统一监视微电网系统运行的综合信息，包括微电网系统频率、微电网入口处的电压、配电上行/下行功率，并实时统计微电网总发电、储能剩余容量、微电网总有功负荷、总无功负荷、敏感负荷总有功、可控负荷总有功、完全可切除负荷总有功，监视微电网内部各断路器开关状态、各支路有功及无功功率、各设备的报警等实时信息，完成整个微电网的实时监控和统计。

9.1.10 直流微电网+PCS系统主要控制策略

在离网模式下，DC/AC模块以电压源模式工作，三相输出电压幅值及频率为380V/50Hz，输出的功率由负荷、光伏的功率共同决定，不需要监控调度系统下达指令。在并网情况下，DC/AC模块起到并网变流器的作用，既可以采用电流源模式工作，也可以采用电压源模式工作。两种模式在微电网系统中的主要区别在于，如果并网采用电流源模式工作，在并/离网转换过程中需要进行两种工作模式的转换。因此，并网运行到底采用什么模式，主要取决于实现的方便程度（在并网运行时，监控调度系统需要给DC/AC下达功率指令，包括有功、无功的指令）。无论是并网还是离网，也无论是电压源还是电流源，DC/AC变流器都只有一个控制环，控制其自身的输出电压或电流，直流环节的电压控制由其前级完成。由于微电网系统最多有一台PCS变流器，可以工作在下垂控制的电压源模式，也可工作在PQ-U/f控制模式。

储能变流器的下垂特性曲线如图9-10所示。并网情况下，电网电压的频率f_g和幅值U_g由电网决定，不受储能变流器影响，储能变流器输出的有功功率和无功功率受监控调度系统的调度控制。

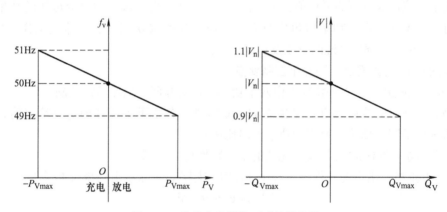

图9-10 储能变流器的下垂特性曲线

并网模式下垂特性控制的目的是通过改变f_0和V_0，分别给定输出的有功功率和无功功率，且保证在电网电压的频率和幅值微小变化的情况下，也能保证变流器输出功率的稳定。

在离网情况下，储能变流器输出的功率主要由离网负荷决定，但微电网交流母线电压的频率和幅值受储能变流器影响，监控调度系统可以通过对储能变流器下垂特性曲线的调节，实现对微网交流母线电压的频率和幅值的调度控制。同并网情况监控调度系统对储能变流器的调度过程类似，监控调度系统通过调节储能变流器内部下垂特性曲线参数f_0和V_0，实现对微电网交流母线电压频率和幅值调度控制的目的。

在并网模式下，都是电流源模式，控制算法与并网逆变器模式一样。在并网模式下，PCS工作在PQ模式，在孤岛发生的瞬间，PCS由PQ模式转换为U/f控制模式，完成设备的并/离网切换过程。

储能变流器的中间直流电压 U_{DC} 由 DC/DC 模块控制，通过"$U_{DC}-P$"的下垂特性算法，将 U_{DC} 直接用于产生各模块的输出功率指令 P，如图 9-11 所示。

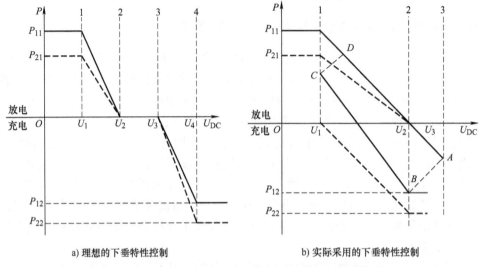

a) 理想的下垂特性控制   b) 实际采用的下垂特性控制

图 9-11 多个 DC/DC 模块的下垂控制曲线（以两个为例）

在图 9-11 中，实线和虚线分别表示两个并联运行的 DC/DC 模块的下垂特性曲线，其中横坐标表示直流母线电压的平均值，纵坐标表示 DC/DC 模块输出到直流母线的功率，功率取正值时表示电池放电，功率取负值时表示充电，功率取 0 值时表示停止工作。$U_1 \sim U_4$、$P_{11} \sim P_{22}$ 分别是监控调度系统的电压及功率给定值。

根据图 9-10 可以看出下列几个控制要点：

1）充放电模式下，下垂特性都由两个功率给定值和两个电压给定值确定。

2）每个 DC/DC 支路都有自己独立的下垂特性，各个下垂特性的电压给定值相同，功率给定值可以不同（取决于期望的功率输出比例）。

3）对于同一个 DC/DC 模块，充放的下垂特性可以不同。

4）在下垂特性给定的条件下，各个 DC/DC 支路的实际输出功率（指令）仅与直流母线电压 U_{DC} 的实际值直接相关，不需监控调度系统给定。

5）在系统运行过程中，可以通过改变下垂特性的功率参数，实时调整 DC/DC 的输出功率，以及各 DC/DC 支路之间的功率分配比例。

6）每条下垂特性都是一种负向调整的机制，保证系统控制的稳定性。

图 9-11a 是理想的下垂特性，充放电之间有一定的电压控制死区，可以克服各 DC/DC 支路的测控离散性造成的充放电模式紊乱而导致的环流问题。如果本项目采用的是 1200V 的器件，该理想的下垂特性所需要的电压范围难以满足，故提出了图 9-11b 所示的变通的下垂特性。与图 9-11a 相比，图 9-11b 所示的下垂特性需要的直流电压调节范围大大降低，但电压与功率不再是一一对应的关系，因此需要由监控调度系统（MDS）下达明确的充放电运行模式的指令，并采取进一步的措施，避免出现各 DC/DC 充放电模式的紊乱，以及状态的反复切换。以下结合图 9-11b，从放电过程开始说明在 MDS 的协调下采取的控制措施：

1）MDS 下达放（充）电运行模式指令，以及下垂特性参数。

2）当放（充）电功率较大时，会有多个 DC/DC 支路工作。

3）随着放（充）电功率的逐渐降低，逐步减少 DC/DC 支路，同时调整剩余的 DC/DC 支路的下垂特性。

4）当 DC/DC 支路数只剩 1 个时（下垂特性见图 9-10 中实线），MDS 才发出允许功率指令改变符号的指令。

5）MDS 明确下达充（放）电运行模式指令，以及下垂特性参数；根据需要启动新的 DC/DC 支路，最终实现运行模式的可靠切换。

三峡大学 50kW 光伏发电系统可进行以下课题研究：①开发双向 DC/DC，以及 PCS 研发平台，对各种控制策略以及系统控制方法进行研究；②交、直流微电网系统的联合控制与独立控制的研究；③光储互补发电系统的优化匹配计算、系统控制；④新能源接入功率平抑；⑤电网接入点（PCC 点）的功率平滑；⑥系统时移功能、削峰填谷功能；⑦无功、有功调度功能；⑧微电网与配电网接入关键技术的研究等。

9.2 大型集中式并网光伏电站——湖北漳河 10MW 光伏电站

荆门漳河 10MW 光伏电站面积约 0.16km²，位于漳河绿岛林产品公司的柑桔与冬枣基地（该公司简称漳河林场，该片区域的农作物经济价值低，可视其为水库滩涂荒地），距荆门市漳河镇约 11.50km。场址范围地理位置坐标介于北纬 30.99895°～北纬 31.00010°，东经 112.01085°～东经 112.01252°。场址南北长约 0.9km，东西宽约 0.4km，70% 的区域北高南低，平均坡度小于 10°，场地海拔 124～130m。漳河水库正常高水位为 123.5m，场内可用地面积约 0.16km²（约 236 亩）。

荆门漳河 10MW 光伏电站地理位置如图 9-12 所示。

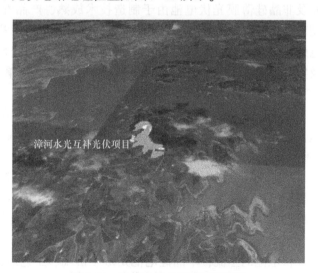

图 9-12　光伏电站地理位置示意图

图 9-13 所示为漳河电站的鸟瞰图，可以清晰地看到漳河光伏电站及其周围的环境以及地理优势。

a) 鸟瞰图1

b) 鸟瞰图2

图 9-13　漳河电站鸟瞰图

9.2.1　光伏组件的组成

单晶硅、多晶硅及非晶硅薄膜光伏电池由于制造技术成熟、产品性能稳定、使用寿命长、光电转换效率相对较高的特点，被广泛应用于大型并网分布式光伏发电项目。经综合分析比较，为提高发电效率，增加光伏电站发电量，本项目拟采用多晶硅光伏电池。综合考虑组件单体功率大小及实际商业应用的性能稳定可靠性，本工程拟选用单体功率为 300Wp 的多晶硅光伏组件。

太阳能光伏发电系统中最重要的是光伏电池，它是收集阳光的基本单位。大量的电池合成在一起构成光伏组件。光伏电池有晶体硅光伏电池（包括单晶硅 Mono-Si、多晶硅 Multi-Si、带状硅 Ribbon/Sheet-Si）、非晶硅光伏电池（a-Si）、非硅光伏电池（包括硒化铜铟 CIS、碲化镉 CdTe）。目前市场生产和使用的光伏电池大多数是用晶体硅材料制作的，薄膜电池中非晶硅薄膜电池占据薄膜电池大多数的市场。从产业角度来划分，可以把光伏电池划分为硅基电池和非硅电池，硅基电池以较佳的性价比和成熟的技术，占据了绝大多数的市场份额。

（1）晶体硅光伏电池

晶体硅仍是当前光伏电池的主流，单晶硅电池是最早出现、工艺最为成熟的光伏电池，也是大规模生产的硅基电池中效率最高的。单晶硅电池是将硅单晶进行切割、打磨制成单晶硅片，在单晶硅片上经过印刷电极、封装流程制成的。现代半导体产业中，成熟的拉制单晶、切割打磨以及印刷刻版、封装等技术都可以在单晶硅电池生产中直接应用。大规模生产的单晶硅电池效率可以达到14%~20%。由于采用切割、打磨等工艺，会造成大量硅原料的损失；受硅单晶棒形状的限制，单晶硅电池必须做成圆形，对光伏组件的布置有一定的影响。多晶硅电池的生产主要有两种方法，一种是通过浇铸、定向凝固的方法，制成多晶硅的晶锭，再经过切割、打磨等工艺制成多晶硅片，进一步印刷电极、封装，制成电池。浇铸方法制造多晶硅片不需要采用单晶拉制工艺，消耗能源较单晶硅电池少，并且形状不受限制，可以做成方便光伏组件布置的方形；除不需要单晶拉制工艺外，制造单晶硅电池的成熟工艺都可以在多晶硅电池的制造中得到应用。另一种方法是在单晶硅衬底上采用化学气相沉积（VCD）等工艺形成无序分布的非晶态硅膜，然后通过退火形成较大的晶粒，以提高发电效率。多晶硅电池的效率能够达到13%~18%，略低于单晶硅电池的水平。和单晶硅电池相比，多晶硅电池虽然效率有所降低，但是节约能源及硅原料，达到了工艺成本和效率的平衡。

（2）非晶硅电池和薄膜光伏电池

非晶硅电池是在不同衬底上附着非晶态硅晶粒制成的，工艺简单，硅原料消耗量少，衬底廉价，并且可以方便地制成薄膜，具有弱光性好、受高温影响小的特性。自20世纪70年代发明以来，非晶硅电池特别是非晶硅薄膜电池经历了一个发展的高潮。80年代，非晶硅薄膜电池市场占有率高达20%，但受限于较低的效率，非晶硅薄膜电池市场份额逐步被晶体硅电池取代，目前约为12%。非晶硅薄膜电池是在廉价的玻璃、不锈钢和塑料衬底附上非常薄的感光材料制成的，比用料较多的晶体硅技术造价更低。目前已商业化的薄膜光伏电池材料有硒化铜铟（CIS）、碲化镉（CdTe），它们的厚度只有几微米。在三种商业化的薄膜光伏技术中，非晶硅的生产和安装所占比重最大。

光伏组件是光伏发电系统的核心部件，其光电转换效率、各项参数指标的优劣直接代表了整个光伏发电系统的发电性能。表征光伏组件性能的各项参数有标准测试条件下组件峰值功率、最佳工作电流、最佳工作电压、短路电流、开路电压、最大系统电压、组件效率、短路电流温度系数、开路电压温度系数、峰值功率温度系数、输出功率公差等。

光伏组件的功率规格较多，但是在进行选型时，一般主要考虑单体功率大且已经商业化应用的光伏组件。单体功率大意味着一定容量的光伏电站所使用的组件数量就少，组件数量少意味着组件间连接点少，故障概率减少，接触电阻小，线缆用量少，于是系统整体损耗也会降低，组件后期维护检修工作量较小。

目前主流的光伏组件（生产厂家230~310W多晶硅组件）基本参数比较见表9-3。

表9-3　不同容量组件基本参数比较

组件最大功率/W	230	250	285	300	310
电池片尺寸/in	6	6	6	6	6
电池片数量/片	60	60	72	72	72
组件效率（%）	14.1	15.3	14.7	15.5	16
组件尺寸/mm×mm×mm	1650×992×35		1970×990×50		

250W组件采用的是60片电池片组装工艺，300W组件采用的是72片电池片组装工艺。72片多晶硅组件平均效率高于60片组件平均效率，采用大容量光伏组件可以有效减少土地

占用面积；相同容量的光伏电站，大容量光伏组件数量更少，连接组件的直流电缆也越少，可以降低投资，也可以降低直流损耗，提高光伏电站系统发电效率。

综合考虑组件单体功率大小、本项目场地的实用性及实际商业应用的性能稳定可靠性，选用单体功率为300W的多晶硅光伏组件，其主要参数见表9-4。

表9-4　光伏组件主要参数表

序　号	项　目	内　容
1	模块类型	300P
	电气参数	
2	标准输出功率/W	300
	输出功率公差（%）	0~5
	模块效率（%）	15.5
	峰值功率电压/V	35.8
	峰值功率电流/A	8.37
	开路电压/V	45.2
	短路电流/A	8.86
	系统最大电压/V	DC1000
	参数热特性	
3	电池额定工作温度/℃	46±2
	短路电流的温度系数/(%/K)	0.05
	开路电压的温度系数/(%/K)	-0.32
	峰值功率的温度系数/(%/K)	-0.42
	机械参数	
4	尺寸/$L(mm) \times W(mm) \times T(mm)$	1970×990×50
	重量/kg	26.0
	封装材料	EVA
	接线盒防护等级	≥IP65
	框架材料	阳极氧化铝
	工作条件	
5	温度范围/℃	-40~+85
	最大风荷载/kPa	2.4
	最大雪荷载/kPa	5.4

由表9-4中可见，该光伏组件的转换效率高达15.5%，根据组件有效使用面积及损耗计算，电池片实际效率达16%以上，与单晶硅性能相媲美，因此该组件的选用能有效提高光伏电站单位面积发电量。针对漳河光伏电站区域的特殊地形，选择300W的光伏组件，在节约施工成本的同时也增大了发电效率。

漳河光伏电站规模10MW，总装机容量10.05487MW，总计共需300W光伏组件数量33516块。

湖北荆门漳河10MW分布式光伏发电项目场址区域地形起伏，局部存在地势坡度较大等影响因素，考虑跟踪系统投资偏大且其电气驱动和机械驱动系统故障率高，加之部分光伏组件布置位置需具有一定的坡度，本光伏电站的光伏阵列运行方式拟采用固定式光伏阵列，阵列依据地形情况局部调整。

当前大型并网式光伏电站的光伏阵列有多种运行方式，包括固定式、单轴自动追日跟踪式、双轴自动追日跟踪式、高/低倍聚光自动追日跟踪式等。其中，聚光式具有单位面积发电量大、单位功率投资小的优点，但在实际运行中存在热斑效应、封闭式聚光器散热难、敞开式聚光器多年运行后性能大幅度下降等诸多技术问题。在本项目现场所在地，敞开式聚光器很难适应场区运行环境，且随着晶硅/非晶硅电池的价格大幅下降，聚光式结构的性价比优点得以抵消，而其缺点显得更加明显。尽管国外Solfocus、Isofoton与Concentrix等公司在聚光式结构光伏发电领域取得一定经验，但国内安装使用其产品仍存在一定的技术壁垒，目前尚难进入实质操作阶段。鉴于聚光式的技术成熟度不够，本书暂不考虑低倍聚光跟踪运行方式，仅对固定式、单轴自动追日跟踪式、双轴自动追日跟踪式运行方式展开论述。

（1）固定式光伏阵列运行方式

该方式是将光伏组件安装在固定的结构件上，在北半球，其以一定的安装角度面向南方，接收太阳辐射后将光能转换为电能。其优点是土建工作量少，安装简单，运行维护方便简单，单位功率/发电量占地面积小，单位峰值功率投资少，尤其适合沙尘等恶劣的气候环境。缺点是不能充分利用太阳能，单位峰值功率发电量小。

固定安装支架形式如图9-14所示。

（2）光伏阵列单轴自动追日跟踪方式

该方式是将光伏组件安装在南北或东西向转动的结构件上，其又包括斜单轴与平单轴两种，为获得更大的发电量，可考虑采用斜单轴方式。单轴跟踪结构面向南方，并采用东西转向的结构件，基于太阳位置，控制系统进行精

图9-14 固定安装支架形式

确的日轨跟踪，在液压系统的驱动下，随太阳由东向西转动。单轴跟踪结构力图在投资与发电量之间取得一个较好的平衡。其优点是安装难度中等，运行维护工作量不大，单位峰值功率/发电量占地面积适当，单位峰值功率投资适中，经采取一定的防护措施后，完全适合沙漠等恶劣的气候环境。其缺点是钢结构的用量较大。

该跟踪方式的单轴安装式结构由许多连接在一起的钢梁构成。根据现场坡度，该安装方式最多可以达到9根钢梁的长度。钢梁是该结构的基本安装单位，梁的数量可以进行修改，以便得到最可靠的配置，根据地基与现场布置情况，最终将得到各种不同的梁的数量。

斜单轴安装支架典型形式如图9-15所示。

（3）光伏阵列双轴自动追日跟踪方式

双轴跟踪结构是将光伏组件安装在既可南北向转动，也可东西向转动的结构件上。其采用日轨跟踪算法，采用电动装置及齿轮啮合，完全跟随季节、日出日落而调整光伏组件的角度与位置。双轴跟踪结构东西向转动角度范围可以达到−180°~180°，南北向仰角范围可以达到10°~85°。由于采用新型的传动方式，双轴跟踪结构土建工作量不大，其最大优点就是单位峰值功率发电量大，缺点是占地面积大，单位峰值功率投资大，但在沙漠的恶劣环境

下经处理后能安全运行。

双轴安装支架典型形式如图 9-16 所示。

图 9-15　斜单轴安装支架典型形式

图 9-16　双轴安装支架典型形式

（4）固定可调支架方式

根据光伏组件的特性，太阳光线与组件表面垂直的情况为最佳发电角度，在北半球，春分、夏至、秋分、冬至是太阳光线维度方向角度变化的转折点。固定可调式支架采用的材料与普通固定式支架相同，其特点是可手动调节角度（光伏组件的倾斜角度）。角度标识盘上有 4 个主刻度，分别对应春、夏、秋、冬 4 个季节，调节时间分别为 12 月 1 日、3 月 1 日、6 月 1 日和 9 月 1 日。只需将调节和固定手柄旋转到角度标示盘对应的位置，即可满足不同季节组件的最佳倾斜角的需要。

春分时阳光垂直照射于赤道线上，太阳赤纬角为 0°，为获得最大的太阳辐射量，光伏阵列的安装最佳倾角为当地纬度角；春分至夏至，阳光垂直照射位置由赤道线移至北回归线，太阳赤纬角为 23°27′时光伏阵列安装最佳倾角为纬度角减去 23°27′；由夏至再至秋分，阳光垂直照射位置再由北回归线移至赤道线，秋分与春分的太阳赤纬角同为 0°，光伏阵列的安装最佳倾角为当地纬度角；由秋分再至冬至，阳光垂直照射位置由赤道线移至南回归线，太阳赤纬角为 −23°27′，光伏阵列安装最佳倾角为纬度角加上 23°27′。

在相同装机容量的前提下，固定支架式组件运行方式比水平单轴跟踪式占地面积小；尽管水平单轴跟踪支架比固定支架光伏组件发电量高出 17%，但其单位电能投资较固定支架运行方式多出 56.6%。此外，跟踪式组件运行较少，电气驱动和机械驱动系统故障率高，考虑到光伏电站场址地势存在一定的起伏，局部存在陡壁等影响因素，组件布置时需结合场区地势起伏考虑，局部需采用阶梯式布置方案。

季节性调节支架倾角方式在理想状态下每年可提高约 4% 的电量，但季节可调支架的结构复杂，造价较固定式支架高 2%～4%，安装工作量较大，精度要求高，运行过程需要按季节进行角度调节，需要额外的人工成本。

综上分析，结合本场区地形特点及对总成本的控制，湖北荆门漳河 10MW 光伏电站光伏阵列运行方式采用固定运行方式。

9.2.2　逆变器的型号

逆变器是并网光伏电站实现并网的核心设备，它的可靠性、高效性和安全性会影响整个光伏系统。通过对目前市场上应用较多的主流机型的主要性能参数的比较,并考虑光伏电站的实际装机容量及其总体布置情况,本光伏电站拟选用500kW/270V的逆变器。

采用500kW逆变器,一共18台,该逆变器是三相电力转换系统,该系统将可靠性、效率和安装便利性提高到了一个新的水平,尤其适用于需要高性能逆变器的大型光伏电站。其额定功率为500kW,推荐直流侧光伏组件功率600kW。该逆变器采用模块化及紧凑型设计,配备完善的交直流保护,待机功耗和夜间功耗低,具有高可靠性、高效率、安装简单的优点。该逆变器可本地访问,也可采用标准工业通信接口实现远程访问。逆变器控制软件实现了对整个系统的控制、多种保护与安全功能。图9-17所示为SG500并网逆变器效率曲线图。

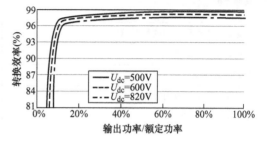

图9-17 SG500并网逆变器效率曲线

针对300W光伏组件的开路电压、开路电流相对偏高,要求保证光伏组件串列的电压满足逆变器MPPT的要求,并且达到最高的效率,500kW逆变器可完全满足其要求。表9-5为逆变器技术参数表。

表9-5 逆变器技术参数表

逆变器型号	SG500KTL
交流输出额定功率/kW	500
交流输出最大功率/kW	550
最大支流输入功率/kW	560
最高直流输入电压/V	1000
最大直流输入电流/A	1200
最大交流输出电流/A	1176
交流输出额定电压/V	315
交流输出电压范围(%)	±10
最高转换效率(%)	98.7
欧洲效率(%)	98.5
最大功率点跟踪(MPPT)范围/V	DC 450~820
自动投切阈值	$1\% P_n$
额定输出频率/Hz	50
输出频率范围/Hz	47~51.5
待机功耗/夜间功耗/W	100
运行中自耗功率/W	<600
输出电流总谐波畸变率(%)	<3
断电后自动重启时间/s	5
隔离变压器	无
接地故障检测	有
交流短路保护	有

（续）

逆变器型号	SG500KTL
反极性保护	有
过电压保护	有
其他保护	交流欠电压、超频、高温及交流和直流过电流保护，防孤岛效应，浪涌保护等
额定输出工作环境温度范围/℃	-25~55
运行环境最高温度/℃	50
相对湿度（%）	95，非冷凝
满功率运行的最高海拔/m	3000
防护类型/防护等级	IP22/IP42
散热方式	强制对流冷却
噪声水平/dB	75（典型值<65）
重量/kg	2288
机械尺寸（宽×高×深）/mm×mm×mm	2200×2180×850

9.2.3 光伏阵列设计

光伏组件经日光照射后，形成低压直流电，电池组并联后的直流电采用电缆送至汇流箱，经汇流箱汇流后采用电缆引至逆变器室，逆变器与升压变电站通过电缆连接，经升压变压后并入电网。

本光伏电站工程总装机容量为10MW，推荐采用分块发电、集中并网方案。光伏组件采用单块容量为300W的多晶硅光伏组件，采用固定式运行方式。

光伏电站系统由光伏阵列、直流-交流逆变设备、升压并网设施、控制检测系统以及附属辅助系统组成。光伏阵列主要包括光伏组件、支承结构（支架和基础等）、汇流箱、电缆等；直流-交流逆变设备主要包括直流屏、配电柜、并网逆变器等；升压并网设施主要包括升压变压器、户外真空断路器、高压避雷器等；控制检测系统主要包括系统控制装置、数据检测及处理与显示系统、远程信息交换设备等；附属辅助系统主要包括防雷及接地装置、清洁设备、厂房及办公室、围栏、火灾报警、生活消防系统、站用电源系统、通道及道路等。

并网光伏发电系统主要分为光伏电池组串、光伏阵列逆变器组、光伏发电分系统、光伏发电站系统四个层次：光伏电池组串由几个到几十个数量不等的光伏电池组件串联起来，其输出电压在逆变器允许工作电压范围之内，它是光伏组件的最小单元。光伏阵列逆变器组由若干个光伏电池组串单元与一台并网逆变器联合构成。光伏发电分系统通过一台升压变压器并接一台或多台逆变器构成的发电系统。光伏发电站系统是由多台升压变压器并联后接入电网或再升压后并入电网所构成的系统。

1. 光伏阵列布置方案

湖北荆门漳河分布式光伏发电项目总装机容量10MW，对光伏阵列550kW和1100kW集中布置方案进行比较分析。方案1采用2台500kW逆变器布置在一间逆变器室内，与2个550kW光伏阵列连接，输出一路35kV交流，如图9-18a所示。

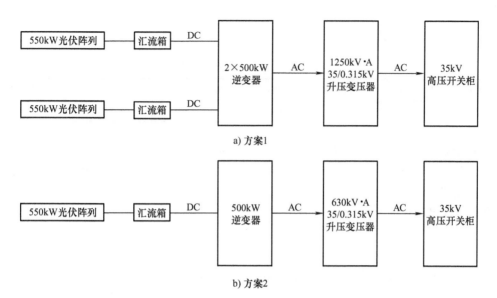

图 9-18 发电系统原理示意图

方案 2 采用 1 台 500kW 逆变器与 1 个 550kW 光伏阵列连接，输出一路 35kV 交流，如图 9-18b 所示。

表 9-6 为发电分系统接线方案比较表，综上分析，湖北荆门漳河 10MW 分布式光伏发电项目推荐采用集中安装建设，推荐采用 2 台 500kW 逆变器与 2 个 550kW 光伏阵列连接方式，再经由升压变压器并入电网，推荐采用方案 1。

表 9-6 发电分系统接线方案比较表

项目	方案 1	方案 2
布置情况	集中布置，易于安装管理和维护	易于布置安装
直流侧设备	直流电缆长度较长，存在较大的线损	直流电缆长度较短，线损较小
交流侧设备	35kV 电缆、开关柜、变压器数量少	35kV 电缆、开关柜、变压器数量多
稳定性	电气设备数量少，故障概率小	电气设备数量多，故障概率大
经济性	较高	较低

2. 光伏子阵列设计与布置

湖北荆门漳河分布式光伏发电项目总装机容量 10MW，拟布置安装单块容量为 300W 的光伏组件。采用 2 台 500kW 逆变器连接 2 个 550kW 光伏阵列方式。

在采用固定式光伏串并列单元模块来设计光伏电站系统时，须遵循以下设计原则：

1）光伏组件串联形成的组串，其输出电压的变化范围必须在逆变器正常工作的允许输入电压范围内。

2）每个逆变器直流输入侧连接的光伏组件的总功率应大于或等于该逆变器的额定输入功率，但不应超过逆变器的最大允许输入功率。

3）光伏组件串联后，其最高输出电压不允许超过光伏组件自身最高允许系统电压。

4）光伏组件至逆变器的直流部分电缆通路应尽可能短，以减少直流电压损耗和功率损耗。

光伏组件技术参数见表9-7。

表9-7　光伏组件技术参数表

MPPT 范围	最佳功率	开路电压	短路电流	最佳工作电压	最佳工作电流	开路电压温度系数
450～820V	300Wp	45.2V	8.86A	35.8V	8.37A	−0.32

本工程逆变器容量选用500kW，所需500kW逆变器数量18台。为了便于运行及维护管理，光伏组件安装按每1.1MW为一个子阵列设计，共9个子阵列。每个子阵列对应2台500kW逆变器。

光伏组件串联数量为

$$N \leq U_{\text{dcmax}}/U_{\text{OC}} \times 95\%$$
$$N > U_{\text{dcmin}}/U_{\text{mp}} \times 95\%$$

式中，U_{dcmax}为逆变器绝对最大输入电压；U_{dcmin}为逆变器绝对最小输入电压；U_{OC}为光伏组件开路电压；U_{mp}为光伏组件最佳工作电压。

经计算：得出串联光伏组件数量 N 为：$13 \leq N \leq 21$。本项目选用逆变器的直流工作电压范围为 DC 500～1000V，MPPT电压跟踪范围为 DC 450～820V，最大开路电压为 DC 1000V。组件串应符合的逆变器直流输入参数为：保证在15℃、50℃、70℃时的逆变器MPPT电压满足条件，−20℃时开路电压满足条件。

根据逆变器最佳输入电压以及光伏组件工作环境等因素修正后，最终确定光伏组件的串联个数为36（一个组串）。根据计算，最佳光伏组件串联数为36，每一路组件串联的额定功率 = 300W × 36 = 10800W。对应于500kW逆变器的额定功率计算，并考虑现场光照幅度以及逆变器超发性能，需并联的路数 = 550 ÷ 5.4 ≈ 101.85 路。因现场光照条件限制，路数可适量增加。因此，该阵列中组件的串联数为18块，500kW的逆变器并联的组串数大于或等于102路，满足规范要求。

输入同一台逆变器的光伏组件串，通过对组件的参数分选、位置安排、直流压降计算选择合适的直流电缆截面等方式，使其电压值之间的差别控制在5%以内。根据以上计算，每串列单元光伏组件36块，根据现场场地布置，每串列南北向布置2块光伏组件，东西向布置18块，从而布置 2 × 18 块 = 36 块组件，平面尺寸为 18160mm × 3960mm，俯视尺寸为 18160mm × 3530mm，组件与组件之间留有2cm空隙以减少阵列面上的风压。其固定式单元光伏串列布置如图9-19所示，每个单元光伏串列由36块电池组件构成，这36块电池组件串联后作为一个完整的并联支路，便于编号。从而使得日常维护、检修和故障定位清晰。

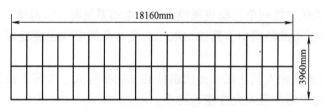

图9-19　固定式单元光伏串列布置

光伏阵列通常成排安装，一般要求在冬至影子最长时，两排光伏阵列之间的距离要保证上午 9 时（真太阳时）到下午 3 时（真太阳时）之间前排不对后排造成遮挡。

在水平垂直竖立的高为 L 的木杆的南北方向影子的长度为 L_s，L/L_s 的数值称为影子的倍率。影子的倍率主要与纬度有关，一般来说纬度越高，影子的倍率越大。

$$\sin\alpha = \sin\varphi\sin\delta + \cos\varphi\cos\delta\cos\omega$$

$$\sin\beta = \cos\delta\sin\omega/\cos\alpha$$

$$L_s/L = \cos\beta/\tan[\arcsin(0.648\cos\varphi - 0.399\sin\varphi)]$$

式中，φ 为当地纬度角；δ 为太阳赤纬角，冬至日的太阳赤纬角为 $-23.5°$；ω 为时角，上午 9 时的时角为 $45°$；α 为太阳高度角；β 为太阳方位角。

本站站址的纬度约为北纬 31°，根据公式计算可得，当地冬至日当地时间上午 9 时影子的倍率为 1.93。

图 9-20 所示为光伏阵列前后排布置示意图，由于本站站址的纬度为北纬 31°，利用 RETScreen 软件计算光伏组件固定式最佳倾角为 27°，为满足上述要求，前后排光伏阵列最小间距为 7m。再将此间距引入专业计算软件校核，经阴影计算校核，将组件前后排距离设定为 7.2m。本场区的地形条件特殊，大部分组件布置在一定坡度的山坡上，由于前后存在高度差，故间距需要根据地形图确定，同时保证最小 0.8m 的间距作为便道。光伏组件最低点距地面距离 H 的选取需要考虑以下因素：当地要求；当地的洪水水位；防止动物破坏；泥和沙溅上光伏组件等。但增大 H 会增加土建成本，综合考虑以上因素并结合运行经验，距离高度 H 取 30cm。

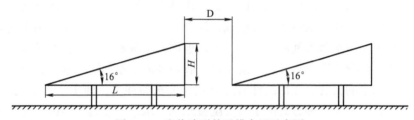

图 9-20　光伏阵列前后排布置示意图

9.2.4　光伏阵列接线方案设计

采用两级汇流形式，一级汇流箱位于现场光伏组件支架上，每 36 块组件串联后通过电缆接入该汇流箱。直流配电柜位于逆变升压小室逆变器旁，光伏串列一级汇流箱并联后，再由电缆连接至直流配电柜。汇流箱的主要特点是：每个直流汇流箱（16 路）最多并联 16 个光伏串列，光伏串列电缆的最大输入截面为 6mm²，至逆变器的最大输出截面为 150mm²，每个光伏串列的最大输入电流是 16A，最大输入电压是 DC1000V。

正负极中，每个光伏串列通过 1000V/15A 的熔断器进行过电流保护，至逆变器的输出断路器，具有 1000V/250A 的开断能力，IP66 防护等级，聚酯塑料外壳，适合户外安装。具有熔丝熔断指示和过电压保护故障指示，底部进出线及防盗控制功能。

根据固定式子阵列配置图，每 1.1MW 约计 14 组光伏组件，每组由 14~16 个光伏串列并排组成，每组设立 1 台汇流箱，从而每个光伏阵列一共设有 14 台汇流箱。依固定式子阵列配置图，每 1.1MW 单元分两个子阵列，每个子阵列设一个直流配电柜，每个直流配电柜内 7~8 个回路与汇流箱相连。

9.2.5 积雪以及组件表面清洁处理

根据本项目所在地区的气候特点，本项目地区有积雪历史。对于雪量较大且影响组件发电的雪天，应采用人工除雪的清理方法。

(1) 光伏组件清洗的必要性

据已建光伏发电项目的运行经验，组件表面洁净度对光伏发电系统的输出效率影响非常大。不带清洗系统的光伏发电系统，每次下雨后，输出功率可以提高 10% 左右，运行半年后，组件初次人工清洗，清洗后输出功率可以提高 15% 左右。本地区多年平均降雨量为 1591.5mm，雨量充沛，但存在一定季节差异（降雨集中在每年 4~7 月，5 月最多）。由于组件表面的清洁度直接影响光伏发电系统的输出效率，所以工程设计时有必要考虑在少雨季节进行组件表面清洗。

(2) 光伏组件清洗方案

根据光伏电站场区气候特点，组件板面污染物主要以浮灰为主，但是也有雨后灰浆粘结物，以及昼夜温差引起的组件板面结露后产生的灰尘粘结。考虑到本工程特点和当地气象条件，本工程拟利用清洗水车为主，即将清洗水车和维护人员配合，利用车载水箱、水泵及水管对组件表面进行清洗。首先用车载水箱将水运至光伏阵列附近，然后人工利用软管对组件进行冲洗。每个阵列单元需要设置道路，可以利用光伏阵列之间通向逆变箱房的道路。

根据场址所在地的气候条件，还可以考虑采用带雨水回收的微水清洗系统。清洗系统由给水管路系统、软管、冲洗水嘴等设备组成，配合运行维护人员，采用专用工具对组件表面进行清洗。冲洗水和雨水回收利用光伏组件表面玻璃板不吸水的特点，在光伏组件下方设置水收集槽，该收集槽既收集雨水又收集清洗水，收集到的雨水和清洗水，经澄清后可反复使用，以达到节约用水的目的。光伏组件清洗方式为节水型冲洗，即小水量浸润、人工擦洗、大水量冲刷的方式。但是这种方案由于需要配置水池、水泵、管道等设施，生产工艺相对复杂，初投资较大，经济效益不明显，因此本阶段暂不考虑。此外，还有在光伏组件上安装自动清除装置、采用移动空气压缩机对光伏组件进行吹扫、采用负压吸尘器清扫太阳电池组件等方法。

综上所述，本阶段组件清洗系统拟采用清洗水车为主。同时光伏发电系统监控软件中配置组件板面污染系数分析功能，可以为组件板面清洗提供指导。

9.2.6 光伏电站发电量的估算

光伏发电工程发电量主要与装机容量、电站所在地的太阳能资源和光伏电站发电系统的发电效率有关。下面结合本光伏电站所在地的太阳能资源并通过分析光伏发电系统的发电效率对光伏电站年上网电量进行预测。

湖北荆门漳河 10MW 分布式光伏发电项目中心点坐标约为北纬 31.003°，东经 112.006°，经计算，该地太阳辐射年总量为 1321.3kW·h/m²。

表 9-8 给出了固定支架光伏阵列（10MW）发电量。表 9-9 给出了固定式光伏阵列各月份辐射量情况。

表 9-8　固定支架光伏阵列（10MW）发电量

组件类型	300P
总容量/MW	10
逆变器容量/kW	500
逆变器效率（%）	98
固定式光伏阵列倾角/（°）	27
组件方位角/（°）	0

表 9-9　固定式光伏阵列各月份辐射量情况

月份	水平面辐射量/[kW·h/(m²·d)]	组件斜面辐射量/[kW·h/(m²·d)]
1 月	2.66	2.90
2 月	3.05	3.32
3 月	3.43	3.74
4 月	4.16	4.53
5 月	4.47	4.87
6 月	4.75	5.18
7 月	4.63	5.05
8 月	4.3	4.69
9 月	3.82	4.16
10 月	3.01	3.28
11 月	2.77	3.02
12 月	2.45	2.67
年平均数	3.62	3.95

1）根据上述参数计算湖北荆门漳河 10MW 分布式光伏发电项目投产第一年发电量情况。本工程光伏组件以 27°倾角安装，年平均每天水平面辐射量为 $3.62kW \cdot h/(m^2 \cdot d)$，全年日照辐射总量约 $4756.7MJ/m^2$，折合标准日照条件（$1000W/m^2$）下日照峰值小时数为 1321.3h，水平面年辐射量为 $1321.3kW \cdot h/m^2$；

2）27°倾斜面年辐射量为 $1436kW \cdot h/m^2$，相当于标准日照（日照辐射强度为 $1000W/m^2$）峰值小时数 1436h；年发电利用小时数（发电当量小时数）初始值为 $1436h \times 0.73$（系统效率）$\approx 1048.2h$。

光伏组件在使用过程中会有一定的衰减，本项目所选用光伏组件前 10 年按每年 0.7% 衰减计算，后 15 年按每年 1% 衰减计算，25 年运行期内整个光伏组件系统衰减约 20%，25 年运行期内各年平均上网发电量情况见表 9-10。

表 9-10　25 年运行期内各年平均上网发电量统计表

年限	第 1 年	第 2 年	第 3 年	第 4 年	第 5 年
光伏组件年衰减率（%）	0.7	0.7	0.7	0.7	0.7
发电量/万 kW·h	1040.86	1033.58	1026.34	1019.16	1012.02
年利用小时数/h	1040.86	1033.58	1026.34	1019.16	1012.02
年限	第 6 年	第 7 年	第 8 年	第 9 年	第 10 年
光伏组件年衰减率（%）	0.7	0.7	0.7	0.7	0.7
发电量/万 kW·h	1004.94	997.90	990.92	983.98	977.09
年利用小时数/h	1004.94	997.90	990.92	983.98	977.09

（续）

年限	第 11 年	第 12 年	第 13 年	第 14 年	第 15 年
光伏组件年衰减率（%）	1	1	1	1	1
发电量/万 kW·h	967.32	957.65	948.07	938.59	929.21
年利用小时数/h	967.32	957.65	948.07	938.59	929.21
年限	第 16 年	第 17 年	第 18 年	第 19 年	第 20 年
光伏组件年衰减率（%）	1	1	1	1	1
发电量/万 kW·h	919.92	910.72	901.61	892.59	883.67
年利用小时数/h	919.92	910.72	901.61	892.59	883.67
年限	第 21 年	第 22 年	第 23 年	第 24 年	第 25 年
光伏组件年衰减率（%）	1	1	1	1	1
发电量/万 kW·h	874.83	866.08	857.42	848.85	840.36
年利用小时数/h	874.83	866.08	857.42	848.85	840.36
25 年年平均发电量/万 kW·h	948.9				
25 年年利用小时数/h	948.9				

考虑光伏组件年衰减损耗后，电站建成后第一年年平均上网电量为 1040.86 万 kW·h，年等效满负荷运行小时数约为 1040.86h。在运行期 25 年内，光伏电站年平均上网电量为 948.9 万 kW·h，年等效满负荷运行小时数约为 948.9h。

9.2.7　效益分析

各项水土保持措施实施后，可使本工程水土流失防治责任范围内因工程建设造成的新增水土流失得到有效治理。根据水土保持措施实施效果分析测算，项目防治责任范围内扰动土地整治率达到 98.1%，水土流失总治理度达到 91.2%，拦渣率达到 93.5%，林草植被恢复率达到 98.2%，林草覆盖率达到 23.5%，土壤流失控制比为 1，可达到建设类项目二级防治目标。通过各项工程措施和植物措施的综合治理，可有效恢复和改善项目建设区的生态环境，使项目区达到绿化、美化的效果，同时也改善了项目区周边居民的生产生活环境，生态效益显著。

各项水土保持措施实施后，项目区水土流失得到控制，增加的林草面积，使地表植被覆盖度增加，水土流失得到控制，水土资源得到保护，为当地经济发展创造了良好的外部环境，促进了地区经济的可持续发展和居民生活水平的提高，具有显著的社会效益。

各项水土保持措施实施后，使工程建设期新增的水土流失量得到有效控制，减轻了项目区水土流失危害，具有一定的经济效益。

参 考 文 献

［1］ 曹石亚，李琼慧，黄碧斌，等．光伏发电技术经济分析及发展预测［J］．中国电力，2012，45（8）：64-68.

［2］ 王军．单晶硅太阳能电池硅片转换效率提高对并网电能质量的改善［D］．保定：华北电力大学，2009.

［3］ WU J C, WU K D, JOU H L, et al. Small-capacity grid-connected solar power generation system［J］. Power Electronics Iet, 2014, 7（11）：2717-2725.

［4］ JIBRAN K, MUDASSAR H A. Solar power technologies for sustainable electricity generation – A Review［J］. Renewable and Sustainable Energy Reviews, 2016, 55：414-425.

［5］ 江飞涛，耿强，吕大国，等．地区竞争、体制扭曲与产能过剩的形成机理［J］．中国工业经济，2012（6）：44-56.

［6］ 李雷，王通胜，黄泓轩．中国光伏产业发展质量的实证研究［J］．中外能源，2015（7）：21-27.

［7］ 张祥，王经亚，周敏．光伏企业纵向一体化的水平测度及对经营绩效的影响［J］．华东经济管理，2016（8）：167-172.

［8］ 丁明，王伟胜，王秀丽，等．大规模光伏发电对电力系统影响综述［J］．中国电机工程学报，2014，34（1）：1-14.

［9］ 辛培裕．太阳能发电技术的综合评价及应用前景研究［D］．北京：华北电力大学，2015.

［10］ 李潜葛，罗恩博，吴张华，等．太阳能热声发电技术研究进展［J］．中国电机工程学报，2016，36（32）：3242-3250.

［11］ 范柱烽．光储交直流微电网运行控制研究［D］．吉林：东北电力大学，2015.

［12］ SARAVANAN S, BABU N R. Maximum power point tracking algorithms for photovoltaic system-A review［J］. Renewable & Sustainable Energy Reviews, 2016, 57（5）：192-204.

［13］ 靳肖林，文尚胜，倪浩智，等．光伏发电系统最大功率点跟踪技术综述［J］．电源技术，2019，43（3）：532-535.

［14］ FEMIA N, PETRONE G, SPAGNUOLO G, et al. Power Electronics and Control Techniques for Maximum Energy Harvesting in Photovoltaic Systems［M］. CRC Press, Boca Raton：2012.

［15］ 王飞，余世杰，苏建徽，等．太阳能光伏并网发电系统的研究［J］．电工技术学报，2005，20（5）：72-74.

［16］ STEIGERWALD R L. Power electronic converter technology［J］. Proceedings of the IEEE, 2001, 6（89）：890-897.

［17］ KLAPFISH M. Trends in AC/DC Switching Power Supplies and DC/DC Converters［C］. APEC'93. 1993：87-91.

［18］ 孟繁煦，李武华，何湘宁，等．单向有源桥（SAB）DC－DC 变换器典型拓扑研究［J］．电工技术．2019（8）：115-117.

［19］ 陆芬．电流-电压型半桥双向直流变换器的研究［D］．南京：南京航空航天大学，2010.

［20］ PENG F Z, LI H, SU G J, et al. A new ZVS bidirectional DC－DC converter for fuel cell and battery application［J］. IEEE Trans. Power Electron. 2004, 1（19）：54-65.

［21］ 张晨晨．光伏并网系统电能质量问题改善研究［D］．武汉：华中科技大学，2016.

［22］ KHERALUWALA M N, GASCOIGNE R W, DIVAN D M, et al. Performance characterization of a high-power dual active bridge DC-to-DC converter［J］. IEEE Trans. Ind. Appl. , 1992, 6（28）：1294-1301.

[23] BAI H, MI C. Eliminate reactive power and increase system efficiency of isolated bidirectional dual-active-bridge dc-dc converters using novel dual-phase-shift control [J]. IEEE Transactions. Power Electronics, 2008, 6 (23): 2905-2914.

[24] 陈武. 多变换器模块串并联组合系统研究 [D]. 南京: 南京航空航天大学, 2009.

[25] 吴瀚. 简述光伏并网系统核心: 光伏逆变器 [J]. 山东工业技术, 2019 (16): 176-177.

[26] 赵小明, 刘建业. 多电平级联光伏逆变器稳压控制研究 [J]. 机电信息, 2018 (30): 28-29.

[27] SAJEDI S, FARRELL M, BASU M. DC side and AC side cascaded multilevel inverter topologies: A comparative study due to variation in design features [J]. International Journal of Electrical Power and Energy Systems, 2019 (113): 56-70.

[28] KUMAR N V, CHINNAIYAN V K, MURUKESAPILLAY P, et al. Multilevel inverter topology using single source and double source module with reduced power electronic components [J]. The Journal of Engineering, 2017 (5): 139.

[29] 林渭勋. 现代电力电子技术 [M]. 北京: 机械工业出版社, 2006.

[30] 李永东, 肖曦, 高跃. 大容量多电平变换器原理控制应用 [M]. 北京: 科学出版社, 2005.

[31] 王长永, 金陶涛, 张仲超. 基于 CPS-SPWM 技术的电流源有源滤波器的研究 [J]. 电力系统自动化, 2000 (13): 11-14.

[32] 陈伯时. 电力拖动自动控制系统 [M]. 北京: 机械工业出版社, 2003.

[33] 李力, 王硕禾. SPWM 变频调速应用技术 [M]. 北京: 机械工业出版社, 2001.

[34] 陈坚. 电力电子学—电力电子变换和控制技术 [M]. 北京: 高等教育出版社, 2004.

[35] 罗丹, 廖志贤, 蒋清红, 等. 光伏微网逆变器的数字前馈 PI 控制方法 [J]. 科技创新与应用, 2019 (9): 124-125.

[36] 李英俊, 何文静, 李郝亮, 等. 正弦脉宽调制 (SPWM) 技术的探讨 [J]. 科技视界, 2018 (16): 239-242.

[37] SAMIOTIS E A, TRIGONIDIS D T, VOKAS G A, et al. Simulation and Implementation of a SPWM Inverter Pulse Generator Circuit for Educational Purposes [J]. Energy Procedia, 2019 (157): 594-601.

[38] YANG F, CAO M B, LIU J. Research on Three-phase Variable Frequency Power Source Based on SVPWM [C]. Proceedings of 2017. 2nd International Conference on Environmental Science and Energy Engineering (ICESEE 2017): DEStech Publication, 2017.

[39] 张迪. 基于 SVPWM 脉宽调制原理的光伏并网逆变器的研究 [J]. 白城师范学院学报, 2019 (4): 42-56.

[40] 周卫平, 吴正国, 唐劲松, 等. SVPWM 的等效算法及 SVPWM 与 SPWM 的本质联系 [J]. 中国电机工程学报, 2006, 26 (2): 133-137.

[41] 官二勇, 宋平岗, 叶满园. 基于三次谐波注入法的三相四桥臂逆变电源 [J]. 电工技术学报, 2005 (12): 43-46.

[42] SUN Y C, ZHAO J F, JI Z D. An improved CPS-PWM method for cascaded multilevel STATCOM under unequal losses [C]. Conference of the IEEE Industrial Electronics Society, 2014.

[43] 张仲超, 何卫东, 方强, 林渭勋. 移相式 SPWM 技术: 一种新概念 [J]. 浙江大学学报 (工学版), 1999, 33 (4): 343-348.

[44] 黄天富, 石新春, 魏德冰, 等. 基于电流无差拍控制的三相光伏并网逆变器的研究 [J]. 电力系统保护与控制, 2012, 40 (11): 36-41.

[45] 丁威. 基于 LCL 滤波器的三相并网逆变器的研究 [D]. 武汉: 华中科技大学, 2013.

[46] 张凯, 康勇, 熊健, 等. 基于状态反馈控制和重复控制的逆变电源研究 [J]. 电力电子技术, 2000 (5): 9-10.

［47］ YEH S C, TZOU Y Y. Adaptive repetitive control of a pwm inverter for ac voltage regulation with low harmonic distortion ［J］. Power Electronics Specialists Conference . pesc Record. annual IEEE, 1995 （1）：157-163.

［48］ 李建华. 光伏发电系统并网控制策略研究 ［D］. 兰州：兰州理工大学，2018.

［49］ 王少坤. 能量回馈型电子负载新型控制策略综述 ［J］. 电源世界，2013 （9）：21-23.

［50］ MALAKONDAREDDY B, SENTHIL KUMAR S AMMASAI GOUNDEN N, et al. An adaptive PI control scheme to balance the neutral-point voltage in a solar PV fed grid connected neutral point clamped inverter ［J］. International Journal of Electrical Power and Energy Systems, 2019：318-331.

［51］ 周林，冯玉，郭珂，等. 单相光伏并网逆变器建模与控制技术研究 ［J］. 太阳能学报，2012 （3）：485-493.

［52］ 中国电力企业联合会. 光伏发电站无功补偿技术规范：GB/T 29321—2012 ［S］. 北京：中国标准出版社，2013.

［53］ LI Q R, ZHANG J C. Solutions of voltage beyond limits in distribution network with distributed photovoltaic generators ［J］. Automation of Electric Power Systems, 2015 （22）：117-123.

［54］ 韩民晓，王皓界. 直流微电网：未来供用电领域的重要模式 ［J］. 电气工程学报，2015, 10 （5）：1-9.

［55］ 肖朝霞，上官旭东，张献，等. 基于风光互补独立直流微电网的电动汽车无线充电示范工程 ［J］. 供用电，2018, 35 （1）：8-13.

［56］ 刘尧. 交流微电网的无功功率均分控制策略研究 ［D］. 长沙：中南大学，2014.

［57］ 韩向荣. 含有分布式能源的智能电网运行控制技术研究 ［D］. 扬州：扬州大学，2019.

［58］ 曹增杰. 风光蓄交流微电网的控制与仿真研究 ［D］. 太原：太原理工大学，2012.

［59］ 刘千杰，刘云，吉小鹏，等. 西藏阿里地区光储型微电网示范工程与应用 ［J］. 供用电，2015 （1）：44-49.

［60］ 李定安，吕全亚. 太阳能光伏发电系统工程 ［M］. 北京：化学工业出版社，2015.

［61］ 李钟实. 太阳能光伏发电系统设计施工与维护 ［M］. 北京：人民邮电出版社，2010.

［62］ 李钟实. 太阳能光伏发电系统设计施工与应用 ［M］. 北京：人民邮电出版社，2012.

［63］ 孙艳伟，王润，肖黎姗，等. 中国并网光伏发电系统的经济性与环境效益 ［J］. 中国人口·资源与环境，2011, 21 （4）：88-94.

［64］ LI X, PENG J Q, LI N P, et al. Optimal design of photovoltaic shading systems for multi-story buildings ［J］. Journal of Cleaner Production, 2019, 220 （20）：1024-1038.

［65］ JIA Y T, GURUPRASAD A, FANG G Y. Development and applications of photovoltaic-thermal systems：A review ［J］. Renewable and Sustainable Energy Reviews, 2019 （102）：249-265.

［66］ CHARFI W, CHAABANE M, MHIRI H, et al. Performance evaluation of a solar photovoltaic system ［J］. Energy Reports, 2018 （4）：400-406.

［67］ 苏人奇. 蓄电池和超级电容器在光伏发电混合储能系统的应用 ［D］. 锦州：辽宁工业大学，2016.

［68］ 艾洪克. 用于光伏电站的组合级联式电池储能系统的控制研究 ［D］. 北京：北京交通大学，2015.

［69］ 王兆麟. 光伏发电系统建模及其应用研究 ［D］. 锦州：辽宁工业大学，2016.

［70］ CUI Y L, YU J W. Analysis, Modeling and Simulation of a Three-port Converter for Photovoltaic Energy System ［J］. DEStech Transactions on Environment, Energy and Earth Sciences, 2018.

［71］ 郑义斌. 光伏发电系统最大功率跟踪与并网控制方法 ［D］. 成都：西南交通大学，2016.

［72］ 刘文涛. 光伏发电系统最大功率点跟踪算法研究 ［D］. 淮南：安徽理工大学，2017.

［73］ 王姝媛. 光伏发电并网逆变器的模型分析与控制策略研究 ［D］. 保定：华北电力大学，2015.

［74］ WU J K, CAO B, LIN W. Simulation Analysis of Harmonic Characteristics of Photovoltaic Power Generation

System Based on MATLAB ［J］. Energy Procedia, 2019（158）：412-417.

［75］ 李梦桃 . 独立光伏发电系统中双向 DC－DC 变换器的研究 ［D］. 汉中：陕西理工大学，2018.

［76］ 李建华 . 光伏发电系统并网控制策略研究 ［D］. 兰州：兰州理工大学，2018.

［77］ OSHABA A S ALI E S, ABD ELAZIM S M. PI controller design for MPPT of photovoltaic system supplying SRM via BAT search algorithm ［J］. Neural Computing and Applications, 2017, 28（4）：651-667.

［78］ 熊健 . 光伏逆变器及交流侧功率解耦方法研究 ［D］. 南昌：华东交通大学，2018.

［79］ 自帅 . 光伏供电 DC/DC 系统的设计与研究 ［D］. 沈阳：东北大学，2017.

［80］ SHAH R, SRINIVASAN P. Hybrid Photovoltaic and Solar Thermal Systems（PVT）：Performance Simulation and Experimental Validation ［J］. Materials Today：Proceedings, 2018, 5（11）：22998-23006.

［81］ KARATHANASSIS I K, PAPANICOLAOU E, BELESSIOTIS V, et al. Dynamic simulation and exergetic optimization of a Concentrating Photovoltaic/Thermal（CPVT）system ［J］. Renewable Energy, 2019（135）：1035-1047.

［82］ WATI T, SAHRIN A, SUHETA T, et al. Design And Simulation Of Electric Center Distribution Panel Based On Photovoltaic System ［J］. IOP Conference Series：Materials Science and Engineering, 2019, 462（1）：152-191.

［83］ 周东宝 . 光伏发电系统改进型变步长 MPPT 控制研究 ［D］. 广州：华南理工大学，2016.

［84］ 姜春阳 . 储能型光伏系统中双向 DC/DC 变换器研究 ［D］. 哈尔滨：哈尔滨工业大学，2016.

［85］ 汪泽 . 光伏发电系统建模及其并网容量研究 ［D］. 乌鲁木齐：新疆农业大学，2016.

［86］ YUAN W Q, JI J, ZHOU F, et al. Numerical simulation and experimental validation of the solar photovoltaic/thermal system with phase change material ［J］. Applied Energy, 2018（232）：715-727.

［87］ YANG D J, DUAN B, DING W L, et al. A Bidirectional LLC-C Resonant DC－DC Converter Based on Normalized Symmetry Resonant Tank ［J］. IFAC PapersOnLine, 2018, 51（31）：685-689.

［88］ 马士伟 . 太阳能光伏发电系统最大功率跟踪（MPPT）技术研究 ［D］. 兰州：兰州理工大学，2016.

［89］ LI S Q, ZHANG B, XU T J, et al. A new MPPT control method of photovoltaic grid-connected inverter system ［C］. Proceedings of 26th Control and Decision Conference（2014 CCDC）, 2014.